Einführung in die Wahrscheinlichkeitstheorie als Theorie der Typizität

Detlef Dürr • Anne Froemel • Martin Kolb

Einführung in die Wahrscheinlichkeitstheorie als Theorie der Typizität

Mit einer Analyse des Zufalls
in Thermodynamik und
Quantenmechanik

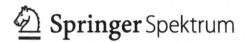

Detlef Dürr
Mathematisches Institut
Universität München
München, Deutschland

Martin Kolb
Fakultät für Mathematik
Universität Paderborn
Paderborn, Deutschland

Anne Froemel
Mathematisches Institut
Universität München
München, Deutschland

ISBN: 978-3-662-52960-7   ISBN: 978-3-662-52961-4 (eBook)
DOI 10.1007/978-3-662-52961-4

Die Deutsche Nationalbibliothek verzeichnet diese Publikation in der Deutschen Nationalbibliografie; detaillierte bibliografische Daten sind im Internet über http://dnb.d-nb.de abrufbar.

Springer Spektrum
© Springer-Verlag Berlin Heidelberg 2017

Planung: Andreas Rüdinger

Gedruckt auf säurefreiem und chlorfrei gebleichtem Papier

Springer-Spektrum ist Teil von Springer Nature
Die eingetragene Gesellschaft ist Springer-Verlag GmbH Berlin Heidelberg
Die Anschrift der Gesellschaft ist: Heidelberger Platz 3, 14197 Berlin, Germany

Vorwort

Dieses Buch richtet sich an alle, die in ihrer wissenschaftlichen Arbeit, sei es während des Studiums oder in einem anderen Arbeitsumfeld, mit dem Begriff der Wahrscheinlichkeit hantieren müssen. Um diesem Anspruch gerecht zu werden, beginnt das Buch mit schulischer Wahrscheinlichkeitsrechnung und geht die notwendigen Schritte, die zu einem fortwährend tieferen Verständnis bis hin zur sogenannten Axiomatik der Wahrscheinlichkeitstheorie durch Kolmogorov führen. Im Vordergrund des Buches stehen also die Antworten auf die Fragen nach dem „Warum" und nicht die Fragen nach dem „Wie". Über Letzteres gibt es Bücher in Hülle und Fülle, wobei jedoch erfahrungsgemäß die ausreichende Klärung des „Warum" genügt, um mit dem „Wie" zurechtzukommen. Wesentlich für die Genesis der Wahrscheinlichkeitstheorie ist die Einsicht, dass Zufallsexperimente tatsächlich stattfinden. Sie unterliegen damit den deterministischen Gesetzen der Physik. Um zu einer Harmonie zwischen Determinismus und Zufall zu kommen, ist der Begriff der Typizität hilfreich, wenn nicht gar wesentlich und notwendig.

Vorkenntnisse in Analysis werden in diesem Buch vorausgesetzt. Ebenso hilfreich ist eine physikalische Grundausbildung für das Verständnis der am Ende stehenden Physik-Kapitel.

Viele grundlegende Gedanken aus diesem Buch entwickelten sich aus der gemeinsamen Arbeit von Detlef Dürr und seinen Koautoren und Freunden Jean Bricmont, Sheldon Goldstein, Reinhard Lang, Tim und Vishnya Maudlin und Nino Zanghì. Ihnen und vielen anderen, die ungenannt bleiben müssen, um nicht den Rahmen eines Vorwortes zu sprengen, gebührt der Dank für die stete Bereitschaft, zuzuhören, mitzudenken und insbesondere vorzudenken.

Bei der Vorbereitung des Buches profitierten wir von engagierten Studierenden, die neugierig genug waren, um über den Tellerrand einer Definition-Satz-Beispiel-Vorlesung zu schauen, und mit uns der „genetischen" Entwicklung der mathematischen Disziplin „Wahrscheinlichkeitstheorie" folgten. Aus dieser Anfangszeit gebührt insbesondere Herrn Walter Fußeder Dank, der das erste Skript, aus dem das Buch entstand, verfasste, sowie Monika Hamberger, die mit großem Eifer das Skript weiterentwickelte.

Kein Buch, von Menschen geschrieben, ist ohne Fehler: manchmal schlimme Fehler, manchmal peinliche Fehler, manchmal dumme Tippfehler. Dass dieses

Buch nur noch wenige davon enthält, verdanken wir nahezu ausschließlich Phillip Grass, Günter Hinrichs und Nikolai Leopold, die uns akribisch und mit höchstem Sachverstand unsere Grenzen aufgezeigt haben. Ihnen gebührt größte Anerkennung für ihre Hilfe.

Unser Editor Andreas Rüdinger hat mit großer Bereitschaft mit uns über die Inhalte diskutiert und uns an vielen Stellen zum Nachdenken und zu Verbesserungen gebracht. Wir sind glücklich, ihn als Editor zur Seite zu haben, und unser Dank geht an ihn und den Springer Spektrum Verlag.

Inhaltsverzeichnis

Einleitung

Erfahrungsgemäß ist die Wahrscheinlichkeitstheorie in der Schule wie auch im Studium eine eher unbeliebte Disziplin. Man lernt eben nur, wie man in der Wahrscheinlichkeitstheorie hantiert, ohne ein handfestes Gefühl zu haben, was der Begriff selber ist. Das vorliegende Buch stellt einen Zugang zur Wahrscheinlichkeitstheorie dar, der auf dem intuitiven Begriff der Typizität beruht. Ein typisches Merkmal ist eines, das am weitaus häufigsten auftritt. Typizität ist ans Zählen geknüpft, an das, was übermäßig häufig, und an das, was weniger häufig auftritt. Deswegen haben wir typischerweise kein Glück in Lotterien. Wenn man den Gedanken der Typizität jedoch weiter verfolgt, etwa bei einer Münzwurfreihe, kommt man unumgänglich zu der Frage, über welche Dinge die Typizität letztlich ist. Ist es nicht die eine Münze werfende Hand, die für den Ausgang des Münzwurfs verantwortlich ist? Muss man dann nicht sagen, wie die Hand typischerweise die Münze durch die Luft wirbelt? Dann ist es der physikalische Ablauf des Münzwurfs, über den Typizität etwas auszusagen hat. Nun sind erstens physikalische Abläufe durch deren Anfangsbedingungen determiniert und zweitens sind diese Anfangsbedingungen, über die dann die Typizität Aussagen zu machen hätte, nicht abzählbar viele, sondern Punkte in einer kontinuierlichen Menge. Das reine Abzählen funktioniert nicht mehr. Was soll an die Stelle des reinen Abzählens kommen? Und wenn sowieso schon alles in der Physik determiniert ist, wo ist da noch Platz für Wahrscheinlichkeit? Diese Fragen sind nicht nur zu Recht gestellt, sondern sind auch so alt wie das naturwissenschaftliche Denken selbst.

© Springer-Verlag Berlin Heidelberg 2017
D. Dürr et al., *Einführung in die Wahrscheinlichkeitstheorie als Theorie der Typizität*, DOI 10.1007/978-3-662-52961-4_1

1.1 Leitlinien

[1]*Scheinbar ist Farbe, scheinbar Süße, scheinbar Bitterkeit, in Wahrheit nur Atome und leerer Raum. (125)*

Mit der Idee der atomistischen Weltbeschreibung der Vorsokratiker kommt gleichzeitig eine Weltordnung, ein durch ein Weltgesetz geregelter Ablauf im Kosmos. So könnte man zur Liste des Scheinbaren den Zufall hinzufügen, denn Demokrit sagt weiter:

Kein Ding entsteht von ungefähr, sondern alles aus Berechnung und Notwendigkeit. (B2)

Und konsequenterweise fährt er fort:

Die Menschen haben sich ein Bild vom Zufall gemacht, das ihre eigene Ratlosigkeit verschleiert, denn nur selten tritt der Zufall der Klugheit entgegen, und nur wenige Dinge im Leben vermag ein scharfsinniges Auge nicht zu erreichen. (119)

Wenn nun das scharfsinnige Auge (das stellvertretend für den scharfsinnigsten Sinn des Menschen steht) noch zu grob ist, um das Unsichtbare zu beschreiben, kommt dann der Zufall doch zum Tragen? Nein, dann muss die Vernunft weiterhelfen, wir müssen dann unser Denken bemühen. Demokrit führt das so aus:

Es gibt zwei Arten von Erkenntnis, die eine ist echte Erkenntnis, die andere ist schattenhaft. Zur Schattenhaften gehört all dies: Sehen, Hören, Riechen, Schmecken, Tasten. Die andere, die echte, ist von dieser gänzlich gesondert ... wenn die Schattenhafte nichts mehr vermag, weder noch genauer sehen, noch hören, noch riechen, noch schmecken, noch im Tasten wahrnehmen, wenn es aber doch auf noch viel Feineres ankommt ... was dem Blick der Augen entgeht, dann wird das von dem Blick des Geistes noch bewältigt. (11)

In einem solchen Verständnis ist kein Platz für wahren Zufall, höchstens für einen im Schattenhaften lebenden scheinbaren Zufall. Und doch beginnt nach der mathematischen Erfassung der Naturerscheinungen durch Kepler (1571–1630), Galilei (1564–1642) und Newton (1643–1727) auch eine Wahrscheinlichkeitsrechnung, die heute zu einer gelehrten Disziplin in der mathematischen Bildung geworden ist. Und in der Tat kommen uns alltägliche Dinge so deutlich zufällig vor, dass man durchaus zur Meinung kommen kann, dass diese totale Ordnung des Demokrit zu kurz gegriffen ist und dass Wahrscheinlichkeit oder Zufall als fundamentale Größen das Weltgeschehen mitregieren müssen. Einer der Gründungsväter der Wahrscheinlichkeitsrechnung war Pierre-Simon Laplace (1749–1827), und der stimmt dennoch in der Einleitung seines Buches *Théorie analytique des Probabilités*[2] den Ausführungen des Demokrit zu:

Tous les événemens, ceux même qui par leur petitesse, semblent ne pas tenir aux grandes lois de la nature, en sont une suite aussi nécessaire que les révolutions du soleil. Dans l'ignorance des liens qui les unissent au système entier de l'univers, on les a fait dépendre des causes finales, ou du hasard, suivant qu'ils arrivaient et se succédaient avec régularité

---

[1]Die folgenden Zitate stammen von Demokrit (∼450 v.Chr.) und sind bei H. Diels *Die Fragmente der Vorsokratiker* (Weidmann, Zürich, 2004) zu finden. Die Nummern entsprechen denen bei Diels.

[2]Marquis de Laplace, P. S. *Théorie analytique des Probabilités*. V. Courcier, 1814, S. ii.

ou sans ordre apparent; mais ces causes imaginaires ont été successivement reculées avec les bornes de nos connaissances, et disparaissent entièrement devant la saine philosophie, qui ne voit en elles que l'expression de l'ignorance où nous sommes des véritables causes.[3]

Laplace hält es also mit der Weltordnung der Atomisten: Auch für ihn ist Zufall nur scheinbar. Wenn aber alles durch das große Weltgesetz festgelegt ist, wie entsteht Zufall, wenn auch nur scheinbar? Marian von Smoluchowski (1872–1917) stellt dieses Problem deutlich in den Vordergrund seines wegweisenden Artikels *Über den Begriff des Zufalls und den Ursprung der Wahrscheinlichkeitsgesetze in der Physik*[4] und fragt:

Wie kann der Zufall entstehen, wenn alles Geschehen nur auf regelmäßige Naturgesetze zurückzuführen ist? Oder mit anderen Worten: Wie können gesetzmäßige Ursachen eine zufällige Wirkung haben?

Smoluchowski stellt diese Frage, obwohl er schon in der Tradition der statistischen Physik von Ludwig Boltzmann (1844–1906) wirkt. Damit macht er die Relevanz der Frage deutlich, die schon David Hilbert (1862–1943) im Jahre 1900 als „6. Problem der Mathematik" formuliert hat, nämlich dringend die Wahrscheinlichkeitsanalysen mathematisch in den Griff zu bekommen, denn diese sind wesentlich für unser Verständnis der Natur. Im Folgenden bezieht sich David Hilbert auf das Boltzmannsche Buch *Vorlesungen über die Prinzipien der Mechanik* (Leipzig 1897):

6. Mathematische Behandlung der Axiome der Physik: Durch die Untersuchungen über die Grundlagen der Geometrie wird uns die Aufgabe nahegelegt, nach diesem Vorbilde diejenigen physikalischen Disziplinen axiomatisch zu behandeln, in denen schon heute die Mathematik eine hervorragende Rolle spielt; dies sind in erster Linie die Wahrscheinlichkeitsrechnung und die Mechanik. So regt uns beispielsweise das Boltzmannsche Buch über die Prinzipien der Mechanik an, die dort angedeuteten Grenzprozesse, die von der atomistischen Auffassung zu den Gesetzen über die Bewegung der Kontinua führen, streng mathematisch zu begründen und durchzuführen.[5]

1.2 Mathematische Behandlung

Der axiomatische Aufbau mathematischer Disziplinen geschieht aus dem Wunsch heraus, die Prämissen, auf denen die mathematische Theorie aufbaut, klar

---

[3]Alle Geschehnisse, mögen sie in ihrer Kleinheit so erscheinen, als hätten sie keine Teilhabe am großen Gesetz der Natur, sind am Ende doch genauso notwendig wie die Umdrehungen der Sonne. Wegen des Unwissens über ihren Platz im gesamten Universum beschreibt man sie als Zweckursache oder entstehend durch Zufall, nachdem sie geschehen sind und sich entweder regulär oder nach keiner sichtbaren Ordnung aneinandergereiht haben; aber die eingebildeten Ursachen sind nach und nach mit den Meilensteinen unseres Erkennens gefallen und vollständig aus der gesunden Philosophie verschwunden, die in ihnen nichts anderes als Ausdruck unseres Unwissen sieht, von dem wir die wahren Ursachen sind. [Übersetzung der Autoren]

[4]Die Naturwissenschaften, Heft 17, 1918, S. 253–263.

[5]Nachrichten der Königlichen Gesellschaft der Wissenschaften zu Göttingen, mathematisch-physikalische Klasse 1900, Heft 3, S. 272.

voranzustellen, und zwar so klar und deutlich, dass jeder, der sich mit der Materie beschäftigen möchte, diese Prämissen als offenbar vernünftig oder wahr anerkennen kann. Seit Euklids Werk über Geometrie *Die Elemente* ($\sim$300 v. Chr.) wird Mathematik so betrieben. Wahrscheinlichkeit ist nun aber ein Begriff, der sich einer solchen Behandlung ziemlich widersetzt, betrachtet man die andauernde Debatte über den Begriff der Wahrscheinlichkeit und ihre Rolle in der Naturbeschreibung.

Was ist das Problem mit dem Begriff der Wahrscheinlichkeit? Wenn wir eine mathematische Theorie darüber erdenken wollen, dann sollte es sich um ein klares zugängliches Objekt handeln, wie etwa der Begriff der Geraden in der Geometrie oder der Begriff der Zahl in der Analysis. Beiden Begriffen liegt ja etwas intuitiv Klares, Anschauliches zugrunde, und es ist diese Intuition, die uns ihrer wahren mathematischen Natur näherbringt. Wir haben zwar längst begriffen, dass Gerade und Zahl mathematisch doch ganz anders sind als zunächst empfunden (man denke etwa an nichteuklidische Geometrie oder an Zahl als Dedekindscher Schnitt), aber ohne diese klare erste Intuition hätten wir nichts, was uns etwas angehen könnte. Unsere Intuition über Wahrscheinlichkeit ist aber anders. Sie ist verbunden und für viele gleichbedeutend mit dem Begriff des Zufalls, der das Unvorhersagbare, das Sich-nicht-sicher-Sein" umfasst. Der Zufall steht im Gegensatz zur mathematischen Präzision und seine mathematische Existenz ist unsicher. So zitiert Henri Poincaré (1854–1912) in *Wissenschaft und Methode*[6] Joseph Bertrand (1822–1900): „Wie kann man wagen, von den Gesetzen des Zufalls zu sprechen? Ist nicht der Zufall das Gegenteil aller Gesetzmäßigkeit?" Und später in *Wissenschaft und Hypothese* schreibt Poincaré[7]: „Wenn wir nicht unwissend wären, gäbe es keine Wahrscheinlichkeit." Noch direkter kommt Smoluchowski im bereits genannten Artikel zur Frage: „Wie ist es möglich, dass sich der Effekt des Zufalls berechnen lasse, dass also zufällige Ursachen gesetzmäßige Wirkungen haben?" Kann so etwas Teil der Platonischen Welt der existierenden Ideen sein, aus der die mathematischen Begriffe stammen, jene Welt, die für alle zugänglich ist und deren Begriffe für alle die gleiche Bedeutung haben?

Man könnte daran denken, das persönliche Nichtwissen mathematisch zu bewerten und Wahrscheinlichkeit als ein Maß von *Glaubensstärke* zu mathematisieren. Viele Wissenschaftler fanden und finden das reizvoll, insbesondere im Hinblick auf die Einschätzung einmaliger Ereignisse, z. B. das Aussterben der Menschheit. Bekannte Vertreter der sogenannten *subjektiven Wahrscheinlichkeit* sind Thomas Bayes (1701–1761), Bruno de Finetti (1906–1985), Edwin Thompson Jaynes (1922–1998) und viele andere. Man kann neben einer pragmatischen Sicht der Geschehnisse den Subjektivismus auch aus einer idealistischen Weltsicht (etwa Kant und insbesondere die nachfolgenden Fichte, Hegel usw.) begründen, nach der wir nichts anderes als unsere Sinnesempfindungen irgendwie vernunftmäßig ordnen müssen. Die Hypothese einer äußeren Welt, die man für die Sinneseindrücke

---

[6]Teubner Verlag, Leipzig 1914, S. 53.
[7]Teubner Verlag, Leipzig 1914, S. 190.

verantwortlich halten könnte, wie etwa der Atomismus des Demokrit, tut hier nichts zur Sache.[8]

Im Zufall gibt es aber eine Gesetzmäßigkeit, die überhaupt nichts mit Unwissen oder Wissen zu tun hat. Und nur deshalb konnte Ludwig Boltzmann überhaupt daran denken, in der Physik mit Wahrscheinlichkeit zu argumentieren. Im Zufallsexperiment par excellence, dem Münzwurf, ist die Gesetzmäßigkeit folgende: *Wird eine (symmetrische) Münze viele Male geworfen, kommen typischerweise Kopf und Zahl ungefähr gleich häufig.* Würde sich daran etwas ändern, wenn wir allwissend wären? Nein, denn wir wüssten dann nur von Anfang an, wie die Münzwurfreihe genau aussehen und an welchen Stellen Kopf kommen würde. Aber am Gesetz würde sich nichts ändern: Nach wie vor werden typischerweise ungefähr gleich häufig Kopf und Zahl kommen. Und es ist diese Gesetzmäßigkeit, die es erlaubt, Wahrscheinlichkeitsargumente mit den tatsächlichen Geschehnissen in unserer Welt zu verbinden.

Man kann darauf verfallen, Wahrscheinlichkeit als relative Häufigkeit zu definieren, denn bei der Gesetzmäßigkeit geht es um relative Häufigkeiten, die z. B. beim Münzwurf ungefähr $1/2$ für Kopf bzw. Zahl ergeben. Ein solcher Ansatz wird häufig mit dem Namen *Frequentismus* belegt. Der Ansatz läuft allerdings ins Leere, denn die Gesetzmäßigkeit der relativen Häufigkeit entspricht nicht der strengen Form üblicher mathematischer Theoreme, denn es tauchen die Wörter „. . . *typischerweise . . . ungefähr gleich häufig . . .*" auf. Wir wissen aber, was „typischerweise" bedeutet: Wir haben z. B. *typischerweise* kein Glück – manchmal aber ist einem dann doch das Glück hold. Genauso kommen in einer *typischen* Münzwurfreihe ungefähr gleich oft Kopf und Zahl, und das heißt: In den weitaus meisten Münzwurfreihen gilt das. Es bedeutet aber auch, dass es Wurfreihen mit der (symmetrischen) Münze gibt, die überwiegend Kopf zeigen, oder sogar nur Kopf. Ein Merkmal ist *typisch*, wenn es in den weitaus meisten Objekten, hier den Münzwurfreihen, vorkommt – andernfalls ist es untypisch. Es verhilft nicht zu einem besseren Verständnis, dies in Worten der Wahrscheinlichkeit zu paraphrasieren, wie z. B.: „Münzwurfreihen mit einem deutlichen Ungleichgewicht von Kopf und Zahl sind unwahrscheinlich, die

---

[8]Wir wollen hier aber nicht den Eindruck erwecken, dass die Physik die Wirkungsweise der Atome auf die Sinne (und umgekehrt ebenso) erklären könnte. Die Annahme der externen Welt und insbesondere deren Aussehen (Newtonsche Mechanik für Punktteilchen beispielsweise) ist eine reine Denkleistung, oder wie Erwin Schrödinger (1887–1961) sagt, ein „Denkbehelf", ohne den aber Physik nach unserem bisherigen Kenntnisstand nicht funktioniert. Kants Kritik an der Vorstellung vom „Ding an sich" ist durchaus berechtigt und auch im Sinne des Demokrit, denn unser Eingangszitat von Demokrit ist dem kurzen Dialog zwischen dem Verstand und den Sinnen entnommen, der in Dr. H. Schönes *Streitschrift Galens über die empirischen Ärzte* (Hrsg. Reimer, G., Sitzungsberichte der königlich preußischen Akademie der Wissenschaften zu Berlin, Verlag der königlichen Akademie der Wissenschaften, 1901) zu finden ist. In obigem Zitat spricht der Verstand. Die Sinne antworten ihm:

Armer Verstand, von uns nimmst du deine Beweisstücke und willst uns damit besiegen? Dein Sieg ist dein Fall.

mit gleich viel Kopf und Zahl höchstwahrscheinlich." Das ist weder präziser, noch klarer.

Wenn man nun also eine mathematische Wahrscheinlichkeitstheorie erdenken will, muss man sich den bisher aufgeworfenen Fragen stellen und sie irgendwann mathematisch rigoros beantworten können – egal, was für eine Grundeinstellung man zum Begriff der Wahrscheinlichkeit hat. Es geht allein darum, diese Gesetzmäßigkeit zu erklären, oder besser, zu beweisen. Für den Subjektivisten bedeutet das: Erkläre, warum du den Glauben hast, dass der in deinen Sinnen sich abspulende Münzwurf typischerweise ungefähr gleich häufig Kopf und Zahl zeigt. Für den Realisten hingegen bedeutet das: Erkläre dieses Faktum aus den physikalischen Gesetzen, die den Ablauf und Ausgang des Münzwurfexperimentes bestimmen. Wir tun uns leichter, wenn wir uns auf die Seite der Realisten schlagen, was wir in diesem Buch durchweg machen werden.

Typizität ist ein intuitiver Begriff, eine Theorie von Typizität ist also denkbar und Wahrscheinlichkeitstheorie ist genau das. Aber es gibt von Beginn an den Makel, dass es nur eine *typische* Gesetzmäßigkeit gibt. Die Mathematiker hätten sicher gerne axiomatisch festgelegt, was typisch und was untypisch sein soll. Aber genau das widerspricht dem Wesen des Typischen. Es liegt im Begriff des Typischen, dass keine scharfe Definition gegeben werden kann.[9] Die Grenze zwischen typisch und untypisch bleibt verschwommen. Das Wunderbare an der Typizität ist, dass, obwohl unscharf, sie zugleich intuitiv sehr gut verständlich ist. Was aber nicht gesagt werden kann und nicht gesagt werden muss, ist: „Nur das Typische ist möglich, das Untypische ist unmöglich." Dies war den Begründern der mathematischen Wahrscheinlichkeitstheorie wohlbekannt,[10] und um sich wenigstens, wenn schon nicht an einem Axiom, so doch an einem Prinzip festhalten zu können, formulierte der Mathematiker und Ingenieur Augustin Cournot (1801–1877) das Prinzip, das wir hier etwas locker wiedergeben: „Das Typische geht uns etwas an, das Untypische können wir getrost außer Acht lassen."

Man kann sich vorstellen, dass viele Mathematiker, denen die Mathematik zu rein ist, um sich mit Prinzipien zu begnügen, versucht sind, die Unreinheit durch überdimensionierte Rigorosität reinzuwaschen. So könnte man die Kolmogorovschen Axiome der Wahrscheinlichkeit als offenbare Grundwahrheiten an den Anfang stellen, als axiomatische Prämisse eben, die alle Fragen zum Wesen der Wahrscheinlichkeit klärt. Das wird den Axiomen nicht gerecht, denn sie sind keine offenbaren Grundwahrheiten. Die Kolmogorovschen Axiome stehen am Ende einer langen mühevollen analytischen Entwicklung. Sie bauen auf der Konstruktion der reellen Zahlen auf und auf dem Inhaltsproblem von Teilmengen von reellen Zahlen. Und die reellen Zahlen sind genau die Objekte, die den Zufall in sich tragen: Eine typische

---

[9]Eine gute Quelle zu den Versuchen, eine Grenze zu definieren, ist der lesenswerte Artikel von Glenn Shafer: *From Cournot's principle to market efficiency*. In: Augustin Cournot: Modelling Economics. Ed. von Touffut, J.-P. 2007, S. 55–95.

[10]Shafer, G., Vovk, V. *The Sources of Kolmogorov's Grundbegriffe*. Statistical Science, 2006, S. 70–98.

reelle Zahl ist ein ewig sprudelnder Quell an Innovation und erst mit dem Vertrauen in reelle Zahlen als mathematisch wohlfundierte Objekte findet man Vertrauen in die Struktur der Wahrscheinlichkeitsrechnung als wahrlich mathematische Disziplin. In der Tat war einer der Hinderungsgründe, Wahrscheinlichkeitstheorie als mathematische Disziplin zu etablieren, der Begriff der stochastischen Unabhängigkeit. Émile Borel (1871–1956) erkannte wohl 1909 als Erster, dass es mathematisch *natürliche* Funktionen gibt, die diese Unabhängigkeit von sich aus innehaben. Das sind die Rademacher-Funktionen, die in diesem Buch sehr häufig zur Anwendung kommen werden. Damit ist Unabhängigkeit nicht einfach nur gesagt, sondern eine in den mathematischen Objekten selbst (nämlich in den reellen Zahlen) vorhandene Eigenschaft.

Die Kolmogorovschen Axiome strukturieren den Rahmen, in dem man eine Typizitätsanalyse betreiben kann. Das ist ihr Sinn. Hat man das einmal verstanden, kann man dann ohne Schmerzen das Wort Wahrscheinlichkeit, das zu so viel Verwirrung führt, überall streichen und nur noch von Typizität reden. Aber dazu muss dieses Buch erst einmal gelesen werden.

1.3 Typizität und Physik

Die Münzwurfreihen kann man abzählen: Wie viele Reihen haben ungefähr gleich häufig Kopf und Zahl, wie viele deutlich unterschiedliche Anzahlen? Die Abzählung sagt uns, was typisch ist. Aber wieso ist das die wahre Begründung dafür, dass wir in einer langen Münzwurfreihe gleich häufig Kopf und Zahl sehen? Der Wurf einer Münze ist doch ein physikalischer Prozess. Es ist die werfende Hand, also deren Bestimmungsstücke, die für die gleiche Häufigkeit von Kopf und Zahl sorgen und damit kommen wir wieder bei den Zitaten aus der Leitlinie dieses Buches an. Wir müssen die Fragen von Smoluchowski beantworten und uns folgenden Fragen stellen: Wo genau ist die Typizität angesiedelt? Bei dem sinnlich Gegebenen, der Schattenwelt oder der nur noch von der Vernunft erkennbaren wahren Welt? Welche elementaren Größen tragen die typischen Merkmale, die am Ende die typische Gesetzmäßigkeit von relativen Häufigkeiten begründen?

Dieses Buch ist gemäß der Leitlinie verfasst. Es zeigt den notwendigen Weg zu den Kolmogorovschen Axiomen und erklärt, wie auf deren Basis die statistischen Analysen in Mathematik, Physik und Statistik begründet werden können. In diesem Sinne leitet es zum Selbststudium an, indem es die „schwere Mathematik" zugänglich macht, aber keinesfalls einfacher. Rechnen können muss man, wenn man begreifen will.

Wir wollen darauf hinweisen, dass viele Gedanken dieses Buches auf den wertvollen Beiträgen von Mark Kac (1914–1984) beruhen, ja dass dieses Buch in Teilen als eine Ausarbeitung seines Büchleins *Statistical Independence in Probability, Analysis and Number Theory*[11] zu lesen ist.

---

[11] *The Carus Mathematical Monographs*, 1959.

Jedermanns-Wahrscheinlichkeit

2

In der Geometrie kann man mit den anschaulichen Begriffen Gerade und Punkt beginnen und ihre offenbaren Verhältnisse in Axiomen festschreiben. Die Prämisse für die daraus resultierende Mathematik ist dann für jedermann einsichtig geklärt. So hat es einst Euklid gemacht und alle Mathematiker nach ihm. Und es wäre schön, auch hier so beginnen zu können:

Definition 2.1. Wahrscheinlichkeit ist ...

Aber das können wir nicht. Nicht zu Anfang, und wie wir sehen werden, auch nicht am Ende. Wir beginnen mit Laplace, einem der Begründer der Wahrscheinlichkeitsrechnung, denn der Laplacesche Denkbehelf von Wahrscheinlichkeit ist sehr verständlich und zugänglich für jedermann. Dass er nur vorläufig ist, wird man durch Beispiele und deren Durchdenken erkennen, und dieses Kapitel soll dabei helfen.

2.1 Laplace-Wahrscheinlichkeit

Die Laplacesche Wahrscheinlichkeit wird für die *Auswahl eines Objektes aus endlich vielen* definiert. Man nennt eine getroffene Auswahl eines Objektes ein „Elementarereignis". Dieser Begriff ist als vorläufig zu sehen und wird im Laufe des Buches immer klarer werden. Die Laplacesche Setzung basiert auf dem eingängigen *Prinzip vom unzureichenden Grund*: „Besteht kein Grund, eines von mehreren Objekten zu bevorzugen, geschieht dies auch nicht." Als Elementarereignis sehen wir also eine Auswahl eines Objektes an, für das das Prinzip vom unzureichenden Grund intuitiv gilt. Dann setzt man für die Wahrscheinlichkeit eines Elementarereignisses bei einer Gesamtzahl von N Elementarereignissen:

© Springer-Verlag Berlin Heidelberg 2017
D. Dürr et al., *Einführung in die Wahrscheinlichkeitstheorie als Theorie der Typizität*, DOI 10.1007/978-3-662-52961-4_2

$$W(\text{Elementarereignis}) := \frac{1}{\text{Anzahl aller Elementarereignisse}} = \frac{1}{N}. \qquad (2.1)$$

Wem bereits die Wahrscheinlichkeit als Lernender begegnet ist, wird sich erinnern, dass diese Setzung mit der Kritik versehen ist, dass sie ja zirkulär sei, denn man definiert hier Wahrscheinlichkeit, indem man die „Gleichwahrscheinlichkeit" aller Elementarereignisse voraussetzt. Man definiert also einen Begriff, indem man denselben benutzt. Aber man sollte die Setzung einfach als Bruch aus Zahlen sehen, der die Intuition des *Prinzips vom unzureichenden Grund* ausdrückt. Die Setzung ist dann nicht mehr zirkulär: Die Gleichwahrscheinlichkeit ist nicht Voraussetzung, sondern Konsequenz der Setzung.

Beispiel 2.1. Ein Würfel wird geworfen. Die Elementarereignisse sind die einzelnen Augenzahlen,[1] zusammengefasst in der Menge $\Omega = \{1, 2, 3, 4, 5, 6\}$. Die Anzahl aller Elementarereignisse ist die Anzahl aller Elemente dieser Menge, also $|\{1, 2, 3, 4, 5, 6\}| = 6$. Dazu sagt man auch *Mächtigkeit* der Menge. Damit ist

$$W(\text{Augenzahl} = 5) = \frac{1}{6}.$$

Beispiel 2.2. Zwei Würfel werden geworfen. Uns interessiert die Summe der beiden Augenzahlen. Als Elementarereignisse wählen wir die Paare der Augenzahlen und fassen diese in der Menge

$$\Omega = \{(1, 1), (1, 2), (2, 1), (2, 2), \ldots, (6, 6)\}$$

zusammen. Dabei steht z. B. in $(4, 5)$ die 4 für die Augenzahl des ersten Würfels und 5 für die des zweiten, wobei wir uns einen der beiden Würfel als den ersten und den anderen als den zweiten Würfel aussuchen. Die Mächtigkeit dieser Menge ist 36. Damit hat jedes Paar die Wahrscheinlichkeit $1/36$. Für die Wahrscheinlichkeit, dass die Augensumme 3 gewürfelt wird, folgt damit

$$W(\text{Augensumme} = 3) = \frac{2}{36} = \frac{1}{18}.$$

Hier wurde – möglicherweise unwissentlich – ein weiteres Prinzip verwendet, nämlich:

Addiere die Wahrscheinlichkeiten der Elementarereignisse, um die Wahrscheinlichkeit ihrer Bündelung zu erhalten.

---

[1] Gemäß unserer Setzung ist das Elementarereignis eigentlich das *Auftreten* der Augenzahl. Um der Kürze willen sprechen wir nur von der Augenzahl selbst und werden das auch weiterhin so handhaben.

Einen Hinweis darauf, dass dieses Prinzip vernünftig ist, bekommen wir über die Betrachtung relativer Häufigkeiten. Dabei kommt eine Intuition hinzu, deren Hintergrund wir später mit großer Ausführlichkeit besprechen werden: unsere Intuition für lange Wurfreihen. In einer Wurfreihe der Länge n (n-mal würfeln) komme z. B. bei einem Würfel n_5-mal die 5, und wir fühlen, dass typischerweise

$$\frac{n_5}{n} \approx \frac{1}{6} = W(5)$$

erfüllt sein wird, wenn oft genug geworfen wird. Das ist natürlich für alle Zahlen gleich. Wenn nun 3 oder 5 interessant sind, dann schauen wir, wie oft 3 und 5 vorkommen, nämlich $(n_3 + n_5)$-mal, und dann sollte demnach

$$W(3 \,\text{oder}\, 5) \approx \frac{n_3 + n_5}{n} \approx W(3) + W(5)$$

sein. Um dies leichter zu formalisieren, sprechen wir bei einer *Menge* bestehend aus Elementarereignissen von einem *Ereignis*. Die Elementarereignisse eines Ereignisses, dessen Wahrscheinlichkeit uns interessiert, nennt man die *günstigen Fälle* („Fall" steht hier für „Elementarereignis"). Die bilden eine Teilmenge E der Menge aller Elementarereignisse Ω, der möglichen Fälle, also $E \subseteq \Omega$. Nun betrachte man die Mächtigkeit $|E|$ von E, also die Anzahl der Elemente in E. Man setzt diese in Relation zur Mächtigkeit von Ω:

$$W(\text{Ereignis}) = W(E) = \frac{|E|}{|\Omega|} = \frac{\text{Anzahl der günstigen Fälle}}{\text{Anzahl der möglichen Fälle}} . \tag{2.2}$$

In Beispiel 2.2 wird dem Ereignis „Augensumme = 3" die Teilmenge

$$E = \{(1, 2), (2, 1)\}, E \subset \Omega$$

zugeordnet. Für die Berechnung der Jedermanns-Wahrscheinlichkeit muss man also einfach Elemente von Mengen abzählen.

Eine Konsequenz von (2.2) ist, dass die Wahrscheinlichkeit vom Ereignis Ω gleich 1 ist, denn dann sind alle möglichen Fälle günstig. Man nennt Ω auch das *sichere Ereignis*. Die Laplace-Wahrscheinlichkeit nimmt demnach Werte zwischen 0 und 1 an.

Bemerkung 2.1. Die Berechnung der Laplace-Wahrscheinlichkeit kann aufwändig sein: Bei einer gegebenen Aufgabe muss man sich zunächst entscheiden, was die Menge der Elementarereignisse sein soll. Dann kann das günstige Ereignis angegeben werden, von dem dann noch die Mächtigkeit bestimmt werden muss. Oftmals sind es sogenannte „kombinatorische Vorgehensweisen" (siehe Abschn. 2.2), aus denen man die notwendigen Anzahlen bekommt – für viele eine seltsame Vorgehensweise mit seltsamen Formeln, die Wahrscheinlichkeitstheorie unbeliebt machen.

Abb. 2.1 Symbolische
Darstellung von Ereignissen
als Mengen

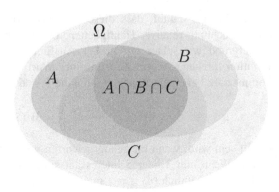

Die Laplace-Wahrscheinlichkeit wird im Denkbehelf mit Mengen (vgl. Abb. 2.1)
zu einer *additiven Bewertung von Teilmengen*, die sich aus dem Bisherigen sofort
ergibt: Falls zwei Ereignisse A, B keine Elemente gemeinsam haben, wenn also ihr
Schnitt leer ist, dann gilt bei Vereinigung aller Elemente die Summationsregel:

$$W(A \cup B) = W(A) + W(B). \tag{2.3}$$

Bemerkung 2.2. Für das Eintreten von Ereignissen ergibt sich eine Sprechweise, an
die man sich eventuell noch gewöhnen muss: Wenn das Elementarereignis $\omega \in \Omega$
eintritt und $\omega \in A$ ist, dann tritt das Ereignis A ein. Wenn $B \subset A \subset \Omega$ und
$\omega \in B$ eintritt, dann tritt auch A ein. Dabei muss im Auge behalten werden,
dass immer nur *ein* $\omega \in A$ eintreten kann. Als Beispiel: Wenn beim Würfel $A =$
„Augensumme ist gerade" $= \{2, 4, 6\}$ ist, und es wird 2 gewürfelt, dann tritt A ein.
Diese Sprechweise ergibt sich aus der Bedeutung von Vereinigungen von Mengen.
„$A \cap B$" meint alle Elementarereignisse, die A *und* B erfüllen, „$A \cup B$" vertritt
alle Elementarereignisse, die in A *oder* in B liegen (auch Elementarereignisse, die
A und B erfüllen, sind hier enthalten, also „A oder B oder beide").

Durch die Mengendarstellung werden viele Rechenregeln für die Laplacesche
Wahrscheinlichkeit klarer: Indem man (2.3) benutzt, folgt:

1. $W(A) = 1 - W(A^c)$, wobei A^c das Komplement von A in Ω ist, d. h., es gilt
   $A^c \cap A = \emptyset$, $A^c \cup A = \Omega$, und heißt *Gegenereignis* zu A.
2. $W(A \setminus B) = W(A \cup B) - W(B)$, denn $A \setminus B = A \cap B^c$ sind alle Ereignisse in
   A, die nicht in B sind.
3. $W(A \cup B) = W(A) + W(B) - W(A \cap B)$. Dazu beachte man, dass

$$(A \setminus B) \cup (A \cap B) = A \text{ und } (A \setminus B) \cap (A \cap B) = \emptyset,$$

also ist $W(A) = W(A \setminus B) + W(A \cap B)$. Wende darauf 2. an.

2.2 Urnenmodelle und Kombinatorik

In Jedermanns-Aufgaben richtet sich die zugrunde liegende Menge der Laplace-Elementarereignisse nach der Art des Problems. Manchmal ist es hilfreich, die Menge der Elementarereignisse mithilfe eines Urnenmodells zu beschreiben, wobei die Urne ein mit gleichartigen, also *fühlbar* nicht zu unterscheidenden, aber sichtlich unterscheidbaren Objekten (z. B. nummerierte oder verschiedenfarbige Kugeln) gefülltes Gefäß ist. Die Elementarereignisse werden als blind gezogene Objekte aus dieser Urne interpretiert. Das *blinde* Hineinfassen soll in Verbindung mit den fühlbar nicht unterscheidbaren Kugeln das *Prinzip vom unzureichenden Grund* zur Anwendung kommen lassen.

Bemerkung 2.3. Da der Begriff des Elementarereignisses bisher allein an das Prinzip vom unzureichenden Grund geknüpft und noch nicht weiter präzisiert wurde, ist der künstliche Begriff der Urne ganz angemessen. Dass es sich hier nur um einen groben Denkbehelf handelt, sollte klar sein.

Je nach Aufgabe handelt es sich um verschiedene Vorgehensweisen des Nacheinander-Ziehens:

2.2.1 *m*-Tupel

Eine ganz einfache Fragestellung, die auch relativ klar gestellt zu sein scheint, ist folgende: Wenn vier Leute in einem Raum sind, wie groß ist die Wahrscheinlichkeit, dass mindestens zwei am gleichen Wochentag Geburtstag haben?

Bemerkung 2.4. Die Zahl Vier ist hier ohne Belang, wir hätten jede Zahl von zwei bis sieben nehmen können; bei mehr als sieben Leuten wäre die Antwort klar.

Was sind hier die Elementarereignisse? Mit etwas Nachdenken kommt man vielleicht darauf, als Elementarereignisse die Wochentage, an denen die Personen Geburtstag haben können, anzusehen.

Um nun die Aufgabe anzugehen, werden wir sie in Analogie zu einer Urne setzen: Wir denken an eine Urne $U(n)$ mit $n = 7$ nummerierten Kugeln. Jede nummerierte Kugel steht für einen Wochentag, weil wir den ja als Elementarereignis gewählt haben. Man holt blind aus der Urne eine Kugel, notiert die Nummer x_1 der Kugel, die für den Geburtswochentag der ersten Person steht, *legt sie zurück*, schüttelt die Urne, fasst erneut blind hinein und notiert hinter x_1 die neue Nummer x_2, die den Geburtstag der zweiten Person symbolisiert. Das Ganze macht man 4-mal. Deshalb sehen wir jetzt als Elementarereignis 4-Tupel an, d. h., die Menge aller Elementarereignisse ist

$$\Omega = T_4(U(7)) = \{(x_1, x_2, x_3, x_4) : x_i \in \{1, \ldots, 7\}\}.$$

Um die Mächtigkeit dieser Menge anzugeben, müssen wir die Anzahl aller möglichen 4-Tupel mit Einträgen aus einer Menge mit 7 Elementen angeben. Das ist einfach: Man hat 7 mögliche Einträge für den ersten Platz. Jeden dieser Einträge kann man mit jedem der 7 Einträge auf dem zweiten Platz kombinieren und jede dieser 7^2 Möglichkeiten wiederum mit 7 möglichen für den dritten Eintrag. In der Geburtstagsaufgabe mit vier Personen haben wir also insgesamt $|\Omega| = |T_4(U(7))| = 7^4 = 2401$ Elementarereignisse.

Wir verallgemeinern das als *m-maliges Ziehen aus n Objekten mit Zurücklegen und mit Beachtung der Reihenfolge:* Man habe eine Urne mit n Kugeln, d. h. eine Menge $U(n)$ mit n Elementen. m-maliges Ziehen mit Zurücklegen liefert m-Tupel mit Einträgen aus $U(n)$. Die Menge aller solchen m-Tupel ist

$$T_m(U(n)) := \{(x_1, \ldots, x_m); x_i \in U(n)\}.$$

Bei m Plätzen ergeben sich n^m verschiedene m-Tupel. Die Mächtigkeit der Menge ist also

$$|T_m(U(n))| = n^m.$$

Das uns interessierende Ereignis in der Geburtstagsaufgabe, also die Menge der *günstigen Tupel*, ist

$$G_4(7) = \{(x_1, x_2, x_3, x_4) : \text{mindestens zwei Einträge gleich}\}.$$

Wie viele gibt es davon? Diese Anzahl ist nicht ganz so einfach zu finden, wenn man nicht in die Trickkiste greift. Wir können nämlich leicht die Anzahl aller 4-Tupel angeben, bei denen es keine Wiederholungen gibt. Die bilden genau das Gegenereignis $G_4^c(7)$ zu $G_4(7)$. Die Berechnung der Anzahl der 4-Tupel ohne Wiederholungen erfolgt nach der gleichen Überlegung wie gerade eben: 7 Einträge für den ersten Platz, jeder dieser Einträge ist kombinierbar mit 6 Einträgen auf dem zweiten Platz, denn der Eintrag auf dem ersten Platz ist für alle weiteren Plätze verboten. Also kurz, die Anzahl der 4-Tupel ohne Wiederholungen ist $|G_4^c(7)| = 7 \cdot 6 \cdot 5 \cdot 4 = 840$ und damit ist mit (2.2)

$$W (\text{keine 2 von den 4 haben am gleichen Wochentag Geburtstag})$$

$$= \frac{|G_4^c(7)|}{|T_4(U(7))|} = \frac{840}{2410} \approx 0,35,$$

also

$$W (\text{mindestens 2 von den 4 haben am gleichen Wochentag Geburtstag})$$

$$= 1 - \frac{|G_4^c(7)|}{|T_4(U(7))|} \approx 0,65.$$

Es lohnt sich, die allgemeine Formel anzugeben, also für m Leute:

W(mindestens 2 von m haben am gleichen Wochentag Geburtstag)

$$= 1 - \frac{|G_m^c(7)|}{|T_m(U(7))|} = 1 - \frac{7 \cdot 6 \cdot \ldots \cdot (7 - m + 1)}{7^m}.$$

Wenn also 2 Leute im Raum sind, dann ist die Wahrscheinlichkeit am gleichen Wochentag geboren zu sein, $1 - 42/49 = 1/7 \approx 0,14$; und dafür, dass bei insgesamt 3 Leuten 2 von den 3 am gleichen Wochentag geboren wurden, liegt die Wahrscheinlichkeit bei $1 - 210/343 \approx 0,39$.

Wir können natürlich auch die Anzahl der Tage verallgemeinern: Das wäre dann die Frage nach m-Tupel aus $U(n)$ mit mindestens einer Wiederholung und der Wahrscheinlichkeit

$$1 - \frac{n(n-1)(n-2)\cdots(n-m+1)}{n^m}.$$

Bemerkung 2.5. Wie groß ist die Wahrscheinlichkeit, dass mindestens 2 von m Leuten am selben Tag *im Jahr* Geburtstag haben? Da sollten wir vorsichtiger sein und nicht an ein Urnenmodell mit 365 Kugeln denken. Warum nicht? Weil das Prinzip vom unzureichenden Grund verletzt sein wird. Die Entscheidung, ein Kind zu bekommen, wird durch Größen wie Jahreszeiten oder Festtage beeinflusst. Geburtstage sind übers Jahr nicht gleich verteilt. Man wird sich vorerst nicht an solche Elementarereignisse trauen, die sind irgendwie zu kompliziert.

2.2.2 *m*-Variationen

Beim Trick mit dem Gegenereignis in der Geburtstagsaufgabe kamen spezielle Tupel vor. Bei diesen tauchte kein Eintrag mehrfach auf. Dafür gibt es ein eigenes Urnenmodell: Man zieht blind, notiert die Nummer. Aber dann legt man die Kugel nicht zurück. Jede Kugel kann also höchstens einmal gezogen werden. Das ist *Ziehen ohne Zurücklegen*. Man bekommt also nach m-mal Ziehen ein m-Tupel, das keine gleichen Einträge hat. Man nennt solche Tupel *Variationen* und sie entstehen aus *m-maligen Ziehen aus n Objekten ohne Zurücklegen mit Beachtung der Reihenfolge*. Die Menge aller m-Variationen ist

$$V_m(U(n)) := \{(x_1, \ldots, x_m); x_i \in U(n), \ x_i \neq x_j \text{ für alle } i \neq j\} \subset T_m(U(n)).$$

Deren Mächtigkeit haben wir schon bei der Berechnung der Geburtstagsaufgabe bestimmt. Wir brauchen die dortigen Zahlen nur zu verallgemeinern:

$$|V_m(U(n))| = n(n-1) \cdot \ldots \cdot (n - m + 1). \tag{2.4}$$

Von speziellem Interesse ist der Fall $m = n$, d. h. wir ziehen alle vorhandenen Kugeln nacheinander aus der Urne. Alle möglichen Tupel unterscheiden sich dann nur durch die unterschiedliche Reihenfolge der Einträge. Die Ziffern sind also nur *vertauscht*. Das nennt man eine *Permutation* dieser n Objekte. Von denen gibt es

$$|V_n(U(n))| = n \cdot (n-1) \cdot \ldots \cdot 1 =: n! \quad \text{(sprich: \glqq}n\text{-Fakultät\grqq)}$$

Mit der häufig verwendeten Notation $n!$ wird (2.4) schreibbar als

$$|V_m(U(n))| = \frac{n!}{(n-m)!}.$$

Beispiel 2.3. Wie viele 3-stellige Zahlen können aus allen 10 Ziffern gebildet werden, wenn jede Ziffer nur einmal vorkommen darf? Die Reihenfolge der Ziffern spielt eine Rolle, denn 123 und 213 sind ja verschiedene Zahlen. Man berechne also

$$|V_3(U(10))| = \frac{10!}{7!} = 10 \cdot 9 \cdot 8 = 720.$$

Beispiel 2.4. Beim Lotto (ohne Zusatzzahl) wählt die Spielerin 6 aus 49 Zahlen aus, wobei sie hofft, dass genau diese gezogen werden. Die Ziehung der Zahlen folgt nacheinander, liefert damit eine 6-Variation. Alle weiteren Variationen, die sich durch Permutation aus diesen gezogenen 6 Zahlen ergeben, werden aber als gleiche Ziehung gewertet – die gezogenen Zahlen müssen ja nur mit den ausgewählten 6 Zahlen der Spielerin übereinstimmen. Als Elementarereignisse bieten sich die Variationen an. Davon gibt es insgesamt

$$|V_6(U(49))| = \frac{49!}{(49-6)!} = \frac{49!}{43!}.$$

Das günstige Ereignis (\glqq Die ausgewählten 6 Zahlen a, b, c, d, e, f werden gezogen\grqq) ist, wie gesagt,

$$E = \{\text{Permutationen aus der Ziffernfolge} \, (a, b, c, d, e, f)\}$$

und $|E| = 6!$. Damit ist

$$W(E) = \frac{6!}{\frac{49!}{43!}} \approx \frac{1}{14 \text{ Millionen}}.$$

2.2.3 *m*-elementige Teilmengen

Die Lotto-Aufgabe kann man natürlich auch anders angehen, indem wir eine vergröberte Sichtweise benutzen: Wir ignorieren den Ziehungsprozess und fokussieren nur auf die *Menge* der gezogenen Zahlen, d. h., uns interessiert nur, *welche* 6 Zahlen gezogen wurden. Alle 6-Variationen, die sich allein in der Reihenfolge ihrer Einträge unterscheiden, werden nun als ein Objekt angesehen. Diese Objekte sind die *6-elementigen Teilmengen* von U, denn eine Menge von Objekten ist gerade dadurch ausgezeichnet, dass erstens alle Elemente verschieden sind und zweitens Anordnungen keine Rolle spielen. Das Prinzip vom unzureichenden Grund scheint auch auf diese Objekte anwendbar zu sein, und mehr noch: Vielfach wird diese vergröberte Sichtweise sogar als elementarer angesehen als die mit den Variationen.

Die Mächtigkeit der Menge aller Elementarereignisse Ω ist leicht zu finden. Wie viele Möglichkeiten gibt es, 6 Zahlen aus 49 auszuwählen? Aus vorigem Beispiel können wir ableiten, dass es $\frac{49!}{43!}$ Ziehvorgänge gibt, die unterschiedliche Ergebnisse liefern. Dabei wurde aber die Ziehung gleicher Zahlen in unterschiedlicher Reihenfolge extra gezählt. Insgesamt gibt es zu jeder Zahlenkombination 6! verschiedene Reihenfolgen, die uns hier nicht interessieren. Daher müssen wir durch 6! dividieren, um die richtige Anzahl zu erhalten:

$$|\Omega| = \frac{49!}{43!6!}.$$

Die Wahrscheinlichkeit für „6 Richtige" im Lotto, also für eine bestimmte 6-elementige Teilmenge, beträgt

$$W(6 \text{ Richtige}) = \frac{1}{\frac{49!}{43!6!}} = \frac{6!43!}{49!}.$$

Bemerkung 2.6. Dass die Rechnungen in beiden Zugängen dasselbe ergeben, ist klar. Aber dennoch kann man fragen: Was steckt dahinter? Zu je 6 ausgewählten Zahlen gibt es 6! Möglichkeiten, diese zu ziehen, d. h., jeder 6-Teilmenge werden je 6! viele 6-Variationen zugeordnet. Teilmengen sind offenbar *Vergröberungen* von Variationen. Und weil jeder Teilmenge eine *gleiche* Anzahl an Variationen zugrunde liegt, sind die Ergebnisse gleich. Aufgrund dieser Gleichheit kann man das Prinzip vom unzureichenden Grund sowohl auf die Variationen als auch auf die Teilmengen anwenden.

In der Urnensprache spricht man allgemein vom *m-maligen Ziehen aus* $n \geq m$ *Objekten ohne Zurücklegen und ohne Berücksichtigung der Reihenfolge.* Man nennt die *m*-elementigen Teilmengen auch *m-Kombinationen*, die wir in der Menge

$$K_m(U(n)) := \{M \subseteq U(n) \,|\, M \text{ ist } m\text{-elementige Teilmenge}\}$$

zusammenfassen. Deren Anzahl ist

$$|K_m(U(n))| = \frac{n!}{m!(n-m)!}. \tag{2.5}$$

Dazu muss man die obigen Gedanken einfach wieder verallgemeinern. Für diesen Bruch führen wir ein neues Symbol ein:

Definition 2.2.

$$\binom{n}{m} := \frac{n!}{m!(n-m)!} \quad \text{(sprich: „}n\text{ über }m\text{“)}$$

mit

$$\binom{n}{0} := 1 \text{ und } \binom{n}{m} := 0, \text{ falls } m > n \text{ oder } m < 0,$$

heißt *Binomialkoeffizient*.

Bemerkung 2.7. Dieser Koeffizient ist von so herausragender Bedeutung, dass wir ihm einen ganzen Abschnitt widmen (Abschn. 2.2.6).

Eine eher undurchsichtige kombinatorische Formel ist folgende, die als letztes Modell für eine Urne bleibt.

2.2.4 *m*-Kombinationen mit Wiederholungen

Man zieht m-mal nacheinander eine Kugel aus einer Urne $U(n)$ und legt diese im Anschluss immer wieder zurück. Angeschaut werden m-Tupel mit Wiederholungen, wobei alle Permutationen eines m-Tupels als eins gewertet werden, d. h., die Reihenfolge spielt keine Rolle. Man nennt diese Objekte auch *m-Kombinationen mit Wiederholungen*. Deren Anzahl ist nun nicht mehr so einfach zu bekommen. Vor allem ist die Antwort nicht mehr suggestiv. Man kann sich aber wieder mit einem Trick behelfen:

Beispiel 2.5. Angenommen, wir wählen eine Kugel aus $n = 6$ nummerierten Kugeln aus und legen sie zurück. Das machen wir insgesamt $m = 4$-mal und halten unsere Ziehung in einer Tabelle fest, wobei in der ersten Zeile die Kugelnummer steht und in der zweiten Zeile ein Kreuz pro entsprechend gezogener Kugel notiert wird. Das Einzige, was uns interessiert, ist, wie viele Kugeln mit welcher Nummer gezogen wurden. Wenn wir einmal die Kugel mit der Eins, zweimal die Kugel mit der Drei und einmal die Kugel mit der Vier gezogen haben, sieht die Notation wie folgt aus:

1	2	3	4	5	6
x		xx	x		

.

Uns interessiert die Anzahl der Möglichkeiten, die vier Kreuze zu setzen. Dazu codieren wir die Information aus der Tabelle: Ein Kreuz x wird zu 0 und eine Trennwand zu 1. Der Code aus dem Beispiel ist damit 011001011. Man vergewissere sich, dass die Codierung eindeutig ist. Fragt man also nach der Anzahl der Möglichkeiten, vier Kreuze auf sechs Objekte zu verteilen, kann man genauso gut die Anzahl der 0-1-Folgen der Länge $4 + 6 - 1 = 9$ mit genau 4 Nullen zählen. Wie viele gibt es davon?

Man nummeriere die Stellen der 0-1-Folge von 1 bis 9. Die Nummern der Stellen, auf denen eine Null steht, definieren eine Teilmenge von $\{1, 2, \ldots, 9\}$. Jedes 9-Tupel mit genau 4 Nullen steht also in eineindeutiger Beziehung zu einer 4-elementigen Teilmenge von $\{1, 2, \ldots, 9\}$. Darum gilt: Die Anzahl der 0-1-Folgen mit genau 4 Nullen ist gleich der Anzahl der 4-elementigen Teilmengen von $\{1, 2, \ldots, 9\}$, und die ist nach (2.5) $\binom{9}{4}$.

Die Anzahl aller m-Kombinationen mit Wiederholungen aus n Objekten ist also gleich der Anzahl von 0-1-Folgen der Länge $n + m - 1$ („−1", da die äußeren Trennwände überflüssig sind) mit genau m Nullen bzw. $n - m$ Einsen:

$$\binom{m + n - 1}{m} = \binom{m + n - 1}{n - 1}. \tag{2.6}$$

2.2.5 Anmerkungen

1. Jedermanns-Wahrscheinlichkeitsaufgaben sind oft trickreich. Man lernt schnell die Kniffe, wenn man genügend Aufgaben gerechnet hat, aber vergisst sie ebenso schnell wieder, wenn man sich nicht dauernd damit beschäftigt.
2. Die Gültigkeit der kombinatorischen Formeln für allgemeines n beweist man sehr leicht mit vollständiger Induktion.
3. Eine Warnung: Jedermanns-Wahrscheinlichkeitsaufgaben sind häufig nur umgangssprachlich und damit ziemlich unklar formuliert, sodass man sie präzisieren muss, bis man erkennt, welche Objekte die Elementarereignisse sind. Dabei kann es durchaus vorkommen, dass die umgangssprachliche Formulierung nicht eindeutig ist. Das sollte man keinesfalls überbewerten und vor allem nicht das Wort „paradox" verwenden, wenn man bei einer anderen Wahl von Elementarereignissen einen anderen Wahrscheinlichkeitswert erhält. Es gibt nichts Paradoxes im Bereich der Wahrscheinlichkeit (oder sonstwo) – es gibt bestenfalls nur unklare Fragestellungen. Hier liegt es vor allem im Begriff des Elementarereignisses, der nach wie vor dunkel ist und sich bisher nur am Prinzip vom unzureichenden Grund orientiert. Ein berühmtes Beispiel ist das Bertrandsche Paradoxon, das wir hier nicht ausführen, denn mit dem Gesagten lässt sich das schnell aufklären.

2.2.6 Der Binomialkoeffizient

Auf dem Weg hin zu einem Verständnis der Wahrscheinlichkeit spielt der Binomialkoeffizient

$$\binom{n}{m} := \frac{n!}{m!(n-m)!} \quad \text{mit} \quad \binom{n}{0} = \binom{n}{n} := 1 \quad \text{und} \quad \binom{n}{m} := 0 \quad \text{für } m > n$$

eine herausragende Rolle. Er taucht in ganz verschiedenartigen Verkleidungen auf:

Anzahl von m-elementigen Teilmengen einer n-elementigen Menge
In Abschn. 2.2.3 haben wir bereits gesehen, dass die Anzahl der m-elementigen Teilmengen einer n-elementigen Menge $\binom{n}{m}$ ist.

Anzahl von 0-1-Folgen der Länge n mit m Nullen
Eines der Leitbeispiele dieses Buches ist der Münzwurf und eine typische Frage lautet: Mit welcher Wahrscheinlichkeit kommt genau m-mal Kopf in n Würfen?

Wie geht man vor? Als Elementarereignisse nehmen wir eine Zahlenreihe der Länge n mit 0-1-Einträgen, wobei „1" für Kopf, „0" für Zahl steht und die Reihenfolge der Einträge von Bedeutung ist. Es handelt sich also um ein n-Tupel oder eine „n-Folge", wie wir auch sagen werden. Es gibt davon offenbar insgesamt 2^n.

Gefragt ist die Anzahl der 0-1-Folgen der Länge n mit genau m Einsen. Wie findet man diese Zahl?

Wie in Beispiel 2.5 bereits ausgeführt, nummeriert man die Stellen der 0-1-Folge von 1 bis n. Die Nummern der Stellen, auf denen eine Eins steht, definieren dann eine Teilmenge von $\{1, 2, \ldots, n\}$. Jedes n-Tupel mit genau m Einsen steht also in eineindeutiger Beziehung zu einer m-elementigen Teilmenge von $\{1, 2, \ldots, n\}$. Darum gilt: Die Anzahl der 0-1-Folgen mit genau m Einsen ist gleich der Anzahl der m-elementigen Teilmengen von $\{1, 2, \ldots, n\}$, also $\binom{n}{m}$. Damit ist

$$W(\text{genau } m\text{-mal Kopf in } n \text{ Würfen}) = \frac{\binom{n}{m}}{2^n}. \tag{2.7}$$

Bemerkung 2.8. Übrigens ist $\sum_{m=0}^{n} \binom{n}{m} = 2^n$, denn das ist einfach die Anzahl aller 0-1-Folgen der Länge n.

Bemerkung 2.9. Wir können das auch verallgemeinern: Betrachte Folgen der Länge n mit Einträgen aus $\{0, \ldots, r\}$. Wie viele Folgen mit n_1-mal „1", $\ldots$, n_r-mal „r", wobei $n_1 + \ldots + n_r = n$, gibt es?

Zunächst überlegen wir, wie viele mögliche Stellen es für die 1 gibt, die ja genau n_1-mal vorkommen soll. Das ist einfach, das hatten wir schon: $\binom{n}{n_1}$. Aber bei jeder dieser Möglichkeiten können die übrigen Zahlen wieder in unterschiedlichen Reihenfolgen, also auf verschiedenen Stellen auftreten, nämlich 2 auf $\binom{n-n_1}{n_2}$ Stellen,

3 dann auf $\binom{n-n_1-n_2}{n_3}$ Stellen usw. Insgesamt ergibt das

$$\binom{n}{n_1}\binom{n-n_1}{n_2}\cdot\ldots\cdot\binom{n-n_1-\ldots-n_{r-1}}{n_r} = \frac{n!}{n_1!\ldots n_r!}$$

Möglichkeiten. Den Ausdruck

$$\frac{n!}{n_1!\ldots n_r!} =: \binom{n}{n_1, n_2, \ldots, n_r} \tag{2.8}$$

nennt man *Multinomialkoeffizient*. Er gibt die Anzahl der möglichen Aufteilungen von n Objekten in r *verschiedene* Gruppen der Größen $n_1, n_2, \ldots, n_r$ an.

Dieselbe Kombinatorik steckt auch im berühmten *Multinomialsatz*, den man in der Analysis beweist:

$$(x_1 + \ldots + x_r)^n = \sum_{n_1 + \ldots + n_r = n} \binom{n}{n_1, n_2, \ldots, n_r} x_1^{n_1} \ldots x_r^{n_r}, \tag{2.9}$$

und der für $r = 2$ der *Binomialsatz* ist:

$$(a + b)^n = \sum_{k=0}^{n} \binom{n}{k} a^k b^{n-k}. \tag{2.10}$$

Bemerkung 2.10. Um zu sehen, wie der Binomialsatz kombinatorisch zustande kommt, betrachte man

$$(a + b)^n = (a + b)(a + b) \cdots (a + b)$$

und wähle k der n „a"s aus, was man $\binom{n}{k}$-mal tun kann. Der Summand $a^k b^{n-k}$ kommt also $\binom{n}{k}$-mal vor. Das machen wir für jedes $k \in \{0, \ldots n\}$ und bekommen (2.10).

Bemerkung 2.11. Der Binomialsatz liefert uns noch einmal die Normierung aus Bemerkung 2.8, indem wir $a = b = 1$ wählen:

$$2^n = (1 + 1)^n = \sum_{k=0}^{n} \binom{n}{k}.$$

Bemerkung 2.12. Die Anzahl der Summanden in der Summe auf der rechten Seite in (2.9), also die Anzahl der Zerlegungen von n in alle möglichen Kombinationen von Summanden $0 \leq n_1, .., n_r \leq n$, ist gerade die Anzahl von n-Kombinationen mit Wiederholungen aus r Objekten, nach (2.6) also

$$\binom{n + r - 1}{n}.$$

Das Galton-Brett

Der Binomialkoeffizient kann sehr schön am Kugellauf des Galton-Bretts[2] (Abb. 2.2) veranschaulicht werden. Das Galton-Brett ist ein Nagelbrett mit gegeneinander versetzten Nagelreihen, wobei die Abstände der Nägel ziemlich genau dem Durchmesser der Stahlkugeln entsprechen, die das aufgestellte Nagelbrett durchlaufen. Die Kugel fällt dabei immer zwischen zwei Nägel. Sie stößt mit beiden Nägeln sehr viele Male elastisch (in Wahrheit natürlich unelastisch, aber das spielt jetzt keine Rolle) zusammen und wird dann entweder nach links oder nach rechts abgelenkt. Indem wir „rechts"= 1 setzen und „links"= 0, kann man die möglichen Wege bei insgesamt n Nagelreihen eins zu eins mit den 0-1-Folgen der Länge n in Beziehung setzen.

　　Wenn wir zwischen benachbarten Nägeln die Anzahl der Pfade notieren, die zu diesen führen, ergibt sich z. B. bei vier Nagelreihen folgendes Schema, das man

Abb. 2.2 Das Galtonsche Brett

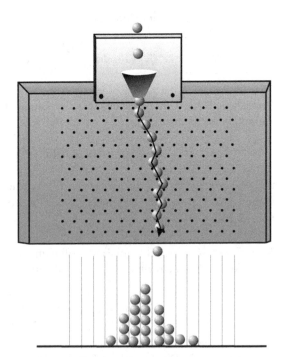

---

[2]Francis Galton (1822–1911).

auch *Pascalsches Dreieck*[3] nennt:

$$
\begin{array}{ccccccccc}
 & & & & 0 & & & & n = 0 \\
 & & & 1 & & 1 & & & n = 1 \\
 & & 1 & & 2 & & 1 & & n = 2 \\
 & 1 & & 3 & & 3 & & 1 & \cdot \\
1 & & 4 & & 6 & & 4 & & 1 \quad \cdot \\
k=0 & & k=1 & & k=2 & & k=3 & & k=4
\end{array}
$$

In der n-ten Zeile stehen von links nach rechts die Zahlen $\binom{n}{k}, k = 0, 1, \ldots, n$ (k steht für „k-mal rechts"), also die Anzahl der Pfade, die die Kugel zu diesem Nagelzwischenraum führen. Im Pascalschen Dreieck lesen wir ab, dass

$$
\binom{n+1}{k+1} = \binom{n}{k} + \binom{n}{k+1}.
$$

Diese Beziehung kann übrigens auch als Definition für den Binomialkoeffizienten dienen.

Unendlich kann größer als unendlich sein

Jede 0-1-Folge der Länge $|\mathbb{N}| = \infty$ kann eindeutig einer bestimmen Teilmenge der natürlichen Zahlen $\mathbb{N}$ zugeordnet werden, und zwar wie folgt: Man nummeriert die Stellen, der 0-1-Folge durch. Die Nummern der Stellen an denen eine Eins steht, bilden eine Teilmenge der natürlichen Zahlen. Da die Zuordnung eindeutig ist, gibt es so viele unendlich lange 0-1-Folgen, wie es Teilmengen von $\mathbb{N}$ gibt, oder äquivalent: Die Potenzmenge von $\mathbb{N}$ hat genauso viele Elemente, wie es unendlich lange 0-1-Folgen gibt.

Nun kann ebenfalls jedes $x \in [0, 1)$ durch eine unendlich lange 0-1-Folge beschrieben werden (und umgekehrt), nämlich indem wir x im Zweiersystem darstellen (gewöhnlich stellen wir Zahlen im Zehnersystem dar), etwa:

$$
x = (0, 110 \ldots)_2 = (1 \cdot 1/2 + 1 \cdot 1/2^2 + 0 \cdot 1/2^3 + \ldots)_{10}
$$

Die Zweierdarstellung (auch „Dual-" oder „Binärdarstellung" genannt) wird in diesem Buch sehr häufig zum Zuge kommen.

Bemerkung 2.13. Es gibt eine Uneindeutigkeit in der Dualdarstellung, z. B. ist die Zahl $0, 0\bar{1} = 0, 1$. Indem wir die zugehörigen 0-1-Folgen miteinander identifizieren, können wir die Uneindeutigkeit aufheben. Man kann auch einfach solche periodischen 0-1-Folgen aus der Menge aller 0-1-Folgen entfernen. Aber egal wie, die

---

[3]Blaise Pascal (1623–1662).

Mächtigkeit der neuen Menge von 0-1-Folgen wird dadurch nicht geschmälert, wie man sich leicht überlegen kann.

Die Mächtigkeit von $[0, 1)$ entspricht damit der Mächtigkeit der Potenzmenge von $\mathbb{N}$. Formal:

$$|[0, 1)| = |\mathcal{P}(\mathbb{N})| = 2^{|\mathbb{N}|}.$$

Es ist eine ganz einfache Analysisübung, zu zeigen, dass das Intervall $[0, 1)$ auch in eineindeutiger Weise auf die reellen Zahlen $\mathbb{R}$ abgebildet werden kann. Darum ist die Mächtigkeit der Menge der reellen Zahlen $\mathbb{R}$ ebenso $2^{|\mathbb{N}|}$. Man nennt die Zahl $|\mathbb{N}| = \aleph_0$ (sprich: „aleph-null"). Während $\mathbb{N}$ nach Definition eine abzählbare unendliche Menge ist, ist $\mathbb{R}$ nicht mehr abzählbar. Das folgt aus dem berühmten, ganz einfachen *Cantorschen Diagonalargument*.[4] Das hat zur Folge, dass wir zwei unendliche Größen haben: $\aleph_0$ und $2^{\aleph_0}$, wobei $2^{\aleph_0} > \aleph_0$ ist.

Eine berühmte Frage lautet, ob $\aleph_1$ (die nächstgrößere Zahl nach $\aleph_0$) kleiner als $2^{\aleph_0}$ oder ob $\aleph_1 = 2^{\aleph_0}$ ist. Die *Kontinuumshypothese* von Georg Cantor sagt Letzteres, aber es ist eine Hypothese, über deren Falschheit oder Wahrheit bisher keine Einsicht gewonnen werden konnte, und wir meinen damit Folgendes: Kurt Gödel (1906–1978) und später Paul Cohen (1934–2007) haben gezeigt, dass weder die Richtigkeit noch die Falschheit der Hypothese im mathematischen Axiomensystem der Zermelo-Fraenkel-Mengentheorie (das ist die für uns gewöhnliche Mengen-Mathematik) bewiesen werden kann. Man kann also nur auf eine höhere Einsicht hoffen, die es uns erlaubt, die Wahrheit oder Falschheit der Hypothese zu sehen – z. B. durch eine Erweiterung der Mengentheorie mittels neuer offenbar wahrer Axiome, in der dann die Hypothese entweder wahr oder falsch ist.

2.3   Elementarereignisse – ein schwieriges Konzept

Die Debatte, die mit der Beschäftigung mit Wahrscheinlichkeit einhergeht, ist primär gar nicht im *Begriff* der Wahrscheinlichkeit selbst begründet, sondern vielmehr darin, *wovon* die Wahrscheinlichkeit (was immer das auch sein mag) bestimmt werden soll. Bis jetzt haben wir den Begriff des Elementarereignisses nur am Prinzip vom unzureichenden Grund festgemacht, nämlich durch die intuitive Setzung, dass auf diese Ereignisse das Prinzip angewendet werden kann. Die Entscheidung, was als Elementarereignis angesehen werden kann, ist noch zu sehr von Intuition oder Gefühl geprägt, als dass man mathematisches Vertrauen entwickeln könnte. Wir müssen den Begriff des Elementarereignisses präzisieren, sonst bleibt auch der Begriff der Wahrscheinlichkeit dunkel.

---

[4]Georg Cantor (1845–1918).

Beispiel 2.6. Wie in Beispiel 2.2 werden zwei Würfel geworfen. Uns interessiert wieder die Summe der beiden Augenzahlen und wir wenden darauf das Prinzip vom unzureichenden Grund an. Als Menge der Elementarereignisse setzen wir also $\Omega = \{2, 3, 4, \ldots, 12\}$. Wenn wir das so sagen, wird man das erst einmal hinnehmen, warum nicht? Nun hat diese Menge die Mächtigkeit $|\{2, 3, 4, \ldots, 12\}| = 11$. Damit folgt

$$W(\text{Augensumme} = 3) = \frac{1}{11},$$

was aber nicht mit dem Ergebnis aus Beispiel 2.2 übereinstimmt!

Wir verstehen, dass die Vergröberung von den Paaren aus den Augenzahlen auf die Augensummen anders ist als beim Lotto in Beispiel 2.4 und Abschn. 2.2.3, weil nun nicht gleich viele „feine" Elementarereignisse auf jeweils ein „gröberes" Elementarereignis abgebildet werden, und dass das der Grund ist, warum wir unterschiedliche Werte bekommen. Aber welcher der beiden Werte ist der richtige?

Bemerkung 2.14. Das Wort „richtig" soll hier im Sinne von empirisch adäquat verstanden werden. Und mit „empirisch adäquat" ist der Wert gemeint, der sich nach sehr vielen Würfen zweier Würfel typischerweise für die relative Häufigkeit des Ereignisses „Augensumme = 3" ergibt.

Das Prinzip vom unzureichenden Grund findet in der Art, wie wir die Aufgabe hier angegangen sind, seine Anwendung auf der Ebene der Augensummen. Jede Augensumme ist gleichberechtigt. Dadurch unterscheiden wir nicht, ob eine Augensumme durch drei oder etwa fünf Kombinationen (Augenpaare) realisiert werden kann. Die Augensummen bauen auf den Augenpaaren auf und vergröbern diese. Unsere Intuition sagt uns, dass deshalb die Augenpaare die besseren Elementarereignisse sind. Nehmen wir dieses Argument ernst und spinnen den Gedanken weiter, fällt aber auf, dass auch die Paare der Augenzahlen vergröberte Beschreibungen des Wurfvorgangs sind. Um zu einer wirklich elementaren Beschreibung des Würfelwurfs zu kommen, müssen wir die Natur des Würfelwurfs ernst nehmen, d. h., wir müssen ihn von der *groben, nur die Augenanzahl beachtenden* Ebene auf die Ebene, auf der er *vollständig, nämlich als physikalischer Prozess* beschreibbar ist, befördern. Das ist die Ebene, auf der der Würfel als Festkörper durch seine Lage-Koordinaten im Raum und seine Geschwindigkeit sowie Drehgeschwindigkeit beschrieben wird. Die Elementarereignisse sind also nicht mehr Paare (x, y) aus Würfelaugen, sondern die vollständige physikalische Beschreibung durch Ort und Geschwindigkeit. Das sind offenbar die elementaren Ereignisse im Rahmen einer Newtonschen Physik!

Wichtiger Hinweis: Ist es dann überhaupt gerechtfertigt, den Begriff des Elementarereignisses am Prinzip vom unzureichenden Grund festzumachen, auch wenn wir wissen, dass wahrlich Elementareres zugrunde liegt? Da erinnern wir an die

Leitlinien (siehe Einleitung) und das Zitat von Laplace. Oft ist uns das wirklich Elementare noch gar nicht zugänglich, sodass wir gemäß Laplace darauf angewiesen sind, mit einer vergröberten Sichtweise Wahrscheinlichkeitsrechnung zu betreiben. Es ist gerade die Stärke des Prinzips vom unzureichenden Grund, auf der vergröberten Ebene anwendbar zu sein – wenn man genügend Intuition über Symmetrie und andere Bestimmungsstücke, die die Elementarereignisse ausmachen, besitzt. Es sollte aber klar sein, dass man sich gemäß den Leitlinien bei der vergröberten Sicht in der Schattenwelt befindet und man keine abschließende Klarheit über den Begriff der Wahrscheinlichkeit erhalten kann.

Wir haben bei der Lottoaufgabe gesehen, wie das Prinzip vom unzureichenden Grund auf zwei vergröberten Beschreibungsebenen wirken kann, wobei die uniforme Zuordnung von 6-Variationen auf 6-elementige Teilmengen die Erklärung für die beidmalige Anwendung war. Manchmal, wenn eine solche „triviale" Situation nicht vorliegt, kann man verwirrt sein, was die besseren Elementarereignisse im Sinne des Prinzips vom unzureichenden Grund sind, wie wir in folgendem Beispiel zum Abschluss nochmals demonstrieren.

Beispiel 2.7. Wir greifen die Geburtstagsaufgabe aus Abschn. 2.2.1 wieder auf. Die Frage lautete: Wenn vier Leute in einem Raum sind, wie groß ist die Wahrscheinlichkeit, dass mindestens zwei am gleichen Wochentag Geburtstag haben? Als Elementarereignis haben wir einfach *Tupel* gewählt, also Zahlenfolgen, bei denen die Reihenfolge wichtig ist. Aber eigentlich interessiert doch nur, ob am Ende zwei oder mehr gleiche Wochentage genannt wurden, und nicht, *wer* diese genannt hat bzw. *wann* diese genannt wurden (je nachdem, wie man die Reihenfolge der aufgelisteten Tage interpretieren will). Deshalb sollte doch die Reihenfolge der genannten Tage unwichtig sein: (Mo, Di, Do, Di) sollte als das Gleiche gehandhabt werden wie (Mo, Di, Di, Do). Uns interessieren also *Kombinationen* aus Tagen, und warum sollte da nicht das Prinzip vom unzureichenden Grund greifen? Also machen wir das mal. Wir wenden wieder den Trick mit dem Komplement an, um die Berechnung zu erleichtern. Die Anzahl der 4-elementigen Teilmengen, Kombinationen, bei denen kein Wochentag mehrfach auftritt, ist $\binom{7}{4} = 35$. Insgesamt gibt es $\binom{7+4-1}{4} = 210$ 4-Kombinationen. Das liefert uns für die Wahrscheinlichkeit, dass niemand am selben Wochentag Geburtstag hat, $\frac{1}{6}$. Damit folgt für die Wahrscheinlichkeit

$$W(\text{mind. 2 von 4 Leuten haben am gleichen Wochentag Geburtstag}) = \frac{5}{6}.$$

Dieser Wert entspricht nicht dem, den wir unter der Annahme, dass die Elementarereignisse *Tupel* sind, berechnet haben. Die Vergröberung der Geburtstags*tupel* auf die *Kombinationen* ist nicht trivial. (Mo, Mo, Mo, Mo) vergröbert (Mo, Mo, Mo, Mo), aber (Mo, Di, Mi, Do) vergröbert 4! viele 4-*Tupel*. Welcher Ansatz liefert denn nun einen empirisch adäquaten Wert? Oder anders gefragt: Welche Elementarereignisse sind gerade die richtigen Vergröberungen der wirklichen elementaren Ereignisse? Letztere kennen wir natürlich nicht, aber wir haben über die trotzdem eine Intuition:

Wir gehen davon aus, dass die Geburtstage der Personen *unabhängig* voneinander sind. Nun ist *Unabhängigkeit* ein schwieriges Konzept und im Moment wissen wir noch nichts darüber, aber so viel können wir schon mal sagen: Wenn wir als Elementarereignisse 4-Kombinationen wählen, ist die Unabhängigkeit nicht gegeben – bei der Annahme mit den 4-Tupeln schon.

2.4 Bedingte Wahrscheinlichkeit

Bisher haben wir die Laplace-Wahrscheinlichkeit definiert und gesehen, dass es sich eigentlich nur um ein Abzählen aller möglichen und günstigen Ereignisse handelt. Nochmals zur Erinnerung: Für die Laplace-Wahrscheinlichkeit des Ereignisses $A \subseteq \Omega$ wurde die Mächtigkeit von A, das ist die Anzahl der günstigen Ereignisse, in Relation zur Mächtigkeit von Ω, der Anzahl der möglichen Ereignisse, gesetzt:

$$W(A) = \frac{|A|}{|\Omega|}.$$

Gegenstand vieler Laplace-Aufgaben ist die Situation, in der die Wahrscheinlichkeit eines Ereignisses A berechnet werden soll, wobei ein Ereignis $B \subseteq \Omega$ bereits eingetreten ist. Die Menge der möglichen Ereignisse ist dann nicht mehr Ω, sondern B. Für die günstigen Ereignisse kommen dann natürlich nur die Elemente infrage, die auch in B vertreten sind. Also ist die Wahrscheinlichkeit für das Ereignis A unter der Bedingung, dass B bereits stattgefunden hat:

$$W(A|B) = \frac{|A \cap B|}{|B|} = \frac{|A \cap B|}{|\Omega|}\frac{|\Omega|}{|B|} = \frac{W(A \cap B)}{W(B)}. \qquad (2.11)$$

Beispiel 2.8. Man würfelt zweimal. Die Augensumme ist 6. Wie groß ist die Wahrscheinlichkeit, dass im ersten Wurf eine 4 kam?

Als Menge aller Elementarereignisse setzen wir:

$$\Omega = \{(x_1, x_2) : x_1, x_2 \in \{1, 2, 3, 4, 5, 6\}\}.$$

A ist das Ereignis, dass im ersten Wurf eine 4 gewürfelt wird, also

$$A = \{(x_1, x_2) \in \Omega : x_1 = 4\}.$$

Da aber $B = \{(x_1, x_2) \in \Omega : x_1 + x_2 = 6\}$ eingetreten ist, kommt aus der Menge A nur $A \cap B = \{(4, 2)\} \subset B$ als günstiges Ereignis infrage. In Formelschreibung also:

$$W(A|B) = \frac{W(A \cap B)}{W(B)} = \frac{1/36}{5/36} = \frac{1}{5}.$$

Aus der Setzung der bedingten Wahrscheinlichkeit (2.11) und der *Additivität für disjunkte Ereignisse* A_j, wie wir sie schon in (2.3) hatten, folgt sofort:

$$W\left(\bigcup_j A_j | B\right) = \sum_j W(A_j | B), \quad A_j \cap A_k = \emptyset \text{ für alle } k \neq j$$

Die bedingte Wahrscheinlichkeit liefert als *Rechenhilfe* einen technischen Vorteil. So ist z. B. folgende Zerlegungsformel technisch von Bedeutung: Sei $\bigcup B_k = \Omega$ eine disjunkte Zerlegung von Ω, dann gilt

$$W(A) = \sum_k W(A|B_k)W(B_k), \tag{2.12}$$

denn

$$W(A) = W(A \cap \Omega) = W\left(A \cap \bigcup_k B_k\right) = W\left(\bigcup_k A \cap B_k\right)$$

$$= \sum_k W(A \cap B_k) = \sum_k \frac{W(A \cap B_k)}{W(B_k)} W(B_k)$$

$$= \sum_k W(A|B_k)W(B_k).$$

2.5   Unabhängigkeit

2.5.1   Jedermanns-Unabhängigkeit

Als Nächstes setzen wir uns mit jener Situation auseinander, in der wir meinen, dass das Eintreten des Ereignisses A vom Eingetretensein des Ereignisses B unabhängig ist. Sprechen wir über unabhängige Ereignisse, kann man sich darunter sofort etwas vorstellen – man hat ein Gefühl dafür: Die Ereignisse A und B heißen *unabhängig* genau dann, wenn das Eintreten von B die Wahrscheinlichkeit des Eintretens von A nicht verändert: $W(A|B) = W(A)$, und wegen (2.11) ist auch $W(B|A) = W(B)$ und

$$W(A \cap B) = W(A)W(B). \tag{2.13}$$

Wichtiger Hinweis: Ereignisse A und B, die diese Gleichung nicht erfüllen, nennt man *abhängig*. Das bedeutet aber nicht, dass sie „abhängig" im alltagssprachlichen Sinne von Ursache und Wirkung sein müssen. Die *stochastische Unabhängigkeit* ist allein eine Aussage über *Verhältnisse*. Das sieht man an

$$(2.13) \Leftrightarrow \frac{W(A \cap B)}{W(A)} = \frac{W(B)}{W(\Omega)} \Leftrightarrow \frac{|A \cap B|}{|A|} = \frac{|B|}{|\Omega|}.$$

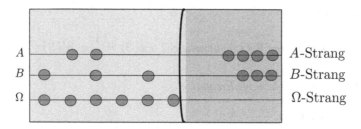

Abb. 2.3 Unabhängigkeitsschieber: Jede „Spalte" im hellen Bereich steht für ein Elementarereignis. Hier ist die Situation aus Beispiel 2.9 eingestellt. Verschiebe die Kugeln von A und B so, dass A und B unabhängig werden. Kann es Unabhängigkeit mit gleich vielen Kugeln für A und B geben?

Um eine Verwechslung zu umgehen, spricht man daher bei (2.13) von *stochastischer Unabhängigkeit* bzw. wenn dies nicht erfüllt ist, von *stochastischer Abhängigkeit*. Im Folgenden meinen wir natürlich die *stochastische Unabhängigkeit*, wenn wir von Unabhängigkeit sprechen.

Mithilfe des „Unabhängigkeitsschiebers" aus Abb. 2.3 kann man sich überlegen, welche Ereignisse A und B diese Abgestimmtheit, die von der Unabhängigkeit gefordert wird, erfüllen. Es ist diese exakte Durchmischung der Ereignisse, die Unabhängigkeit ausmacht.

Beispiel 2.9. Zwei unabhängige Ereignisse
Wir nehmen eine Urne mit 6 Kugeln, die von 1 bis 6 durchnummeriert sind, und ziehen eine Kugel. Ereignis A sei „Ziehung der Zahl 2 oder 3", d. h. $A = \{2, 3\}$ und B sei „Ziehung einer ungeraden Zahl", d. h. $B = \{1, 3, 5\}$. In Abb. 2.3 soll nun die i-te Spalte für das Elementarereignis „Ziehung der Zahl i" stehen. Dann ist also genau unsere Situation abgebildet und man erkennt schnell, dass die Durchmischung der Ereignisse von A, B und Ω die richtigen Verhältnisse liefert. Und wir prüfen nach:

$$W(A \cap B) = W(3) = \frac{1}{6} = \frac{2}{6} \cdot \frac{3}{6} = W(A)W(B).$$

Zur Übung kann man dies mit den *reduzierten* Ereignismöglichkeiten, d. h. mit den bedingten Wahrscheinlichkeiten durchgehen:

$$W(A|B) = W(2 \text{ oder } 3 \mid \text{Zahl ungerade})$$

$$= \frac{W(2 \text{ oder } 3 \ \cap \ \text{Zahl ungerade})}{W(\text{Zahl ungerade})}$$

$$= \frac{\frac{1}{6}}{\frac{1}{2}} = \frac{1}{3} = W(A).$$

Und außerdem:

$$W(B|A) = W(\text{Zahl ungerade}|\ 2 \text{ oder } 3) = \frac{1}{2} = W(B)$$

Beispiel 2.10. Zwei abhängige Ereignisse

A: 2 oder 3 oder 4
B: Zahl ungerade

Mit dem Unabhängigkeitsschieber sieht man sofort, dass $|A \cap B| : |A| \neq |B| : |\Omega|$. Aber wir rechnen es zur Übung nochmals nach:

$$W(A \cap B) = \frac{1}{6} \neq W(A)W(B) = \frac{3}{6} \cdot \frac{3}{6} = \frac{1}{4}$$

und

$$W(A|B) = \frac{1}{3} \neq W(A).$$

Vorsicht! Man könnte meinen, dass zwei disjunkte Ereignisse, also solche, die kein Element gemeinsam haben, unabhängig sind, weil wir denken, dass sie nichts miteinander zu tun haben. *Das ist falsch!* Disjunkte Ereignisse sind abhängig:

Beispiel 2.11. Die disjunkten Ereignisse

A: „Ziehen einer geraden Zahl"
B: „Ziehen einer ungeraden Zahl"

sind abhängig, da

$$W(A \cap B) = 0 \neq W(A)W(B) = \frac{1}{4}.$$

Das eine Ereignis schließt das andere aus. Zwei unabhängige Ereignisse sind also auf gar keinen Fall disjunkt, ganz im Gegenteil, sie haben eine ganz besondere Abstimmung mit ihrer nichtleeren Schnittmenge. Darauf werden wir noch viele Male eingehen.

Jetzt können wir Beispiel 2.9 und 2.11 verbinden (Ereignis A aus Beispiel 2.9 nennen wir jetzt C) und sehen sofort, dass aus der Unabhängigkeit von A und C sowie B und C nicht notwendigerweise die Unabhängigkeit von A und B folgt. Um das mit dem Unabhängigkeitsschieber nachzuvollziehen, muss man einfach eine weitere Stange für das Ereignis C hinzufügen.

Bemerkung 2.15. Es gilt: A, B unabhängig $\Rightarrow \quad A, B^c$ unabhängig , mit $B^c = \Omega \setminus B$, denn

$$W(A) = W(A \cap (B \cup B^c)) = W(A \cap B) + W(A \cap B^c) = W(A)W(B) + W(A \cap B^c),$$

also

$$W(A \cap B^c) = W(A) - W(A)W(B) = W(A)(1 - W(B)) = W(A)W(B^c).$$

Bemerkung 2.16. Wenn wir bei *mehreren* Ereignissen von Unabhängigkeit sprechen, haben wir im Kopf, dass die Ereignisse paarweise unabhängig sind und dass

$$W(A \text{ und } B \text{ und } C) = W(A)W(B)W(C).$$

Wenn das gilt, nennt man A, B, C *unabhängig* und dann ist z. B. auch A unabhängig von allen Ereignissen, die sich aus B, C ergeben.

Jetzt ziehen wir zweimal eine Kugel aus sechs nummerierten Kugeln und die Ereignisse seien:

$$A = \text{ Augensumme 7}$$

$$B = \text{ 1. Kugel zeigt 4}$$

$$C = \text{ 2. Kugel zeigt 3}.$$

Dann sieht man schnell, dass A, B und B, C und A, C jeweils unabhängig sind, aber dass

$$W(A \text{ und } B \text{ und } C) = W((4,3)) = \frac{1}{36} \neq W(A)W(B)W(C) = \frac{1}{6^3}.$$

Das heißt, wenn A, B und B, C und A, C jeweils unabhängig sind, folgt nicht die Unabhängigkeit von A, B, C.

Bemerkung 2.17. Tupel enthalten bereits Unabhängigkeit (in der Laplaceschen Setzung der Wahrscheinlichkeit)

Sei $\Omega = T_m(U(n))$ die Menge aller m-Tupel der Menge $U(n) = \{1, 2, \ldots, n\}$. Die folgenden Teilmengen von Ω sind unabhängig:

$$A_k = \{(x_1, \ldots, x_m) \in \Omega : (x_1, x_2, \ldots, x_{k-1}, x_k = a, x_{k+1}, \ldots, x_m)\},$$

d. h., die Tupel aus A_k sind nur durch den Eintrag des k-ten Platzes festgelegt, und

$$A_l = \{(x_1, x_2, x_{l-1}, \ldots, x_l = b, x_{l+1}, \ldots, x_m)\},$$

d. h., die Tupel aus A_l sind nur durch den Eintrag des l-ten Platzes festgelegt. (Diese speziellen Ereignisse werden später *Zylindermengen* genannt). Dann gilt für $k \neq l$

$$W(A_k \cap A_l) = \frac{n^{m-2}}{n^m} = \frac{n^{m-1}}{n^m} \frac{n^{m-1}}{n^m} = W(A_k)W(A_l).$$

Man kann dies leicht analog auf „mehrfach" bestimmte Tupelmengen (Zylindermengen) verallgemeinern.

Mit dem Wissen über Unabhängigkeit können wir nun tatsächlich mehr zur Geburtstagsaufgabe aus Abschn. 2.2.1 und Beispiel 2.7 sagen: Wir denken, dass das Ereignis A = „Person A hat am Wochentag x Geburtstag" die Wahrscheinlichkeit des Ereignisses B = „Person B hat am Wochentag y Geburtstag" nicht verändert. A und B sollen also stochastisch unabhängig sein. Das kann man beim Lösungsansatz mit den Tupeln schnell sehen. Beim Ansatz mit den Kombinationen wird es etwas aufwändiger: Das Prinzip vom unzureichenden Grund soll da auf die Kombinationen angewendet werden, d. h., jede Kombination bekommt das Gewicht $p = 1/\binom{10}{4}$, weil es ja insgesamt $\binom{10}{4}$ Kombinationen gibt, die das gleiche Gewicht bekommen sollen. Um die zwei Ereignisse A und B auf Unabhängigkeit zu überprüfen, überlegt man sich, wie die Bewertung der jeweils den Kombinationen zugeordneten Tupel sein kann, damit eine Gleichgewichtung der Kombinationen entsteht (die Tupel braucht man, damit man überhaupt von den Ereignissen A und B sprechen kann). Man bekommt dann zahlreiche Gleichungen mit einigen Unbekannten, was das Rechnen sehr mühsam macht. Leichter untersuchen lässt sich der Fall mit zwei Personen und drei Tagen. Da sieht man (nach ein bisschen Umformen), dass es für die Gleichungen keine Lösung gibt. Die Wahl der Kombinationen als Elementarereignisse kann also nicht die gewünschte Unabhängigkeit liefern.

2.5.2 Unabhängigkeit – ein schwieriges Konzept

Bei der Unabhängigkeit in Jedermanns-Wahrscheinlichkeitsaufgaben hat man meist einfach nur die Definition von stochastischer Unabhängigkeit, eine reine Gleichheit von Zahlen im Kopf, und weil man meint, dass alle möglichen Ereignisse unabhängig sind und die Definition dazu nicht immer korrekt angewendet wird, kommt einem nicht in den Sinn, dass Unabhängigkeit ein überaus schwieriges Konzept und *keine* primitive Eigenschaft darstellt. Hinter der Definition steckt etwas Reichhaltiges, Tiefes, das durch die Definition selbst und vor allem durch die Schwierigkeiten und Kompliziertheit, die diese Definition mit sich bringt, vergessen, wenn nicht sogar zerstört wird. Das wollen wir in diesem Abschnitt deutlich machen.

Um den Dingen auf den Grund zu gehen, lösen wir uns vom Denkbehelf der Urne und untersuchen den Münz- und Würfelwurf: Wir werfen eine Münze und danach einen Würfel. Das ergibt für die Menge aller Elementarereignisse 12 Paare (x, y)

aus Kopf oder Zahl („1" bzw. „0") und einer Augenanzahl. Dann ist

$$W((i, j)) = \frac{1}{12} = \frac{1}{2} \cdot \frac{1}{6} = W(i)W(j),$$

d. h., die Ereignisse A = „Münze zeigt i" und B = „Würfel zeigt j" sind unabhängig.

Die wenigsten bemerken aber, dass dies unsauber geschrieben ist: Was sind die Elementarereignisse? Wenn wir daran denken, dass die Elementarereignisse Paare sind, dann ist A die Menge aller Paare mit der Zahl i an erster Stelle, egal was an zweiter Stelle steht, und B analog, also:

$$A = \{(i, y); y \in \{1, 2, 3, 4, 5, 6\}\}, \ |A| = 6; \quad B = \{(x, j); x \in \{0, 1\}\}, \ |B| = 2,$$

und darum ist

$$A \cap B = \{(i, j)\},$$

und deswegen

$$W(A \cap B) = \frac{1}{12} = \frac{6}{12} \cdot \frac{2}{12} = W(A)W(B).$$

Diese Präzision ist wahrlich keine Pedanterie: Beispielsweise sind beim 10-fachen Münzwurf die Elementarereignisse 10-Tupel mit Kopf-Zahl-Einträgen. Dann sind z. B. $A = \{(1, x_2, \ldots, x_{10})\}$ und $B = \{(x_1, 1, x_3, \ldots, x_{10})\}$ die Ereignisse „im ersten Wurf kommt Kopf" (A) und „im zweiten Wurf kommt Kopf" (B). Um diese Ereignisse auf Unabhängigkeit zu prüfen, zählt man dann einfach diejenigen 10-Tupel ab, die 1 an erster bzw. zweiter Stelle bzw. erster und zweiter Stelle stehen haben. Für die korrekte Anwendung der Definition muss man also wissen, wie oft man werfen wird, um durch Abzählen der n-Tupel die Wahrscheinlichkeit zu berechnen!

Aber wer weiß schon, wie oft man vorhat zu werfen? Muss man, wenn man über die Unabhängigkeit reden will, von vornherein die Anzahl der Würfe kennen? Vielleicht nehme ich mir ja vor, einen Münzwurfrekord aufzustellen, und höre nicht mehr auf zu werfen, bis wer weiß was passiert? Ist es nicht so, dass, egal wie lange ich werfen werde, der erste und zweite Ausgang unabhängig sind? Es ist lächerlich, dass man diese Tupel bilden muss, damit man von Unabhängigkeit reden kann. Dem geht doch jegliche *Natürlichkeit* ab. Das ist alles unerträglich kunstvoll formalisiert. Das ist keine gute Mathematik.

Also nochmal von vorne: Die Ausgänge aus dem ersten und dem zweiten Wurf sind unabhängig. Ihre Gemeinsamkeit ist also exakt abgestimmt. Aber auf der groben Ebene, in der nur die Augenzahlen und Kopf bzw. Zahl betrachtet werden, ist nicht mal nachvollziehbar, dass diese beiden Ereignisse überhaupt etwas gemeinsam haben! Und das führt uns zur wahren Frage, nämlich *was* ist ihnen gemeinsam, dass sie so viel miteinander zu tun haben können, wie es für Unabhängigkeit unbedingt notwendig ist?

Und wieder müssen wir die Natur des Wurfs ernst nehmen und den Vorgang auf die Ebene befördern, auf der er vollständig beschreibbar ist, denn die physikalische Ebene bietet einen für beide Würfe *gemeinsamen Ereignisraum*!

Es ist nun auf das Genaueste festgelegt, wie viel zwei Ereignisse auf diesem gemeinsamen Ereignisraum miteinander zu tun haben müssen, damit Unabhängigkeit herrscht. Sie müssen so viel miteinander zu tun haben, dass das Eintreten des einen Ereignisses für das Eintreten des anderen irrelevant ist. Die große und für die Wahrscheinlichkeitstheorie existenzielle Frage lautet: Kann die Natur so etwas Kompliziertes einrichten? Wenn man den Dingen auf den Grund geht, wird man mit großer Ehrfurcht vor der Tatsache stehen, dass es in der Tat unabhängige Ereignisse gibt.

Das soll hier zunächst als Antwort genügen. In Kapitel 4 werden wir den physikalischen Ereignisraum näher kennenlernen und dann einsehen können, dass die Ergebnisse aus verschiedenen Münzwürfen unabhängig voneinander sind, egal wie häufig man wirft.

Typizität

3

3.1 Das Gesetz vom Mittel und das $\sqrt{n}$-Gesetz

Die Jedermanns-Wahrscheinlichkeit des Münzwurfs beginnt üblicherweise mit: „Die Wahrscheinlichkeit für Kopf bzw. Zahl ist 1/2 in jedem Wurf." Wir haben noch keine wirkliche Einsicht, was das bedeuten soll, aber doch irgendwie ein Gefühl: Bei einer sehr langen Münzwurfreihe wird ungefähr gleich oft Zahl wie Kopf kommen – und das, obwohl bei jedem neuen Münzwurf der Ausgang unvorhersagbar, irregulär, zufällig ist! Manche würden dieses Gefühl mit Erfahrung begründen, andere vielleicht mit einer Anwendung des Prinzips vom unzureichenden Grund, aber egal wie: Hauptsache, man stimmt dem erst mal zu. Wir wollen nämlich fragen, ob dieses Gefühl auch mathematisch bestätigt wird, und wenn ja, wollen wir verstehen, warum es diese faktische stabile Gesetzmäßigkeit gibt, wo doch alles so irregulär daherkommt.

Bemerkung 3.1. Den Begriff „mathematisch" sollte man zunächst cum grano salis nehmen, denn wir werden im Folgenden weiterhin heuristisch argumentieren: Wir approximieren oder schätzen ab, ohne konkret auf die Qualität von Abschätzungen oder Approximationen einzugehen, denn darum geht es in diesem Kapitel noch nicht.

Hierzu suchen wir mathematische Objekte, die dem Münzwurf gleichkommen, und untersuchen diese, um dann die Erkenntnisse wieder auf den Münzwurf zu übertragen. Die kennen wir schon: 0-1-Folgen! Denn die Abfolge von Nullen und Einsen in 0-1-Folgen erscheint regellos wie beim Münzwurf.

© Springer-Verlag Berlin Heidelberg 2017
D. Dürr et al., *Einführung in die Wahrscheinlichkeitstheorie als Theorie der Typizität*, DOI 10.1007/978-3-662-52961-4_3

3.1.1 0-1-Folgen

Betrachten wir zunächst 0-1-Folgen der Länge 1000, von denen es insgesamt 2^{1000} gibt. Wie viele Folgen haben genau k Nullen? Das wissen wir aus Abschn. 2.2.6, das sind $\binom{1000}{k}$. Es lohnt sich, Werte für verschiedene k anzuschauen (vgl. Tab. 3.1). Allein der Unterschied von $\binom{1000}{300}$ zu $\binom{1000}{500}$ beträgt 36 Zehnerpotenzen. Dies ist eine unanschaulich große Zahl! Zum Vergleich: Das Alter des Universums beträgt nach unserer heutigen Einschätzung $4 \cdot 10^{17}$ Sekunden. Wenn man also jede Sekunde eine Folge der Länge 1000 hergestellt hätte, hätte man erst $\sim 10^{17}$ Folgen! Die Anzahl der 0-1-Folgen, die ungefähr gleich viele Nullen wie Einsen haben, ist also *überwältigend viel größer* als die Anzahl der Folgen, bei denen sich die Anzahl der Einsen und Nullen deutlich unterscheidet. Erstere sind also schon fast alle. Das kann man auch gut an den relativen Anzahlen (relativ zur Gesamtanzahl) aus der unteren Zeile sehen. Folgen, die weniger als 450 Einsen bzw. Nullen haben, tragen zur Gesamtanzahl so gut wie nichts bei.

Wichtiger Hinweis: Die allermeisten Folgen, also die *typischen*, haben ungefähr gleich viele Nullen wie Einsen. Das gibt uns eine Idee für den Münzwurf: Wir identifizieren die 0-1-Folgen mit den Kopf-Zahl-Folgen. Warum passiert es nicht, dass wir bei tausend Würfen fast nur „Kopf" werfen? Weil es untypisch ist!

Wir wollen nun allgemein mit n und k weitermachen, um zu einer allgemeinen Aussage zu kommen, und fragen: Wie groß ist die Anzahl von 0-1-Folgen der Länge n, die gleich viele Nullen wie Einsen haben? Und wie viele gibt es, bei denen sich die Anzahl von Einsen und Nullen stark unterscheidet? Das sagt uns $\binom{n}{k} = \frac{n!}{k!(n-k)!}$, und um das für große n und große k ungefähr berechnen zu können, gibt es eine erstaunliche Formel, die man verinnerlichen sollte, da sie unverzichtbar ist: die *Stirlingsche Formel*[1]

$$n! = \left(\frac{n}{e}\right)^n \sqrt{2\pi n} \left(1 + \mathcal{O}\left(\frac{1}{n}\right)\right). \tag{3.1}$$

Bemerkung 3.2. Hierbei ist $\mathcal{O}(x)$ das Landausche Ordnungssymbol: Bei Division eines Terms der Ordnung $\mathcal{O}(x)$ durch x bleibt der Bruch für $x \to \infty$ beschränkt,

Tab. 3.1 Absolute und relative Anzahl von 0-1-Folgen der Länge $n = 1000$ mit genau k Einsen. Man denke daran, dass $\binom{n}{k}$ um $n/2$ symmetrisch ist. Die angegebenen Werte sind Näherungen

k	**100**	**200**	**300**	**400**	**450**	**480**	**500**
$\binom{1000}{k} \approx$	10^{139}	10^{215}	10^{263}	10^{290}	10^{297}	10^{299}	10^{299}
$\binom{1000}{k}/2^{1000} \approx$	$\frac{1}{10^{161}}$	$\frac{1}{10^{85}}$	$\frac{1}{10^{37}}$	$\frac{1}{10^{11}}$	$\frac{1}{10^4}$	$\frac{1}{100}$	$\frac{1}{40}$

---

[1] James Stirling (1692–1770).

d. h., $\mathcal{O}(x)$ wächst nicht schneller als x. $\mathcal{O}\left(\frac{1}{n}\right)$ gibt damit die Qualität der Approximation an. Wenn wir den Fehler ignorieren wollen, können wir auch einfach

$$n! \propto \left(\frac{n}{e}\right)^n \sqrt{2\pi n} \tag{3.2}$$

schreiben, wobei $n! \propto a(n)$ bedeutet, dass $\lim_{n\to\infty} \frac{n!}{a(n)} = 1$ (sprich: „$n!$ verhält sich wie $a(n)$ für große n").

Bemerkung 3.3. Ist die Formel überraschend? Ganz grob könnte man $n!$ als $\left(\frac{n}{e}\right)^n$ lesen und dann auf folgende „Begründung" kommen: In $n!$ gibt es $n/2$ Faktoren, die größer als $\frac{n}{2}$ sind, und $n/2$ Faktoren, die kleiner als $\frac{n}{2}$ sind. Die heben sich im Produkt so auf, dass ungefähr $\left(\frac{n}{2}\right)^n$ herauskommen sollte. Moralisch geht das auch in Ordnung; e ist allerdings näher an 3 als an 2. Aber das Erstaunen sollte doch bleiben: Was haben die beiden berühmtesten transzendenten Zahlen e und π in einer Formel für ein Produkt von ganzen Zahlen zu suchen? Weil diese Frage so berührt und weil die Stirlingsche Formel so wichtig ist, werden wir ihren Beweis im Anhang 3.2 ausführlich besprechen.

Die Stirlingsche Approximation ist also genau dafür gemacht, $\binom{n}{k}$ für große n zu analysieren. Das machen wir jetzt für $k = \frac{n}{2}$. Die Anzahl der Folgen der Länge n mit $\frac{n}{2}$ mal „1" (für große n) ist damit:

$$\begin{aligned}
\binom{n}{\frac{n}{2}} &= \frac{n!}{(\frac{n}{2})!(n - \frac{n}{2})!} = \frac{n!}{(\frac{n}{2})!(\frac{n}{2})!} \\
&\overset{\text{Stirling}}{\propto} \frac{(\frac{n}{e})^n \sqrt{2\pi n}}{(\frac{n}{2e})^{\frac{n}{2}} \sqrt{\pi n}(\frac{n}{2e})^{\frac{n}{2}} \sqrt{\pi n}} \\
&= \frac{2 \cdot 2^n}{\sqrt{2\pi n}}.
\end{aligned}$$

Man wird auf den ersten Blick enttäuscht sein, dass nicht etwas nahe an 2^n herauskommt – das würde unser Gefühl über den Ausgang einer Münzwurfreihe bestätigen: Denn das wären dann nahezu alle, und die hätten gleich viele Nullen wie Einsen, was in der Sprache des Münzwurfs und Laplacescher Wahrscheinlichkeit heißt: „Es ist fast sicher, dass in unserer Münzwurfreihe gleich oft Kopf wie Zahl kommt." Aber genau 2^n kann sich natürlich nicht ergeben, denn wir haben ja *nur* solche Folgen erfasst, die *genau* $n/2$ Einsen zeigen. Unser Gefühl für das Mittel ist aber in der Tat auch nur eins über ungefähre Verhältnisse: Wir sind ja durchaus bereit, in einer Folge von 100 Würfen 43-mal Kopf als normal anzusehen, auch 39-mal Kopf. Bei 1000 Würfen wohl auch 530-mal Kopf. Wir lassen also Schwankungen zu. Aber wie groß dürfen diese Abweichungen sein, damit wir die Münze immer noch als fair bezeichnen? Wenn wir auf Tab. 3.1 schauen, dann sind die Anzahlen für $k = 480$ und $k = 500$ größenordnungsmäßig gleich, wohingegen die Anzahl für $k = 400$ viel kleiner ist. Nun kommt ein geniales Argument: Gehen wir davon aus, dass es *jeweils* von den Folgen, die *ungefähr* $\frac{n}{2}$ Einsen haben, auch so viele gibt wie von denen mit genau $\frac{n}{2}$ Einsen, nämlich $\frac{2 \cdot 2^n}{\sqrt{2\pi n}}$, dann ergeben $\sqrt{n}$ dieser Terme bereits die Gesamtanzahl 2^n. Das heißt, alle anderen Folgen tragen zur Gesamtanzahl fast nichts bei, sind also verschwindend wenig im Vergleich zu denen mit $k \in [\frac{n}{2} - \sqrt{n}, \frac{n}{2} + \sqrt{n}]$ (wobei man $\sqrt{n}$ als Größenordnung verstehen soll, also als $\mathcal{O}(\sqrt{n})$). Mit anderen Worten: Fast alle Folgen haben ungefähr $\frac{n}{2} \pm \sqrt{n}$ Einsen, oder: Die allermeisten Folgen sind so, oder: Die *typischen* Folgen sind so! Und deshalb empfinden wir eine solche Folge auch als normal bzw. zweifeln bei einer solchen Münzwurfreihe nicht an der Fairness der Münze! Die von n abhängige Abweichung der Größenordnung $\sqrt{n}$ entspricht in zweifacher Hinsicht unserer Intuition: Zum einen erlauben wir immer größere absolute Schwankungen, je öfter man wirft, andererseits werden diese relativ zu n für größer werdendes n immer kleiner, denn $\frac{\sqrt{n}}{n} = \frac{1}{\sqrt{n}}$, was unser Gefühl vom Mittel ausdrückt. Damit wäre also unser Gefühl für die *gesetzmäßige Regellosigkeit* in 0-1-Folgen bestätigt: Die einzelnen Einträge, also die Nullen und Einsen, erscheinen in der Reihenfolge regellos, aber typischerweise kommt gleich oft 0 wie 1, weil relativ zu n die Häufigkeit von Einsen gegen $\frac{1}{2}$ geht mit relativer Schwankung $\frac{1}{\sqrt{n}}$.

Wir wollen die ganze Sache jetzt besser, noch mathematischer sagen und schätzen zunächst die (relative) Anzahl (was ja nichts anderes ist als die Laplace-Wahrscheinlichkeit W) derjenigen Folgen ab, bei denen die relative Häufigkeit von Einsen von $\frac{1}{2}$ abweicht. Sei $k :=$„Anzahl Einsen in 0-1-Folge der Länge n", dann erhalten wir mit der Additivität der Laplace-Wahrscheinlichkeit sowie der Einsicht, dass $\binom{n}{\frac{n}{2}} \geq \binom{n}{k}$ für $0 \leq k \leq n$:

$$W\left(\left|\frac{k}{n} - \frac{1}{2}\right| > \varepsilon\right) = \sum_{k < \frac{n}{2} - \varepsilon n;\, k > \frac{n}{2} + \varepsilon n} \frac{1}{2^n}\binom{n}{k}$$

$$\leq n\frac{1}{2^n}\binom{n}{\frac{n}{2} + \varepsilon n}.$$

Mit der Stirling-Formel ist

$$\frac{1}{2^n}\binom{n}{(\frac{1}{2} + \varepsilon)n} \approx \frac{1}{\sqrt{2\pi n}}\frac{1}{\sqrt{\frac{1}{4} - \varepsilon^2}}\frac{1}{(1 - 4\varepsilon^2)^{n/2}}\left(\frac{1 - 2\varepsilon}{1 + 2\varepsilon}\right)^{n\varepsilon}.$$

Wie arbeitet man nun mit diesen Potenzen weiter? Man formt sie in Summanden um – ein Trick, den man sich gut merken sollte! Man schreibe

$$\frac{1}{(1 - 4\varepsilon^2)^{n/2}}\left(\frac{1 - 2\varepsilon}{1 + 2\varepsilon}\right)^{n\varepsilon} =$$

$$= \exp\left[-\left(\frac{n}{2}\ln\left(1 - 4\varepsilon^2\right) + n\varepsilon(\ln(1 + 2\varepsilon) - \ln(1 - 2\varepsilon))\right)\right].$$

Jetzt weiter mit der Taylor-Entwicklung von $\ln(1 + x)$ bis zur zweiten Ordnung um $x = 0$. Die ist $\ln(1 + x) = x + \mathcal{O}(x^2)$. Das liefert

$$\frac{1}{2^n} \binom{n}{n(\frac{1}{2} + \varepsilon)} \approx \frac{1}{\sqrt{2\pi n}} \frac{1}{\sqrt{\frac{1}{4} - \varepsilon^2}} \exp(-2n\varepsilon^2), \tag{3.3}$$

also

$$W\left(\left|\frac{k}{n} - \frac{1}{2}\right| > \varepsilon\right) \leq n \frac{1}{2^n} \binom{n}{n(\frac{1}{2} + \varepsilon)} \approx \frac{\sqrt{n}}{\sqrt{2\pi}} \frac{1}{\sqrt{\frac{1}{4} - \varepsilon^2}} \exp\left(-2n\varepsilon^2\right). \tag{3.4}$$

Der rechte Ausdruck geht für festes $\varepsilon > 0$ und $n \to \infty$ exponentiell schnell gegen null, d.h., wir sehen wieder, dass der Anteil von Folgen, die nicht ungefähr gleich viele Nullen wie Einsen haben, umso geringer ist, je längere Folgen wir betrachten. Das ist das *Gesetz vom Mittel*: Für große Zahlen n ist die relative Häufigkeit von Einsen bei 0-1-Folgen der Länge n *typischerweise*, d.h. für die meisten Folgen ungefähr $\frac{1}{2}$.

In (3.4) kann man aber noch mehr sehen, und zwar eine Aussage über die Schwankungen um das Mittel: Wir wählen jetzt ε in Abhängigkeit von n, etwa $\varepsilon \sim \frac{1}{\sqrt{n}}$. Dann geht die Aussagekraft der Abschätzung (3.4) verloren, denn der Exponent ist dann von der Ordnung 1. Das deutet nochmals daraufhin, dass die Anzahl an Einsen *in den meisten Folgen* im Bereich $\frac{n}{2} \pm \mathcal{O}(\sqrt{n})$ liegt. Das können wir ausbauen. Wir versehen ε mit einer Variablen x, nämlich $\varepsilon = x/\sqrt{n}$, und setzen das in (3.3) ein. Dann kommt unter Vernachlässigung von x^2/n gegen $1/4$ (n sehr groß)

$$\frac{1}{2^n} \binom{n}{\frac{n}{2} + x\sqrt{n}} \approx \sqrt{\frac{2}{\pi n}} \exp(-2x^2) \tag{3.5}$$

oder

$$\frac{\sqrt{n}}{2^n} \binom{n}{\frac{n}{2} + x\sqrt{n}} \approx \sqrt{\frac{2}{\pi}} \exp(-2x^2). \tag{3.6}$$

Der Binomialkoeffizient hat als Funktion von x approximativ eine Gaußsche Glockenform, die um 0 zentriert ist (siehe Abb. 3.1), d.h., der Graph von $\binom{n}{k}$ als Funktion von k wird für große n wie eine Gaußsche Glockenkurve um $n/2$ geformt sein, so wie die Kugelverteilung der Kugeln in den Töpfen beim Galton-Brett-Versuch (siehe Abb. 2.2). Die Gaußsche Form wird aber erst wirklich auf der Skala $\sqrt{n}$ sichtbar. Auf einer größeren Skala, sagen wir für $k = \frac{n}{2} + \mathcal{O}(n^\alpha)$, $\alpha > \frac{1}{2}$, ist die auf 1 normierte Funktion praktisch null. Dass links in (3.6) der Faktor $\sqrt{n}$ ein Skalenfaktor ist, sieht man leicht ein: Dazu betrachten wir die relative Anzahl aller

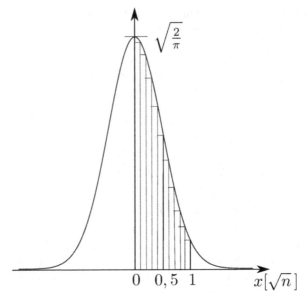

Abb. 3.1 Die Funktion $\frac{\sqrt{n}}{2^n}\binom{n}{k}$, hier für $k = \frac{n}{2} + x\sqrt{n}$ als Funktion von x auf der $\sqrt{n}$-Skala skizziert. Die Treppenfunktion ist für große n (hier ≈ 100) approximativ eine Gaußsche Glockenkurve. Man beachte, dass für $k \approx 100/2 + 20 = 70$, also $x = 2$, die Kurve schon nahe null ist

Folgen mit k Einsen, wobei $k \in [\frac{n}{2} + x\sqrt{n}, \frac{n}{2} + (x + \Delta x)\sqrt{n}]$ für einen kleinen Bereich Δx. Wir approximieren für alle diese k

$$\binom{n}{k} \approx \binom{n}{\frac{n}{2} + x\sqrt{n}}$$

und erhalten

$$W\left(x\sqrt{n} \le k - \frac{n}{2} \le (x + \Delta x)\sqrt{n}\right) = \sum_{\frac{n}{2}+x\sqrt{n}\le k\le\frac{n}{2}+(x+\Delta x)\sqrt{n}} \frac{1}{2^n}\binom{n}{k}$$

$$\approx \Delta x \sqrt{n}\frac{1}{2^n}\binom{n}{\frac{n}{2} + x\sqrt{n}}$$

$$\overset{(3.5)}{\approx} \Delta x \sqrt{\frac{2}{\pi}}\exp\left(-2x^2\right). \tag{3.7}$$

Man beachte, dass in (3.7) nur mehr Δx als Faktor steht. Weil wir hier die Summe von Anzahlen von Folgen betrachten, nämlich derjenigen 0-1-Folgen, bei denen die Abweichung der relativen Häufigkeit an Einsen von $n/2$ im Bereich $[x/\sqrt{n},$

$(x + \Delta x)/\sqrt{n}$] liegt, kann dies als eine integrale Form der approximativen Aussage (3.5) angesehen werden, die wir später beim *zentralen Grenzwertsatz* rigoros in großer Allgemeinheit beweisen werden. Die Aussage für den Binomialkoeffizienten heißt dann speziell *Satz von Moivre-Laplace*. Hier nennen wir es einfach das $\sqrt{n}$-*Gesetz*. Es ist ein neues Gesetz, das eine Aussage über die Abweichung vom Mittel in typischen Folgen macht und damit über das *Gesetz vom Mittel* hinausgeht.

3.1.2 Empirik

Bis jetzt ging es nur um 0-1-Folgen und die Frage: Welches Charaktermerkmal haben die meisten Folgen, die typischen? Und wir haben gesehen, dass die *typischen* 0-1-Folgen folgende zwei Eigenschaften haben:

1. *Das Gesetz vom Mittel*: Die relative Anzahl von 1 geht mit zunehmendem n gegen $1/2$.
2. *Das $\sqrt{n}$-Gesetz*: Schwankungen in der relativen Anzahl von 1 sind von der Ordnung $1/\sqrt{n}$, oder genauer: Die relative Anzahl von Folgen mit Schwankungen im Bereich $\Delta x/\sqrt{n}$ um x ist gemäß der Gaußschen Glockenkurve verteilt.

Diese Erkenntnis übersetzen wir jetzt in die Sprache des Münzwurfs: „1" ist Kopf und „0" Zahl. So wie die Abfolge von Nullen und Einsen zufällig und irregulär erscheint, so sind die Ausgänge im Münzwurf unvorhersagbar. Das Gesetz vom Mittel und das $\sqrt{n}$-Gesetz bedeuten dann: In einer typischen Münzwurfreihe wirft man ungefähr gleich oft Kopf wie Zahl, und das „ungefähr" ist von der Größenordnung $\sqrt{n}$.

Beispiel 3.1. Man gibt in einer Klasse mit 30 Kindern jedem Kind eine Münze, die es 100-mal werfen soll. Was wird man erhalten (unabhängig von jedem Wissen, Unwissen, Glauben oder Unglauben)?

1. Jedes Kind erhält eine andere relative Häufigkeit von Kopf.
2. Die relative Anzahl ist nahe an $1/2$.
3. Die Anzahl von Kopf liegt etwa im Bereich $[50 - 10, 50 + 10]$. Zeichnet man ein Histogramm von den relativen Abweichungen von $1/2$, wird man eine Kurve, die ähnlich wie eine Gauß-Kurve aussieht, bekommen.

In folgendem Beispiel ist n wirklich groß, größer, als man es je bei einer Münzwurfreihe erreichen könnte:

Beispiel 3.2. Wir stellen uns einen Hörsaal vor, Türen geschlossen, ohne Klimaanlage. Wir teilen den Saal gedanklich in zwei Hälften. Nun besteht die Luft in diesem Saal aus mehr oder weniger frei umherschwirrenden Molekülen. Die Moleküle können über den gesamten Raum ziemlich gleich verteilt sein oder sie könnten sich auch in einer Hälfte des Raumes für eine gewisse Zeit sammeln. Warum tun sie das Letztere nicht? Das wäre zwar schlecht für die Studierenden, die in der dann luftleeren Hälfte des Hörsaals sitzen, aber solche Schicksale lassen die Luftmoleküle unberührt. Alles lässt sie unberührt, außer das physikalische Gesetz, dem sie folgen müssen. Vergessen wir aber für den Moment das physikalische Gesetz. Man nenne die rechte Hälfte des Hörsaals 0 und die linke 1, dann ist eine Aufteilung der Moleküle in die linke und rechte Hälfte gleichbedeutend mit einer Markierung der Moleküle mit 0 oder 1, je nachdem, auf welcher Seite sie sich befinden. Wir erhalten auf diese Weise 0-1-Folgen und die Frage, die sich stellt, ist: Wie sehen die typischerweise aus? Die Anzahl aller Moleküle im Raum ist von der Größe der Avogadroschen Zahl $n \approx 10^{24}$. Begnügen wir uns aber mit 1000000. Dann ist die Anzahl der Möglichkeiten einer Gleichverteilung $\binom{1000000}{500000} \approx 10^{301026}$. Dagegen gibt es beispielsweise nur $\binom{1000000}{540000} \approx 10^{299653}$ Möglichkeiten, dass auf der linken Seite 40000 mehr Moleküle sind als rechts. Das ist ein Unterschied vom Faktor 10^{1300} – eine überwältigende Zahl! Typischerweise gibt es gleich viele Nullen und Einsen, d. h., die typische Verteilung von Molekülen ist so, dass ungefähr gleich viele Moleküle in beiden Hälften sind. Warum passiert es niemals, dass im Raum eine deutliche Wanderung aller Gasmoleküle von links nach rechts geschieht? Weil es untypisch ist.

Was ist mit dem $\sqrt{n}$-Verhalten? Warum wird das nicht bemerkt? Weil n so groß ist. Die Molekülaufteilung kann sich Abweichungen vom Mittel von der Größenordnung $\sqrt{n} \approx 10^{12}$ erlauben, das ist aber *nichts* im Vergleich zu 10^{24}, das merkt kein Mensch. Damit ist die Sache geklärt. Kein Wort von „wahrscheinlich" oder „unwahrscheinlich", nur pure Anzahlen klären die Sache!

Wichtiger Hinweis: Kann die Erklärung des einfachen Abzählens überhaupt dem Münzwurf oder der Verteilung der Moleküle im Raum als physikalische Prozesse genügen? Warum sollte das physikalische Gesetz diese Typizität, die wir am Abzählen festmachen, überhaupt unterstützen? Das sind in der Tat sehr wichtige Fragen und man kann ihnen nicht einfach ausweichen. Sie hängen mit dem noch dunklen Begriff des Elementarereignisses zusammen. Wir behalten die Frage im Kopf und werden sie in späteren Kapiteln aufgreifen und beantworten.

Bemerkung 3.4. Typizität und bedingte Wahrscheinlichkeit
Um zu verstehen, was beim Münzwurf vor sich geht, war und ist eine philosophische Abhandlung über den Begriff *Wahrscheinlichkeit* nicht notwendig. Die Frage ist lediglich, welche Charaktermerkmale übermäßig häufig (typischerweise also) vorkommen und welche weniger häufig. Letztere interessieren uns dann nicht, weil sie praktisch nicht passieren. Mit der bedingten Wahrscheinlichkeit verhält es sich ähnlich: Die Bedingung reduziert einfach die Abzählung auf die Elementarereignisse, die noch möglich sind. Dadurch wird das Typische neu definiert und ehemals Untypisches kann unter der bedingten Wahrscheinlichkeit typisch werden. Wie in den Beispielen in Abschn. 2.4 deutlich gemacht, treten Fakten ein und dieser Eintritt verändert die Wahrscheinlichkeit anderer möglicher Fakten.

3.1.3 Bisherige Erkenntnisse

Wir wollen das hier Erfahrene nochmals zusammenfassen:

1. Wenn das Typische diese Art von Irregularität bereithält, gleichzeitig eine Regularität für das Mittel offenbart und uns das Typische zufällt, dann haben wir all das, was wir mit Wahrscheinlichkeit meinen, eigentlich in der Hand – ohne jemals die Notwendigkeit zu spüren, *Wahrscheinlichkeit* definieren oder gar sagen zu müssen!
2. Das *Gesetz vom Mittel* ist das einzige Gesetz, das unsere (notwendigerweise) theoretischen Gedanken mit experimentellen Vorhersagen verknüpft. Zugegeben, diese Aussage steht etwas unvermittelt und isoliert hier im Raum, aber die Wichtigkeit dieses Gesetzes ist zu groß, als dass man sich erlauben könnte, es später einmal zu übersehen. Deswegen sagen wir diesen Satz noch öfter. Er wird erst völlig klar, wenn wir das Geheimnis des Elementarereignisses gelüftet haben.
3. Was wird aus der Laplace-Wahrscheinlichkeit? Die wird nur zur simplen Aussage, dass man die Anzahl aller Möglichkeiten abzählen muss, und das, was am weitaus meisten vorkommt, fällt uns zu.

Wir sind also auf eine neue intuitive Begrifflichkeit gekommen, nämlich die der *Typizität*, und wir sehen Wahrscheinlichkeitstheorie nun als *Theorie der Typizität*. Typizität ist intuitiv klar: Typisch ist das, was am allermeisten auftritt. Und egal, zu welcher Tages- oder Nachtzeit man die Münze wirft oder den Raum beobachtet und egal, was man weiß oder nicht weiß, glaubt oder nicht glaubt – das Typische wird stattfinden. Das ist das *Prinzip von Cournot* (vgl. Einleitung) und darin liegt der Erklärungswert der Typizität.

Bemerkung 3.5. Das Prinzip von Cournot bleibt ein Prinzip, es kann nicht axiomatisiert werden, d. h., es kann keine klare Grenze angegeben werden, was typisch und was untypisch ist.

Die Antwort auf unsere anfangs gestellte Frage, warum wir diese faktische stabile Gesetzmäßigkeit haben, wo doch alles so irregulär daherkommt, ist also einzig und allein *Typizität*. Die Aussage „Die Wahrscheinlichkeit von ‚Kopf' ist $\frac{1}{2}$" bedeutet einfach, dass die relative Häufigkeit von „Kopf" bei den meisten, also beim typischen Münzwurf, $\frac{1}{2}$ ist. „Wahrscheinlichkeit" ist die Beschreibung einer Vorhersage, die erst durch *typische Gesetzmäßigkeiten* möglich ist.

Was bleibt noch zu klären? Nach wie vor der Begriff des Elementarereignisses, nämlich die Frage, welche Objekte mit welcher Berechtigung abzuzählen sind, und natürlich das Prinzip vom unzureichenden Grund. Aber zumindest wissen wir, was es uns gibt: *Typizität*.

3.2   Anhang

Beweis: Die Stirling-Formel

Die Stirlingsche Formel (3.1),

$$n! = \left(\frac{n}{e}\right)^n \sqrt{2\pi n} \left(1 + \mathcal{O}\left(\frac{1}{n}\right)\right),$$

enthält zwei Aussagen: Eine über den asymptotischen Wert von $n!$,

$$n! \propto \left(\frac{n}{e}\right)^n \sqrt{2\pi n}, \tag{3.8}$$

und eine über die Qualität der Approximation:

$$\left(\frac{n}{e}\right)^n \sqrt{2\pi n}\, \mathcal{O}\left(\frac{1}{n}\right).$$

Der Term der Qualität geht im Vergleich zum asymptotischen Wert für große n gegen null, d. h., die Approximation wird genauer.

Der folgende Beweis besteht aus zwei Teilen, wobei jeder Teil für sich schon fast alles liefert, aber leider nur fast. Der asymptotische Wert ist einfach zu bekommen und es gibt viele Möglichkeiten, den abzuleiten, wobei es insbesondere der Wert $\sqrt{\pi}$ ist, hinter dem man am Ende her ist. Wir benutzen die *Laplacesche Methode der stationären Punkte*, weil sie uns auf ein Gauß-Integral führt, was man in der Wahrscheinlichkeitstheorie sowieso ständig braucht. Sehr viel trickreicher ist es, zu bestimmen, *wie gut* approximiert wird, also das $\mathcal{O}\left(\frac{1}{n}\right)$ zu bekommen. Auch dafür gibt es viele Möglichkeiten, die unterschiedlich starke Aussagen liefern. Wir gehen einen Weg, der einigermaßen durchsichtig ist.

Teil I: Der asymptotische Wert

Eine berühmte Interpolation von $n!$ ist die Gammafunktion $\Gamma(t) = \int_0^\infty e^{-y} y^{t-1} \mathrm{d}y$. Für $t = n + 1$ ist

$$\Gamma(n + 1) = \int_0^\infty e^{-y} y^n \mathrm{d}y = n!.$$

Der Integrand $f(y) = e^{-y} y^n$ besitzt bei $y = n$ ein Maximum und hat eine ungefähre Breite von $\sqrt{n}$, die relativ zu n immer weniger ins Gewicht fällt. Bei großen n tragen also nur Werte der Größenordnung $y \approx n$ zum Integral bei. Deswegen betrachten wir das Integral auf der Skala n, d. h., wir substituieren mit $y = xn$:

$$\int_0^\infty e^{-y} y^n \mathrm{d}y = n^{n+1} \int_0^\infty \left(e^{-x} x\right)^n \mathrm{d}x = n^n n \int_0^\infty e^{-n(x - \ln(x))} \mathrm{d}x. \tag{3.9}$$

Um das Verhalten von (3.9) für große n zu verstehen, substituieren wir $f(x) := x - \ln(x) = y$ und erhalten für das Integral

$$\int_0^\infty e^{-nf(x)}dx = \int_{f(0)}^{f(\infty)} \frac{1}{f'(f^{-1}(y))}e^{-ny}dy.$$

Das ist aber nur möglich, falls f' keine Nullstellen hat.

Bemerkung 3.6. Nullstellen von f' heißen *stationäre Punkte* von f. Falls f' von null weg beschränkt ist, können wir $\frac{1}{f'}$ durch eine Konstante nach oben abschätzen und sehen, dass das Integral mit n gegen unendlich exponentiell schnell gegen null geht.

Nun besitzt aber die hier relevante Funktion $f(x) = x - \ln(x)$ einen stationären Punkt bei $\xi = 1$, d. h. $f'(\xi) = f'(1) = 0$. (Für spätere Referenz bemerken wir, dass $f(\xi) = f''(\xi) = 1$.) Eine Substitution ist deshalb nicht möglich. In der Nähe des stationären Punktes ξ wird $\frac{1}{f'}$ sehr groß und verhindert so, dass sich das Integral so schnell wie bemerkt an die Null annähert. Der Wert des Integrals ist also abhängig von der Existenz eines stationären Punktes. Deshalb verschieben wir das Integral auf diesen und spalten den Integrationsbereich auf:

$$n! = n^n n \int_0^\infty e^{-nf(x)}dx$$

$$= n^n n e^{-nf(\xi)} \int_0^\infty e^{-n(f(x)-f(\xi))}dx$$

$$= n^n n e^{-nf(\xi)} \left(\int_{U_\delta(\xi)} e^{-n(f(x)-f(\xi))}dx + \int_{U_\delta^c(\xi)} e^{-n(f(x)-f(\xi))}dx \right), \quad (3.10)$$

wobei $U_\delta(\xi) \subset (0,\infty)$ die δ-Umgebung von ξ mit $\delta > 0$ und $U_\delta^c(\xi) \subset (0,\infty)$ das Komplement von $U_\delta(\xi)$ ist. Da bei ξ ein globales Minimum vorliegt, findet man ein $C_\delta > 0$ mit $f(x) - f(\xi) \geq C_\delta$ für alle $x \notin U_\delta(\xi)$. Außerhalb der Umgebung des stationären Punktes ist der Integrand damit integrierbar und lässt sich durch eine Konstante C abschätzen:

$$\int_{U_\delta^c(\xi)} e^{-n(f(x)-f(\xi))}dx = \int_{U_\delta^c(\xi)} e^{-\frac{n}{2}(f(x)-f(\xi))}e^{-\frac{n}{2}(f(x)-f(\xi))}dx$$

$$\leq e^{-\frac{n}{2}C_\delta} \underbrace{\int_{U_\delta^c(\xi)} e^{-\frac{n}{2}(f(x)-f(\xi))}dx}_{<C}$$

$$\leq C e^{-\frac{n}{2}C_\delta}. \quad (3.11)$$

Bemerkung 3.7. Bei der ersten Gleichung wurde der Exponent aufgespalten, weil so das Integral über $U_\delta^c(\xi)$ beschränkt wird und leicht abgeschätzt werden kann.

Nun zur Umgebung des stationären Punktes:

$$\int_{U_\delta(\xi)} e^{-n(f(x)-f(\xi))} dx. \tag{3.12}$$

Hier sollte man an das Gaußsche Integral denken, denn mit der Taylor-Entwicklung von $f(x)$ um ξ bis zur zweiten Ordnung mit der Zwischenstelle $\xi_x \in (\xi - x, \xi + x) \subset (\xi - \delta, \xi + \delta)$ wird (3.12) zu

$$\int_{U_\delta(\xi)} e^{-n(f(x)-f(\xi))} dx = \int_{U_\delta(\xi)} e^{-n\frac{1}{2} f''(\xi_x)(x-\xi)^2} dx. \tag{3.13}$$

Nun wissen wir, dass $\int_{-\infty}^{\infty} e^{-y^2} dy = \sqrt{\pi}$ ist. Mit der Substitution $y = \sqrt{kn}(x - \xi)$ mit $k > 0, a < \xi < b$ folgt dann

$$\int_a^b e^{-kn(x-\xi)^2} dx \propto \sqrt{\frac{\pi}{kn}}.$$

Das kann auf (3.13) angewendet werden: Da $f''(x)$ stetig ist, können wir zu gegebenem ε mit $1 > \varepsilon > 0$ das δ so klein wählen, dass $f''(\xi_x) \in [f''(\xi) - \varepsilon, f''(\xi) + \varepsilon] = [1 - \varepsilon, 1 + \varepsilon]$, denn $f''(\xi) = 1$. Damit ist $f''(\xi_x)$ positiv.

$$\int_{U_\delta(\xi)} e^{-n\frac{1}{2} f''(\xi_x)(x-\xi)^2} dx \propto \sqrt{\frac{2\pi}{(f''(\xi) \pm \varepsilon)n}}, \tag{3.14}$$

wobei hier gemeint ist, dass das Integral in der n-Asymptotik von unten und oben durch $\sqrt{\frac{2\pi}{(f''(\xi)+\varepsilon)n}}$ und $\sqrt{\frac{2\pi}{(f''(\xi)-\varepsilon)n}}$ abzuschätzen ist. Jetzt müssen wir nur noch alles zusammenfügen und erhalten für (3.10) das gewünschte Resultat:

$$n! = n^n n e^{-nf(\xi)} \left(\int_{U_\delta(\xi)} e^{-n(f(x)-f(\xi))} dx + \int_{U_\delta^c(\xi)} e^{-n(f(x)-f(\xi))} dx \right)$$

$$\Leftrightarrow \frac{n! e^{nf(\xi)}}{n^n n \sqrt{\frac{2\pi}{f''(\xi)n}}} = \underbrace{\frac{\int_{U_\delta(\xi)} e^{-n(f(x)-f(\xi))} dx}{\sqrt{\frac{2\pi}{f''(\xi)n}}}}_{=: A(\delta, \varepsilon, n)} + \underbrace{\frac{\int_{U_\delta^c(\xi)} e^{-n(f(x)-f(\xi))} dx}{\sqrt{\frac{2\pi}{f''(\xi)n}}}}_{=: B(\delta, n)}.$$

$B(\delta, n)$ geht für große n gegen Null, da sich der Zähler gemäß (3.11) exponentiell, der Nenner aber wie $\frac{1}{\sqrt{n}}$ der null annähert. Wegen (3.13) mit (3.14) ist

$$\lim_{n \to \infty} A(\delta, \varepsilon, n) = \sqrt{\frac{f''(\xi)}{f''(\xi) \pm \varepsilon}}.$$

Da ε mit δ beliebig klein gewählt werden kann, ist $\lim_{\varepsilon \to 0} \lim_{n \to \infty} A(\delta, \varepsilon, n) = 1$. Damit folgt, dass

$$\lim_{n \to \infty} \frac{n! e^{n f(\xi)}}{n^n n \sqrt{\frac{2\pi}{f''(\xi) n}}} = 1.$$

Mit $f(\xi) = 1$ und $f''(\xi) = 1$ gilt also

$$n! \propto \left(\frac{n}{e}\right)^n \sqrt{2\pi n}.$$

Wir haben nun $n!$ approximiert, haben aber noch keinerlei Aussage über die Genauigkeit unserer Annäherung. Eine Approximation ist jedoch nur wertvoll, wenn man die Qualität der Annäherung kennt.

Teil II: Die Qualität der Approximation

Wir suchen nun einen Term, bei dem die Approximation, die Ungenauigkeit besser und leichter zu bestimmen ist als mit dem gerade ausgeführten Ansatz. Warum wir nicht gleich mit Teil II angefangen haben und Teil I notwendig ist, wird am Ende klar.

Da es sich um große n und bei $n!$ um ein Produkt handelt, ist es sinnvoll den ln anzuwenden, das Produkt wird dann zur Summe, und die lässt sich gut durch ein Integral annähern:

$$\ln(n!) = \sum_{k=1}^{n} \ln(k) \approx \int_1^n \ln(x) \mathrm{d}x. \tag{3.15}$$

Und das gibt schon die Idee, denn kennen wir die Differenz

$$u := \ln(n!) - \int_1^n \ln(x) \mathrm{d}x,$$

können wir im günstigen Fall auf die Qualität der Stirling-Formel (3.8) schließen. Um hier weiterzukommen, kann man sich überlegen, wie sich $\int_1^n \ln(x)\mathrm{d}x$ durch $\ln(n!)$ darstellen lässt, sodass die Subtraktion einfach durchgeführt werden kann. Nach einigen Versuchen (möglicherweise ungünstigen, weil zu groben Abschätzungen) kommt man darauf, das Integrationsgebiet von (3.15) in ganzzahlige Intervalle aufzuteilen. Wir betrachten zunächst nur eines davon, wobei $f(x) := \ln(x)$ und F die Stammfunktion von f ist, und teilen das Intervall nochmals, weil uns das am Ende zu der gewünschten quantitativen Aussage führt:

$$\int_{k-1}^{k} f(x)\mathrm{d}x = \int_{k-1}^{k-1/2} f(x)\mathrm{d}x - \int_{k}^{k-1/2} f(x)\mathrm{d}x$$

$$= (F(k - \frac{1}{2}) - F(k - 1)) - (F(k - \frac{1}{2}) - F(k)). \quad (3.16)$$

Jetzt entwickeln wir $F(k - \frac{1}{2})$ um die jeweils untere Integralgrenze mit Taylor bis zur zweiten Ordnung mit Zwischenwert $\xi_k \in (k-1, k-1/2)$ bzw. $\eta_k \in (k-1/2, k)$. Dann wird (3.16) zu

$$= \underbrace{(F(k - 1) + f(k - 1)((k - \frac{1}{2}) - (k - 1)) + \frac{1}{2}f'(\xi_k)((k - \frac{1}{2}) - (k - 1))^2}_{F(k-\frac{1}{2})\,\mathrm{um}\,k-1}$$

$$-F(k - 1)) - \underbrace{(F(k) + f(k)((k - \frac{1}{2}) - k) + \frac{1}{2}f'(\eta_k)((k - \frac{1}{2}) - k)^2) - F(k))}_{F(k-\frac{1}{2})\,\mathrm{um}\,k}$$

$$= \frac{1}{2}f(k - 1) + \frac{1}{2}f'(\xi_k)\frac{1}{4} + \frac{1}{2}f(k) - \frac{1}{2}f'(\eta_k)\frac{1}{4}$$

$$= \frac{1}{2}(f(k - 1) + f(k)) + \frac{1}{8}(f'(\xi_k) - f'(\eta_k)).$$

Dann liefert die Summation über k bis n von (3.16)

$$\int_{1}^{n} f(x)\mathrm{d}x = -\frac{1}{2}(f(1) + f(n)) + \sum_{k=1}^{n} f(k) + \sum_{k=1}^{n-1} \frac{1}{8}(f'(\xi_k) - f'(\eta_k)).$$

Mit $f = \ln$ und $f'(x) = \frac{1}{x}$ ist das dann

$$\int_{1}^{n} \ln(x)\mathrm{d}x = -\frac{\ln(n)}{2} + \ln(n!) + \sum_{k=1}^{n-1} \frac{1}{8}\left(\frac{1}{\xi_k} - \frac{1}{\eta_k}\right).$$

Ohne Mühe ist $\ln(n!)$ in diesem Ausdruck des Integrals enthalten und wir erhalten für die gesuchte Differenz u

$$u = \ln(n!) - \int_{1}^{n} \ln(x)\mathrm{d}x = \frac{\ln(n)}{2} - \sum_{k=1}^{n-1} \frac{1}{8}\left(\frac{1}{\xi_k} - \frac{1}{\eta_k}\right). \quad (3.17)$$

Als alternierende Reihe konvergiert $\sum_{k=1}^{n-1} \frac{1}{8}\left(\frac{1}{\xi_k} - \frac{1}{\eta_k}\right)$ nach dem Leibnizschen Konvergenzsatz gegen einen Grenzwert s, also ist

$$\sum_{k=1}^{n-1} \frac{1}{8} \left(\frac{1}{\xi_k} - \frac{1}{\eta_k} \right) = s - \sum_{k \geq n} \frac{1}{8} \left(\frac{1}{\xi_k} - \frac{1}{\eta_k} \right)$$

und mit $\int_1^n \ln(x)\mathrm{d}x = n\ln(n) - n + 1$ folgt für (3.17)

$$u = \ln(n!) - (n\ln(n) - n + 1) = \frac{\ln(n)}{2} - \left(s - \sum_{k \geq n} \frac{1}{8} \left(\frac{1}{\xi_k} - \frac{1}{\eta_k} \right) \right).$$

Also ist

$$\ln(n!) = n\ln(n) - n + 1 + \frac{\ln(n)}{2} - \left(s - \sum_{k \geq n} \frac{1}{8} \left(\frac{1}{\xi_k} - \frac{1}{\eta_k} \right) \right).$$

Da eine alternierende Reihe durch ihr erstes Folgenglied beschränkt ist, also

$$0 \leq \sum_{k \geq n} \frac{1}{8} \left(\frac{1}{\xi_k} - \frac{1}{\eta_k} \right) \leq \frac{1}{8(n-1)},$$

existiert ein $\varepsilon_n \in [0, \frac{1}{8(n-1)}]$, sodass

$$\ln(n!) = n\ln(n) - n + 1 + \frac{\ln(n)}{2} - s + \varepsilon_n$$

und damit erhalten wir

$$n! = \mathrm{e}^{\varepsilon_n} \mathrm{e}^{-s+1} \left(\frac{n}{\mathrm{e}} \right)^n \sqrt{n}, \tag{3.18}$$

wobei man beachte, dass $\mathrm{e}^{\varepsilon_n} = 1 + \mathcal{O}\left(\frac{1}{n}\right)$ ist.

Vergleicht man (3.18) mit der Approximation $n! \propto \left(\frac{n}{\mathrm{e}}\right)^n \sqrt{2\pi n}$ aus Teil I, so ist ersichtlich, dass $\mathrm{e}^{1-s} = \sqrt{2\pi}$ sein muss, da es sich hierbei um das einzig übrige konstante Glied der Formel handelt. Also ist

$$n! = \left(\frac{n}{\mathrm{e}} \right)^n \sqrt{2\pi n} \left(1 + \mathcal{O}\left(\frac{1}{n}\right) \right).$$

Elementare Ereignisse, Vergröberungen, Inhalt und ein Wörterbuch

4

Wir wollen jetzt unsere Einsichten aus den vorherigen Kapiteln in eine mathematische Sprache übersetzen. Wir erklären, warum unsere intuitive Benutzung der groben Elementarereignisse bei der Jedermanns-Wahrscheinlichkeit in Ordnung geht, und können dadurch verstehen, wie man von der grundlegenden physikalischen Ebene zur Laplaceschen Setzung der Wahrscheinlichkeit kommt. Hierfür werden wir ein Wörterbuch erstellen, wie es Mark Kac gemacht hat.

4.1 Elementare Ereignisse

Wir haben viel über den Begriff des Elementarereignisses gesprochen und an Beispielen gezeigt, warum der Begriff relevant und zugleich dunkel ist. Es wurde schon angedeutet, dass die wirklich elementaren Ereignisse physikalische Ereignisse sind. Das wollen wir jetzt vertiefen und abstrahieren.

Der Münzwurf ist ein physikalischer Ablauf. Die werfende Hand, die die Münze hochwirbelt, bestimmt, ob die Münze auf Kopf oder Zahl landet. Das ist zwar nun erschreckend viel komplizierter und praktisch unmöglich detailliert zu beschreiben, aber man muss zugleich zugeben, dass man damit dem Elementaren näher kommt, d. h., man kommt dem wahren Elementarereignis näher und damit näher an die Genesis der Begrifflichkeit von Wahrscheinlichkeit und Typizität.

Aber um Licht ins Dunkel zu bringen, müssen wir den physikalischen Münzwurf gar nicht in allen Details beschreiben. Uns reicht die Einsicht, dass es im Rahmen der klassischen Physik eine vollständige Beschreibung für den Münzwurf gibt, die wir nur abstrakt zu fassen brauchen: Sei Ω der physikalische Zustandsraum einer Newtonschen Beschreibung, dann steht $\omega \in \Omega$ für die Orte und Geschwindigkeiten aller Teilchen, die für den Vorgang relevant sind. Dadurch ist der Münzwurf determiniert.

© Springer-Verlag Berlin Heidelberg 2017
D. Dürr et al., *Einführung in die Wahrscheinlichkeitstheorie als Theorie der Typizität*, DOI 10.1007/978-3-662-52961-4_4

Für die mathematische Beschreibung eignen sich wunderbar die reellen Zahlen. Das Besondere am physikalischen Ereignisraum ist, dass er, anders als bisher, keine endliche oder abzählbare Menge mehr ist. Er ist ein Kontinuum wie die Menge der reellen Zahlen. Man setze (beispielhaft) anstelle Ω das Intervall $[0, 1)$, dann vertritt $x \in [0, 1)$ den detaillierten physikalischen Zustand ω.

Wenn wir nun vom Münzwurf reden, dann meinen wir ja eigentlich nicht die komplizierte Physik, sondern einfach nur die regellosen Ergebnisse Kopf oder Zahl. Wir lassen dabei die wahre Geschichte, die für Kopf oder Zahl verantwortlich ist, außer Acht. Wir benutzen (durchaus notwendigerweise) eine *vergröberte* Sichtweise. Wie aber kommt man von der elementaren, also physikalischen Ebene zu den Laplaceschen Ereignissen und deren Wahrscheinlichkeit?

4.2   Vergröberungen und Inhalt

Es ist sinnvoll, dem Münzwurf die „menschlichen Schwächen" zu nehmen und nicht mehr an eine werfende Hand eines Menschen zu denken, sondern an eine Münzwurfmaschine. Ein mechanisches Werk, ein Roboter, der eine Münze aufnimmt, sie wirft, Kopf oder Zahl registriert, die Münze wieder nimmt, wirft usw. Sei Ω also der physikalische Zustandsraum der Maschine mit Münze. Dann produziert die Münzwurfmaschine für jedes ω eine ganze Münzwurfreihe, die durch ω vollkommen festgelegt ist. Mathematisch lassen sich dann die einzelnen Würfe der Münzwurfreihe durch Funktionen abstrahieren, die die Anfangsbedingung $x \in [0, 1)$ auf die Werte 0 oder 1 („Zahl" bzw. „Kopf") abbilden und die natürlich die Eigenschaften des Münzwurfs tragen. Das kann natürlich nicht jede beliebige Funktion sein. Die große Frage zu der Zeit, in der Wahrscheinlichkeitstheorie als mathematisch fundierte Theorie entwickelt wurde, war folgende: Gibt es solche Funktionen? Sind solche Funktionen mathematisch natürliche Objekte? Die Antwort ist zugleich einfach und subtil, denn es braucht eine gehörige Portion moderner Mathematik.

Wir stellen die Anfangsbedingung $x \in [0, 1)$ in der Dualdarstellung dar:

$$x = 0, x_1 x_2 x_3 \ldots \ldots, \quad x_k \in \{0, 1\},$$

und x_k ist die k-te Dualstelle von x. Wir betrachten die Abbildungen r_k, die x auf die k-te Dualstelle von x abbilden (vgl. dazu Abb. 4.1, die die Vorschrift eindeutig macht):

$$r_k : [0, 1) \longrightarrow \{0, 1\}$$

$$r_k(x) = x_k.$$

Die Abbildungen heißen *Rademacher-Funktionen* zu Ehren von Hans Rademacher (1892–1969), der sie eingeführt hat. Sie bilden Teilmengen von $[0, 1)$ auf 0 bzw. 1 ab und sind damit *Vergröberungen*.

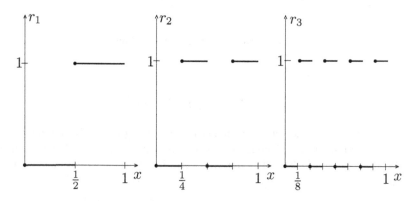

Abb. 4.1 Die Graphen der Rademacher-Funktionen r_k für $k = 1, 2, 3$. Beachte, dass die Urbilder halb offene Intervalle sind

Definition 4.1. Die Menge $r_k^{-1}(\delta)$ ist die *Urbildmenge* von δ, also die Menge der $x \in [0, 1)$, die auf den Wert δ abgebildet werden.

Bemerkung 4.1. In der Literatur werden *Vergröberungen* „Zufallsgrößen" oder auch „Zufallsvariablen" genannt. Wir müssen anmerken, dass das eine schrecklich verwirrende Benennung ist („a horrible and misleading terminology"[1]), denn von Zufall reden wir hier ja gar nicht, wir reden von Vergröberungen, also Funktionen, die nichts anderes tun, als zu vergröbern. Der Zusatz „Zufall" hat hier nichts zu suchen.

Der Wert von r_k sagt uns etwas über die k-te Dualstelle von x und damit natürlich auch etwas über x selbst, nämlich: Wenn z. B. $r_1(x) = 1$ ist, dann muss $x \in [1/2, 1)$ sein; wenn $r_2(x) = 0$, dann muss $x \in [0, 1/4) \cup [1/2, 3/4)$ sein usw. Aber mehr haben wir nicht: Kennt man den n-dimensionalen Vektor $(x_1, \ldots, x_n)$, kennt man zwar x besser, dennoch erfahren wir daraus nichts über x_l für $l > n$!

Es liegt nahe, r_k mit dem k-ten Wurf einer Münzwurfreihe zu identifizieren, d. h., wenn x unsere Anfangsbedingung ist, ist $r_1(x)$ das Ergebnis des 1. Wurfs, $r_2(x)$ das des 2. Wurfs etc. Die Menge der Anfangsbedingungen, für die

„im 1. Wurf Kopf und im 2. Wurf Zahl und im 4. Wurf Zahl"

kommt, ist dann der Schnitt von Urbildmengen

$$r_1^{-1}(1) \cap r_2^{-1}(0) \cap r_4^{-1}(0) = [1/2, 9/16) \cup [10/16, 11/16)$$

---

[1] Kac, ibid. S. 22.

oder

"im 1. Wurf Kopf oder im 2. Wurf Zahl"

ist

$$r_1^{-1}(1) \cup r_2^{-1}(0) = [1/2, 3/4].$$

Erfüllen die Rademacher-Funktionen unsere Vorstellung von unabhängigen Würfen in einer Münzwurfreihe? Und lässt sich mit ihnen die Laplacesche Setzung, also z. B. die Bewertung 1/2 bzw. 1/2 der Bildwerte 0 bzw. 1, aus dem elementaren Zugang begründen?

4.2.1 Inhalt

Vergröberungen, wie der Name passend sagt, sind keine Eins-zu-eins-Abbildungen, keine Bijektionen: Viele x-Werte werden durch ein r_k auf einen Bildwert abgebildet. Welche x-Werte genau, sagt uns das Urbild $r_k^{-1}(\delta)$, $\delta \in \{0, 1\}$. Also

$$r_1^{-1}(0) := \{x \in [0, 1) : r_1(x) = 0\} = [0, 1/2),$$

Vergröberungen zerlegen ihren Definitionsbereich also in Zellen (im Englischen „coarse graining" genannt), was eine ganz wesentliche Eigenschaft ist. Und genau diese Einsicht führt uns zur Laplaceschen Bewertung der Bildwerte: Die Gewichtung der Bildwerte 0 bzw. 1 mit 1/2 kommt vom *Inhalt* ihrer Urbildzellen. Der uns geläufige *Inhalt eines Intervalls* $[a, b)$ ist seine Länge: $\lambda([a, b)) = b - a$, der *Inhalt eines Rechtecks* ist „Länge mal Breite". *Inhalt* ist synonym für „Volumen" und in der Theorie der Wahrscheinlichkeit wird der Inhalt „Maß" genannt. Alles das Gleiche. Wenn wir nun jenen intuitiven Inhalt λ zugrunde legen, dann erhalten wir für disjunkte Vereinigungen von Intervallen $[a_i, b_i)$, $i \in \mathbb{N}$

$$\lambda \left(\bigcup_i [a_i, b_i) \right) = \sum_i (b_i - a_i).$$

Wir sehen direkt aus Abb. 4.1 (und mit etwas Nachdenken über allgemeines k), dass der Inhalt eines jeden Werteurbildes der Rademacher-Funktionen

$$\lambda \left(r_k^{-1}(\delta) \right) = \lambda \left(\{x : r_k(x) = \delta\} \right) = \frac{1}{2}, \delta \in \{0, 1\}$$

ist. Und der ist genau der Wert der Laplace-Bewertung W auf dem Bildbereich. Also ist für $\delta \in \{0, 1\}$

$$W(\text{„}\delta \text{ im } k\text{-ten Wurf"}) := \lambda \left(r_k^{-1}(\delta) \right). \tag{4.1}$$

Vergröberungen übertragen also den Inhalt auf die entsprechende Bildwerte.

Mit dem Inhaltsbegriff können wir die Rademacher-Funktionen auf Unabhängigkeit untersuchen, die eine ausgezeichnete Eigenschaft des Münzwurfs ist.

4.2.2 Unabhängigkeit

Wir betrachten der Einfachheit halber zunächst die Vergröberungen r_1, r_2.

Dann gilt für den Inhalt folgende Produktstruktur:

$$
\begin{aligned}
W(\text{„}\delta_1 \text{ im 1. Wurf und } \delta_2 \text{ im 2. Wurf“}) &= \lambda \left(r_1^{-1}(\delta_1) \cap r_2^{-1}(\delta_2) \right) \\
&= \lambda \left(\{x : r_1(x) = \delta_1 \cap r_2(x) = \delta_2\} \right) \\
&= \frac{1}{4} = \left(\frac{1}{2} \right)^2 \\
&= \lambda \left(r_1^{-1}(\delta_1) \right) \lambda \left(r_2^{-1}(\delta_2) \right). \tag{4.2}
\end{aligned}
$$

Die Rademacher-Vergröberungen r_1 und r_2 sind tatsächlich unabhängig.

Bemerkung 4.2. Wenn man unbedingt das Wort *Wahrscheinlichkeit* verwenden will, dann würde man sagen, dass die Wahrscheinlichkeit, dass r_1 den Wert δ_1 hat *und* r_2 den Wert δ_2, gleich dem Produkt der Einzelwahrscheinlichkeiten ist. Aber wir brauchen das Wort *Wahrscheinlichkeit* nicht zu verwenden. Die obige Produktstruktur der Inhalte von speziellen Mengen ist einfach ein mathematisches Faktum.

Nun allgemein: Sei $n_k \in \mathbb{N}$, $k = 1, 2, \ldots, n, \delta_{n_k} \in \{0, 1\}$, dann gilt

$$
\begin{aligned}
\lambda \left(\bigcap_{k=1}^{n} r_{n_k}^{-1}(\delta_{n_k}) \right) &= \lambda \left(\bigcap_{k=1}^{n} \{x : r_{n_k}(x) = \delta_{n_k}\} \right) \\
&= \left(\frac{1}{2} \right)^n = \prod_{k=1}^{n} \lambda(r_{n_k}^{-1}(\delta_{n_k})). \tag{4.3}
\end{aligned}
$$

Das gibt uns nun das nötige Vertrauen, dass *stochastische Unabhängigkeit* nicht nur ein Wort ist, sondern eine natürliche mathematische Eigenschaft, und deswegen stellt diese Produktstruktur eine gute mathematische Definition der stochastischen Unabhängigkeit dar.

Wichtiger Hinweis: Die Unabhängigkeit der Rademacher-Funktionen kann man *sehen*. Vergröberungen zerlegen ihren Definitionsbereich auf ganz spezielle Weise: Man betrachte in Ruhe Abb. 4.1 und überlege, wie die Urbildmengen von r_k für große k das Intervall $[0, 1)$ durchmischen und wie sich die Urbilder der verschiedenen Vergröberungen durchmischen, wie alles präzise abgestimmt ineinandergreift. Im Abschn. 2.5.2 haben wir einen großen Punkt daraus gemacht, dass Unabhängigkeit von Ereignissen eine ganz ausgetüftelte Sache ist. Dass dieses Ausgetüfteltsein im vorliegenden Falle auf eine so langweilige Art geschieht, mag nicht überraschen, alles andere ist kaum auszudenken. Hier sehen wir also Unabhängigkeit in ihrer klarsten Form. Ineinander vermischte Urbilder, aber präzise abgestimmt. Das sind die Prototypen unabhängiger Ereignisse.

Allerdings sagen wir das hier etwas großzügig, denn perfekt wird das Durchmischen der r_k erst durch die richtige Wahl des Inhalts, mit dem die Zellen vermessen werden. Dieser wesentliche Bestandteil stellt sich grafisch so offensichtlich dar, dass man den Inhalt leicht als Extrastruktur übersehen könnte.

Bemerkung 4.3. Warum sagen wir „Wahl"? Sind andere Inhalte denkbar? Ja, denn mathematisch haben wir nur ein paar Eigenschaften sicherzustellen, die ein Inhalt intuitiv erfüllen soll. (Dazu sagen wir im nächsten Kapitel mehr). Die Intuition „Inhalt = Intervalllänge" schieben wir aber mal beiseite, da das ein spezieller Inhalt ist. Wir können als Inhalt statt λ zum Beispiel folgendes Maß wählen: $\mathbb{P} = \frac{4}{3} \cdot \lambda$ auf $[0, 3/4)$ und $\mathbb{P} = 0$ auf $[3/4, 1)$. Also ist dann beispielsweise $\mathbb{P}([0, 3/4)) = 1$ und $\mathbb{P}([1/2, 1)) = \frac{4}{3}\lambda([1/2, 3/4)) = \frac{4}{3}(\frac{3}{4} - \frac{1}{2}) = \frac{1}{3}$. Nun bewerten wir die Urbilder der Rademacher-Funktionen mit diesem Inhalt. Und wir sehen, dass z. B.

$$\mathbb{P}\left(r_1^{-1}(0) \cap r_2^{-1}(1)\right) = \mathbb{P}\left(\{x : r_1(x) = 0\} \cap \{x : r_2(x) = 1\}\right)$$

$$= \mathbb{P}([1/4, 1/2)) = \frac{4}{3} \cdot \lambda((1/4, 1/2] = \frac{4}{3} \cdot \frac{1}{4} = \frac{1}{3}$$

$$\neq \mathbb{P}\left(r_1^{-1}(0)\right) \cdot \mathbb{P}\left(r_2^{-1}(1)\right)$$

$$= \frac{4}{3}\lambda([0, 1/2)) \cdot \frac{4}{3}\lambda([1/4, 1/2)) = \frac{2}{9}.$$

Da gibt es also keine Unabhängigkeit mehr.

Was ist das Spezielle, das den Inhalt λ auszeichnet und weswegen er allen anderen möglichen Inhalten $\mathbb{P}$ vorgezogen wird? Seine offenbare Natürlichkeit. So etwas ist meistens als fundamentales Objekt unschlagbar. Aber dabei werden wir es nicht belassen und im physikalischen Teil dieses Buches eine wirklich gute Begründung nachliefern.

Der Begriff der *Unabhängigkeit* von Zufallsgrößen, wie er in jedem Lehrbuch der Wahrscheinlichkeitstheorie, ohne große Worte zu verlieren, definiert wird, dieser Begriff erhält seine mathematische Fundierung einzig und allein aus der speziellen Art und Weise der Durchmischung der Urbilder und der weiteren wesentlichen Zutat, dem Inhalt. Die Rademacher-Funktionen sind mit dem natürlichen Inhalt der *Prototyp von unabhängigen Zufallsgrößen* und erst deren Findung machte die Wahrscheinlichkeit einer Mathematisierung würdig.

4.2.3 Eine instruktive Rechnung

Wir haben jetzt also eine Bewertung auf der elementaren Ebene, den Inhalt λ, und mit ihr die Unabhängigkeit der $(r_k)_k$. Bei Jedermanns-Wahrscheinlichkeitsaufgaben hatten wir ebenfalls eine Bewertung, aber eben auf Bildebene (vgl. (2.1)). In (2.7) haben wir durch reines Abzählen der 0-1-Folgen herausgefunden, dass auf der Bildebene

$$W(\text{genau } k\text{-mal Kopf in } n \text{ Würfen}) = \frac{1}{2^n} \binom{n}{k} \tag{4.4}$$

gilt. Durch folgende Rechnung aus dem wunderbaren Buch von Mark Kac *Statistical Independence in Probability, Analysis and Number Theory*,[2] dem wir viele Gedanken des vorliegenden Buches verdanken, erhält man die Einsicht, dass man auch auf der elementaren Ebene (*rein analytisch*) zur gleichen Bewertung kommt.

Bemerkung 4.4. Man kann die folgende Rechnung als übertrieben kompliziert empfinden und meinen, dass es doch ganz klar sei, dass mit (4.3) schon

$$\lambda(A_k) = \binom{n}{k} \lambda(\{x \in [0,1) : r_1(x) = 1, \ldots, r_k(x)$$
$$= 1, r_{k+1}(x) = 0, \ldots, r_n(x) = 0\}) \tag{4.5}$$
$$= \frac{1}{2^n} \binom{n}{k}$$

sei, und dem stimmen wir auch zu. Aber in Letzterem nimmt man einen Geruch von Kombinatorik wahr, den die analytische Rechnung umgeht. Man kann sich natürlich darüber streiten, ob die Benutzung der binomischen Formel nicht auch schon Kombinatorik beinhaltet, aber das wollen wir hier nicht tun.

$$W(\text{genau } k\text{-mal Kopf in } n \text{ Würfen})$$
$$= \lambda(\{x \in [0,1) : \text{genau } k \text{ der } r_l(x), l = 1, \ldots, n \text{ sind } 1\})$$
$$=: \lambda(A_k) \text{ mit } A_k := \{x : \sum_{l=1}^{n} r_l(x) = k\}$$

Weiter gehts mit einer überaus wichtigen Umschreibung, die man sich merken muss:

---

[2] *The Carus Mathematical Monographs*, 1959.

Definition 4.2. Die Indikatorfunktion einer Menge A ist

$$\mathbb{1}_A(x) := \begin{cases} 1 & \text{für} \quad x \in A, \\ 0 & \text{sonst} \end{cases}.$$

Es gelten (i) $\mathbb{1}_{A \cap B} = \mathbb{1}_A \mathbb{1}_B$, (ii) $\mathbb{1}_{A \cup B} = \mathbb{1}_A + \mathbb{1}_B$, für A, B disjunkt.

Damit schreiben wir

$$\lambda(A_k) = \int_0^1 \mathbb{1}_{A_k}(x)\mathrm{d}x.$$

Weiter mit der nützlichen Formel (die Exponentialfunktion ist besonders einfach zu integrieren)

$$\int_0^{2\pi} e^{iny}\mathrm{d}y = \begin{cases} 2\pi & \text{für} \quad n = 0, \\ 0 & \text{sonst} \end{cases} = 2\pi\delta_{n,0},$$

womit wir die leicht zu analysierende Darstellung

$$\mathbb{1}_{A_k}(x) = \frac{1}{2\pi} \int_0^{2\pi} \mathrm{d}y \exp\left(i\left(\sum_{l=1}^n r_l(x) - k\right)y\right)$$

bekommen. Nun ist es ein geradliniger Weg des einfachen Rechnens (allerdings immer mit den durchmischenden Zellen der Rademacher-Funktionen im Kopf), wobei wir ab (4.7) die Binomialformel verwenden.

$$\begin{aligned}
\lambda(A_k) &= \int_0^1 \mathrm{d}x \frac{1}{2\pi} \int_0^{2\pi} \mathrm{d}y \exp\left(i\left(\sum_{l=1}^n r_l(x) - k\right)y\right) \\
&= \frac{1}{2\pi} \int_0^{2\pi} \mathrm{d}y \int_0^1 \mathrm{d}x \exp\left(i\left(\sum_{l=1}^n r_l(x) - k\right)y\right) \\
&= \frac{1}{2\pi} \int_0^{2\pi} \mathrm{d}y \int_0^1 \mathrm{d}x \prod_{l=1}^n e^{ir_l(x)y} e^{-iky} \qquad\qquad (4.6) \\
&= \frac{1}{2\pi} \int_0^{2\pi} \mathrm{d}y\, e^{-iky} \left(\sum_{\delta_1,\ldots,\delta_n=0,1} \lambda\left(r_1 = \delta_1, \ldots, r_n = \delta_n\right) \prod_{l=1}^n e^{i\delta_l y}\right) \\
&= \frac{1}{2\pi} \int_0^{2\pi} \mathrm{d}y\, e^{-iky} \sum_{\delta_1,\ldots,\delta_n=0,1} \frac{1}{2^n} \prod_{l=1}^n e^{i\delta_l y}
\end{aligned}$$

$$= \frac{1}{2\pi} \int_0^{2\pi} \mathrm{d}y \, \mathrm{e}^{-iky} \frac{1}{2^n} \prod_{l=1}^{n} \left(\mathrm{e}^{iy} + 1 \right) \tag{4.7}$$

$$= \frac{1}{2\pi} \int_0^{2\pi} \mathrm{d}y \, \mathrm{e}^{-iky} \frac{1}{2^n} \left(\mathrm{e}^{iy} + 1 \right)^n$$

$$= \frac{1}{2^n} \frac{1}{2\pi} \int_0^{2\pi} \mathrm{d}y \sum_{l=0}^{n} \binom{n}{l} \mathrm{e}^{ily} \mathrm{e}^{-iky}$$

$$= \frac{1}{2^n} \sum_{l=0}^{n} \binom{n}{l} \delta_{l,k} = \frac{1}{2^n} \binom{n}{k}. \tag{4.8}$$

Bemerkung 4.5. Besonders hervorzuheben ist der Schritt von (4.6) nach (4.7). Dort liegt das Herz der Rechnung, die Unabhängigkeit (4.3). Deswegen noch einmal in Kurzform:

$$\int_0^1 \mathrm{d}x \exp \left(i \sum_{k=1}^{n} r_k(x) \right) = \int_0^1 \mathrm{d}x \prod_{k=1}^{n} \exp \left(ir_k(x) \right) = \prod_{k=1}^{n} \int_0^1 \mathrm{d}x \exp \left(ir_k(x) \right)$$

Die Gleichung sagt: Das Integral über das Produkt der Funktionen ist das Produkt der Integrale. Eine überaus seltene Begebenheit, und genauso spektakulär wie das präzise Durchmischen. Deswegen nochmal, etwas allgemeiner: Für $k \neq l$ und integrierbare Funktionen f, g gilt:

$$\int_0^1 \mathrm{d}x f \left(r_k(x) \right) g \left(r_l(x) \right) = \int_0^1 \mathrm{d}x f \left(r_k(x) \right) \int_0^1 \mathrm{d}x g \left(r_l(x) \right). \tag{4.9}$$

4.3 Wörterbuch

Die Rademacher-Funktionen sind also eine adäquate mathematische Beschreibung des Münzwurfs! Dafür stellen wir ein Wörterbuch auf, das alles, was man für den Münzwurf braucht, beinhaltet. Das Symbol ^{c} steht im Folgenden für die Komplementbildung, also ist z. B. $r_1^{-1}(0)^c = [1/2, 1)$ (Tab. 4.1).

Mit dem Wörterbuch können wir die Frage aus Abschn. 2.5.2 beantworten: Wir hatten festgestellt, dass man auf Bildebene wissen muss, wie oft man werfen wird, um von Unabhängigkeit zu reden. Die Elementarereignisse mussten angepasst werden. Auf elementarer Ebene sieht man sofort, dass es egal ist, wie häufig man vorhat zu werfen – der zugrunde liegende elementare Raum bleibt, was er ist.

Tab. 4.1 Wörterbuch für den Münzwurf

Kopf oder Zahl im k-ten Wurf	0 oder 1 als Wert von r_k
Ereignis	$A := \cap, \cup, ^c$-Bildungen der $r_k^{-1} \subset [0, 1)$
W (Ereignis)	$\lambda(A)$

Wenn wir das Wörterbuch auf den Würfelwurf erweitern, erkennt man die Gemeinsamkeit von Münzwurf und Würfelwurf, die es uns erlaubt, erst über Unabhängigkeit zu reden: Wenn man Münze und Würfel zugleich wirft (das ist einfacher zu diskutieren), dann sind es die physikalischen Anfangsorte und Geschwindigkeiten der Wurfmaschine, die die Münze und den Würfel wirbeln lassen und ihre Bahn determinieren. Das wollen wir mathematisch beschreiben und nehmen wieder das Intervall $[0, 1)$ als Vertreter für das physikalische Kontinuum der Anfangsbedingungen. Für den Würfel, der nun mal 6 Seiten hat, nehme man die Sechserdarstellung der Zahlen $x \in [0, 1)$ und für den ersten Würfelwurf die Vergröberung $v_1 : [0, 1) \to \{0, 1, 2, 3, 4, 5\}$, wobei nun 0 für Würfelaugenzahl 1 steht, 1 für Augenzahl 2 usw. Da alle $x \in [0, 1/6)$ den Wert 0 ergeben und alle $x \in [1/6, 2/6)$ den Wert 1 usw., ist $\lambda(\{x : v_1(x) = \delta\}) = 1/6$ für $\delta = 0, 1, \ldots, 5$. Der erste Münzwurf wird durch r_1 vertreten und wir hoffen, dass unser erweitertes Wörterbuch für Münze und Würfel genauso gelungen ist. Aber das ist nicht so, denn

$$W(\text{„Münze zeigt Kopf und Würfel zeigt 1"}) = \lambda(r_1^{-1}(1) \cap v_1^{-1}(0))$$

$$= \lambda([1/2, 1) \cap [0, 1/6)) = 0$$

$$\neq \lambda(r_1^{-1}(1))\lambda(v_1^{-1}(0)) = \frac{1}{2} \cdot \frac{1}{6}.$$

Die Unabhängigkeit ergibt sich nicht.

Bemerkung 4.6. Kann sie auch nicht, weil r_1 eine Funktion von v_1 ist. Die Funktion $f : \{0, 1, 2, 3, 4, 5\} \to \{0, 1\}$, mit $f(i) = 0$ für $i = 0, 1, 2$ und $f(i) = 1$ für $i = 3, 4, 5$, ergibt $r_1(x) = f(v_1(x))$. Damit legen die Werte von v_1 die von r_1 fest. Also kann kein noch so geschickt gewählter Inhalt hier die Unabhängigkeit retten. Es gibt keine Durchmischung der Urbilder.

Die nun anstehende Aufgabe ist sehr lehrreich. Wie kann man den Würfelwurf auf $[0, 1)$ darstellen, damit er unabhängig von dem durch r_1 vertretenen Münzwurf wird? Wir brauchen die fein abgestimmte Durchmischung der Zellen. Man zerlege das Intervall $[0, 1)$ in Zellen der Länge $1/12$ und dann definiere man die Vergröberung

$$w_1 : [0, 1) \to \{1, 2, 3, 4, 5, 6\},$$

indem man mit

$$w_1(x) = 1, \text{ für alle } x \in [0, 1/12) \cup [1/2, 7/12)$$

beginnt und dann entsprechend fortfährt, also

$$w_1(x) = 2, \text{ für alle } x \in [1/12, 2/12) \cup [7/12, 8/12) \text{ usw.}$$

Man sieht leicht (zur Übung etwas anders notiert):

$$\lambda(\{x : w_1(x) = 1\}) = \lambda(\{x : w_1(x) = 2\})$$
$$= \ldots = \lambda(\{x : w_1(x) = 6\})$$
$$= 2/12 = 1/6$$

und es gilt:

$$\lambda(\{x : r_1(x) = 1\} \cap \{x : w_1(x) = 1\}) = \lambda([1/2, 7/12)) = 1/12 = 1/2 \cdot 1/6$$
$$= \lambda(\{x : r_1(x) = 1\})\lambda(\{x : w_1(x) = 1\}).$$

Wir haben also wieder die Produktstruktur der Unabhängigkeit vorliegen. Wenn der tatsächlich physikalisch ausgeführte Würfel- und Münzwurf stochastisch unabhängig sein soll, dann muss die Physik das genauso penibel eingerichtet haben, wie wir es mussten, nur auf einem anderen Kontinuum, versteht sich.

Bemerkung 4.7. Unabhängigkeit durch Bedingen
In obigem Beispiel war die Abhängigkeit, wie in Bemerkung 4.6 hervorgehoben, durch die funktionale Abhängigkeit der Vergröberungen erzeugt. Wenn eine solche Abhängigkeit nur in „partieller Weise" gegeben ist, kann man die durch Bedingen aufheben. Das erklären wir jetzt. Zunächst betten wir die Frage in eine Alltagssituation ein: Man betrachte die Anzahl der Autounfälle an einem Wintersamstag in München und Augsburg. Diese werden im Allgemeinen nicht unabhängig sein – eine gemeinsame Ursache für das gehäufte Auftreten von Unfällen kann vorliegen, z. B. ein Wintereinbruch mit Glatteis oder ein erhöhter Glühweingenuss in beiden Städten. Aber klar ist auch, dass ein bestimmter Unfall in Berlin keinen Unfall in Hannover nach sich zieht, also die Unfallursachen doch eine Unabhängigkeit in sich tragen. Wie kann man das mathematisch ausdrücken? Intuitiv: Wenn man unter der gemeinsamen Ursache (wie die unerwartete Eisglätte oder der Alkoholkonsum) bedingt, dann sollten die Unfallzahlen in Hannover und Berlin rein „lokal" erklärbar und insbesondere unabhängig sein. Bedingen bedeutet ja ein Einschränken auf eine kleinere Menge. Wenn nun auf der ursprünglichen Menge die entsprechenden Vergröberungen nicht perfekt durchmischt sind, dann kann das auf der kleineren Menge durchaus der Fall sein. Wir zeigen diesen Effekt wieder am Beispiel der Rademacher-Funktionen ohne Anspruch, die Alltagssituation realistisch modellieren zu wollen.

Beispiel 4.1. Sei $X = r_1 + r_2$ und $Y = r_1 r_3$. Das sind Vergröberungen auf $[0, 1]$ mit Werten in $\{0, 1, 2\}$ bzw. in $\{0, 1\}$. Man prüft leicht nach, dass sie nicht unabhängig sind. Dazu folgendes Beispiel (am besten skizziere man sich dazu die Graphen bzw. die Urbilder):

$$\lambda(\{x : X(x) = 0, Y(x) = 0\}) = \frac{1}{4} \neq \lambda(\{x : X(x) = 0\})\lambda(\{x : Y(x) = 0\})$$

$$= \frac{1}{4} \cdot \frac{6}{8}.$$

Die „gemeinsame Ursache" für die Abhängigkeit ist hier augenscheinlich r_1, welche beiden Vergröberungen gemeinsam ist. Also bedingen wir unter r_1. Die eingeschränkte Menge ist dann $[0, 1/2)$. In der Tat erhalten wir dann Unabhängigkeit, was wir hier beispielhaft vorführen. Zunächst berechnen wir die bedingten Inhalte

$$\lambda_0(X = 0) := \lambda(X = 0|r_1 = 0) = \frac{\lambda(\{x : X(x) = 0\} \cap \{x : r_1(x) = 0\})}{\lambda(\{x : r_1(x) = 0\})}$$

$$= \frac{\lambda([0, 1/4))}{\lambda([0, 1/2))} = \frac{1}{4} \cdot \frac{2}{1} = \frac{1}{2},$$

$$\lambda_0(Y = 0) := \lambda(Y = 0|r_1 = 0) = \frac{\lambda(\{x : Y(x) = 0\} \cap \{x : r_1(x) = 0\})}{\lambda(\{x : r_1(x) = 0\})}$$

$$= \frac{\lambda([0, 1/2))}{\lambda([0, 1/2))} = 1,$$

und den bedingten Inhalt der gemeinsamen Größen

$$\lambda_0(X = 0, Y = 0) = \frac{\lambda(\{x : X(x) = 0, Y(x) = 0\} \cap \{x : r_1(x) = 0\})}{\lambda(\{x : r_1(x) = 0\})}$$

$$= \frac{\lambda([0, 1/4))}{\lambda([0, 1/2))} = \frac{1}{2}$$

$$= \frac{1}{2} \cdot 1 = \lambda_0(X = 0)\lambda_0(Y = 0).$$

Um die Unabhängigkeit von X und Y unter dem bedingten Inhalt λ_b vollständig zu sehen, müssen wir natürlich den bedingten Inhalt (auch unter $r_1 = 1$, also unter λ_1) aller Wertepaare von X und Y auf Faktorisierung hin prüfen. Aber das geht analog und kann zur Übung selbst durchgeführt werden.

4.4   Von der elementaren Ebene zur Empirik

Wir vermuten, dass nach vielen Würfen einer symmetrischen Münze ungefähr gleich oft Kopf wie Zahl kommt. Um das mathematisch auszudrücken, blickt man ins Wörterbuch und übersetzt: „*... dass die relative Häufigkeit von 0 und 1 in den ersten n Dualstellen von x $\in$ [0, 1) ungefähr $\frac{1}{2}$ ist.*" Dass das für typische 0-1-Folgen gilt, konnten wir in (3.4) zeigen, aber da fehlte der Bezug zu den wahren Elementarereignissen und zum fundamentalen Inhalt λ, denn alles wurde direkt auf dem Bildraum formuliert. In der Laplaceschen Form wird dort dieses Gesetz, das Gesetz vom Mittel, a priori trivial – am Ende deswegen, weil der Bezug zum wahren Geschehen fehlt. Deshalb wollen wir jetzt untersuchen, ob wir diese typische Gesetzmäßigkeit auch von der *elementaren* Ebene aus bekommen.

Auf der elementaren Ebene, einem Kontinuum, haben wir keine Abzählung mehr, auf die wir uns zurückziehen können. Stattdessen haben wir den Inhalt λ, der die Abzählung verallgemeinern muss. Statt „die allermeisten (laut *Abzählung*)" sagen wir nun „die allermeisten", aber laut *Inhalt*. Die Indikatorfunktion $\mathbb{1}_A(x)$ aus (4.2) dient wieder als Abzählgröße im theoretischen Ausdruck für die relative Häufigkeit.

Definition 4.3. Die Funktion

$$\rho_{\mathrm{emp}}^n(\{\delta\}, x) := \frac{1}{n} \sum_{k=1}^n \mathbb{1}_{\{\delta\}} (r_k(x)) , \ \delta \in \{0, 1\}, \ x \in [0, 1)$$

heißt *empirische Verteilung* für Rademacher-Funktionen.

Sie ist eine Vergröberung und im vorliegenden Fall eine Vergröberung von $[0, 1)$. Sie gibt die relative Häufigkeit an, mit der in den ersten n Binärstellen von x die Ziffer δ vorkommt.

Bemerkung 4.8. Das Wort „empirisch" könnte hier Verwirrung stiften, weil die Rademacher-Funktionen ja mathematische Objekte sind und zunächst nichts mit einer real ausgeführten Münzwurfreihe zu tun haben, die wir als Empirik bezeichnen würden. Aber dazu haben wir das Wörterbuch, das die „reale" Welt in eine mathematische Sprache übersetzt. Der Münzwurf wird mit r_k übersetzt. Der Ausdruck $\rho_{\mathrm{emp}}^n(\{\delta\}, x)$ beschreibt also die *empirische* Verteilung der Münzwurfergebnisse *innerhalb* unserer Theorie.

Wir wollen zeigen, dass typischerweise für große n die relative Häufigkeit für $\delta = 1$ bei $1/2$ liegt. Was bedeutet das? Es bedeutet, dass diese spezielle Vergröberung $\rho_{\mathrm{emp}}^n(\{\delta\}, x)$ das Intervall $[0, 1)$ in verschieden große Zellen einteilt, wobei die Zelle, deren Elemente auf den Wert $1/2$ abgebildet werden, inhaltsmäßig fast alles einnimmt. Dann gibt es noch kleinere Zellen, auf denen andere Werte angenommen werden, aber die fallen inhaltsmäßig nicht ins Gewicht. Das wollen wir mathematisch bestätigt wissen. Dazu betrachten wir die Abweichung der Vergröberung vom Wert $1/2$, also $\rho_{\mathrm{emp}}^n(\{\delta\}, x) - \frac{1}{2}$, und berechnen den Inhalt der zugehörigen Zellengröße. Das Resultat ist das berühmte und bereits besprochene *Gesetz vom Mittel*, das in der mathematischen Literatur *Gesetz der großen Zahlen* heißt.

Wir müssen also den Inhalt der folgenden Menge abschätzen:

$$\left\{ x \in [0, 1) : \left| \rho_{\text{emp}}^n(\{\delta\}, x) - \frac{1}{2} \right| > \varepsilon \right\} , \varepsilon > 0.$$

Zunächst schreiben wir den Inhalt auf ein Integral um. Allgemein ist

$$\lambda\left(\{x : |f(x)| > \varepsilon\}\right) = \int_0^1 dx \, \mathbb{1}_{\{x : |f(x)| > \varepsilon\}}(x). \tag{4.10}$$

Falls nun $|f(x)| > \varepsilon$ ist, dann gilt natürlich $\left(\frac{|f(x)|}{\varepsilon}\right)^n > 1, n \in \mathbb{N}$. Damit ist (man erinnere sich nun an die Definition der Indikatorfunktion)

$$\mathbb{1}_{\{x : |f(x)| > \varepsilon\}}(x) \leq \left(\frac{|f(x)|}{\varepsilon}\right)^n.$$

Das bringen wir in (4.10) ein und bekommen

$$\lambda\left(\{x : |f(x)| > \varepsilon\}\right) = \int_0^1 dx \, \mathbb{1}_{\{z : |f(z)| > \varepsilon\}}(x) \leq \int_0^1 \left(\frac{|f(x)|}{\varepsilon}\right)^n dx. \tag{4.11}$$

Für $n = 2$ ist das die berühmte *Chebyshevsche Ungleichung*. Im Allgemeinen heißt sie *Markovsche Ungleichung*. Die benutzen wir nun für $f(x) = \rho_{\text{emp}}^n(\{\delta\}, x) - \frac{1}{2}$. Um Arbeit zu sparen, bemerken wir, dass $\mathbb{1}_{\{1\}}(r_k(x)) = r_k(x)$, und weil das so ist, können wir uns an $\delta = 1$ festhalten und

$$\rho_{\text{emp}}^n(\{1\}, x) - \frac{1}{2} = \frac{1}{n} \sum_{k=1}^n \left(r_k(x) - \frac{1}{2} \right)$$

anschauen. Damit ist

$$\lambda\left(\left\{ x : \left| \rho_{\text{emp}}^n(\{1\}, x) - \frac{1}{2} \right| > \varepsilon \right\}\right) \leq \frac{1}{\varepsilon^2} \int_0^1 dx \left(\rho_{\text{emp}}^n(\{1\}, x) - \frac{1}{2} \right)^2$$

$$= \frac{1}{n^2 \varepsilon^2} \int_0^1 dx \left(\sum_{k=1}^n \left(r_k(x) - \frac{1}{2} \right) \right)^2.$$

Ausmultiplizieren der Summe liefert eine Diagonalsumme mit n Termen und eine Summe über die Nichtdiagonalterme (das sind $n^2 - n = n(n-1) \approx n^2$ Terme), also für allgemeines a_k

$$\left(\sum_{k=1}^n a_k \right)^2 = \sum_{k=1}^n a_k^2 + \sum_{k \neq j=1}^n a_k a_j.$$

Für das Integral über die Nichtdiagonalterme benutzen wir (4.9) – die Auswirkung der Unabhängigkeit auf Integrale über Funktionen verschiedener Rademacher-Funktionen:

$$\sum_{k \neq l=1}^{n} \int_0^1 dx \left(r_k(x) - \frac{1}{2} \right) \left(r_l(x) - \frac{1}{2} \right)$$

$$= \sum_{k \neq l=1}^{n} \int_0^1 dx \left(r_k(x) - \frac{1}{2} \right) \int_0^1 dx \left(r_l(x) - \frac{1}{2} \right) = 0. \tag{4.12}$$

Man betrachte dazu die Graphen von r_k in Abb. 4.1. Übrig bleiben die Diagonalterme, wobei ebenfalls nichts zu rechnen ist, denn offenbar ist $(r_k - \frac{1}{2})^2 = \frac{1}{4}$, also

$$\sum_{k=1}^{n} \int_0^1 dx \left(r_k(x) - \frac{1}{2} \right)^2 = \frac{n}{4},$$

und damit haben wir:

Satz 4.1. *Das Gesetz der großen Zahlen für Rademacher-Funktionen*
   Für alle $\varepsilon > 0$ gilt

$$\lambda \left(\left\{ x \in [0, 1) : \left| \rho_{\text{emp}}^n(\{\delta\}, x) - \frac{1}{2} \right| > \varepsilon \right\} \right) \leq \frac{1}{4n\varepsilon^2}, \quad \delta \in \{0, 1\}, \tag{4.13}$$

wobei die rechte Seite offenbar mit wachsendem n (das sind die großen Zahlen) beliebig klein wird.

In Worten:

* Die Menge der $x \in [0, 1)$ für welche die relativen Häufigkeiten von 1 und 0 in der Dualentwicklung nicht „ungefähr $\frac{1}{2}$ ist", hat verschwindend kleinen Inhalt.
* Oder: Die relativen Häufigkeiten der Dualziffern sind für die *meisten* x ungefähr $\frac{1}{2}$.
* Oder: Für typische x sind die relativen Häufigkeiten von 1 und 0 ungefähr $\frac{1}{2}$.
* Und übersetzt mit dem Wörterbuch: Beim typischen Münzwurf kommt ungefähr gleich oft Kopf wie Zahl.

Was geht uns dieses Gesetz an? Das Gesetz der großen Zahlen liefert uns eine Vorhersage über *typische* Anfangsbedingungen. Typisches passiert, Untypisches hat uns nicht zu kümmern, das ist das *Prinzip von Cournot*. Damit wird die Vorhersage für uns wertvoll, denn werfen wir eine Münze, wird diese die typischen relativen Häufigkeiten liefern. Unter der Annahme, dass das Wörterbuch physikalisch begründet werden kann, wird das Gesetz der großen Zahlen zu einer theoretischen Vorhersage über empirische Häufigkeiten. Und die kann man z. B. mit einer Münzwurfreihe überprüfen. Die *empirische relative Häufigkeit* von Kopf oder Zahl ist das, was wir theoretisch als typischen Wert vorhersagen können. Sie ist die einzige Größe, die eine Verbindung von Theorie und Außenwelt (auch oft „reale Welt" genannt) herstellt und uns erlaubt, die Theorie, besser: die Vorhersage der Theorie zu prüfen.

Wichtiger Hinweis: In der Laplaceschen Form wird der Beweis des Gesetzes der großen Zahlen a priori trivial. Natürlich ist der Beweis für die oben gewählte Formulierung mit den r_k nicht viel komplexer. Das soll aber keinesfalls heißen, dass das Gesetz der großen Zahlen trivial ist. Es ist eine enorme Schwierigkeit, im wahren Geschehen die Voraussetzungen, unter denen das Gesetz gilt – die Unabhängigkeit der Vergröberungen – als erfüllt anzusehen! Ein Beweis, dass sich die Vergröberungen in der physikalischen Situation als unabhängige Familie ergeben, ist äußerst schwer – meist sogar praktisch unmöglich. Wenn wir die Unabhängigkeit aber einmal haben, greift das Gesetz der großen Zahlen – das ist dann einfach. Und deshalb kommt das Gesetz mit der Laplaceschen Setzung oder den Rademacher-Funktionen trivial daher. Die Unabhängigkeit ist a priori gegeben. Wollen wir in einer physikalischen Situation eine Vorhersage machen, müssen wir also irgendwie argumentieren, dass die Voraussetzungen erfüllt sind. Wir kennen den Prototyp von unabhängigen Vergröberungen, das sind die Rademacher-Funktionen, und da sehen wir die Unabhängigkeit in ihrer reinsten Form: die perfekte Durchmischung der Urbilder. Daran können wir uns bei der Argumentation halten. In Abschn. 4.6 werden wir das am Beispiel des Galton-Bretts versuchen.

4.5   Determinismus und Zufall

Kommen wir nun zu den schweren Fragen: Etwa der Vereinbarkeit von Determinismus und Zufall. Wir erinnern an das Zitat von Smoluchowski in den Leitlinien, nämlich an die Frage: Wie kann der Zufall entstehen, wenn alles Geschehen durch die Naturgesetze determiniert ist? Die Antwort auf diese Frage gibt uns Typizität im Zusammenspiel mit chaotischen Bewegungsabläufen. Das wollen wir jetzt ausführlich erklären.

Zunächst fragen wir: Woher kommt in der Münzwurfreihe das zufällige Verhalten, also die Regellosigkeit? Als Erstes würde man sagen: *Instabilität* des Bewegungsablaufs. Instabilität bedeutet, dass eine kleine Veränderung der Anfangslage oder Geschwindigkeit der Münze zu einer drastisch anderen Lage führt: Statt Kopf kommt Zahl oder umgekehrt. Instabilität bedeutet kurz gesagt „kleine Ursache, große Wirkung". Man nennt einen Bewegungsablauf, der sehr deutlich von den Anfangsbedingungen abhängt, *chaotisch*. Je chaotischer oder instabiler die Bewegung, desto geringer kann die Abweichung in der Anfangsposition der Münze eines jeden neuen Wurfs sein, sodass eine regellose Folge entsteht. Wenn die Münze aber nach jedem Wurf wieder auf den *exakt* gleichen Platz auf den Wurfteller gelegt und die Feder der Münzwurfmaschine *exakt* gleich gespannt wird, sodass alles *exakt* gleich abläuft, dann wiederholt sich Wurf für Wurf in *exakt* gleicher Weise und das Ergebnis vom ersten Wurf kommt wieder und wieder, trotz chaotischer Bewegung! Das ist genau das, worauf Smoluchowski mit seiner Frage abzielt. Denn um die Wirkung des Chaos zu sehen, braucht man Veränderungen in den Startpositionen! Ohne eine kleine Abweichung der Anfangslage in jedem neuen Wurf ist die Instabilität der Bewegung wirkungslos, d. h., Zufälliges offenbart sich nicht. Die Maschine muss also so gebaut sein, dass, wenn die Maschine die geworfene Münze wieder aufnimmt und neu auf ihren Abwurfteller legt, die Platzierung leicht verändert wird. Denn eine wirklich gute Münzwurfmaschine soll ja irreguläre, unvorhersehbare Münzwurfergebnisse produzieren. Das reicht aber immer noch nicht, denn man kann die Münzwurfmaschine auch so bauen, dass, obwohl die Platzierungen der Münzen immer wieder anders sind, sich dennoch das Ergebnis des ersten Wurfs ständig wiederholt. Aber intuitiv ist klar, dass eine solche Maschine sehr speziell ist – sie ist speziell betrügerisch, indem sie uns vorgaukelt, immer neue Platzierungen zu wählen, aber dennoch kommt immer das gleiche Ergebnis. Die Maschine sollte besser eine solche sein, die die jeweiligen Platzierungen der Münze nicht speziell auswählt, sondern typische Platzierungen vornimmt. Nun ist aber die gesamte Münzwurfreihe festgelegt durch *eine* Anfangsbedingung ω (Orte und Geschwindigkeiten aller Teilchen zum Zeitpunkt t) und die physikalischen Gesetze. Die Maschine läuft mechanisch wie ein Uhrwerk, d. h., das wiederholte Aufnehmen und die (immer wieder leicht veränderten) Platzierungen der Münze sind festgelegt. Smoluchowskis Frage, etwas umformuliert, lautet dann: Was garantiert, dass wir die „richtigen" relativen Häufigkeiten erhalten?

Wir wollen das gerade Gesagte nun in mathematischer Form ausdrücken, um die Rolle der Typizität in der Eingangsfrage dieses Abschnittes deutlich zu machen.

Bemerkung 4.9. Die Rademacher-Funktionen, die eine mathematische Beschreibung des Münzwurfs darstellen, liefern keine Information über die Neuplatzierung der Münze auf dem Abwurfteller, sondern vergröbern nur auf die Ergebnisse der Würfe. Das reicht aber trotzdem schon, um eine Typizitätsaussage wie (4.13) zu machen, was ja schon alles ist, was wir wollen! Um das physikalische Bild aber zu vervollständigen und die Instabilität *sichtbar* zu machen, nehmen wir einen *Zeitablauf* exemplarisch dazu.

In der mathematischen Beschreibung des Münzwurfs anhand der Rademacher-Funktionen kann man die Instabilität an der r_k^{-1}-Zerteilung sehen, die den Definitionsbereich in feine Zellen teilt (besonders bei großem k), die stark durchmischt sind. Vergessen wir für einen Moment die Maschine, dann könnte man grob so denken: Wir revidieren das Wörterbuch und nehmen für ein sehr großes K die Abbildung r_K als Abbildung, die den *einfachen* Münzwurf von seiner Anfangsdrehbewegung bis zum Liegen vergröbert, und dann sehen wir in dieser Analogie, dass verschiedene, noch so nah aneinanderliegende Anfangswerte $x \in [0, 1)$ (wähle K nur groß genug) zu völlig verschiedenen Resultaten führen können. Die Rademacher-Funktion verkörpert das pure Chaos!

Bemerkung 4.10. Ironie: Man betrachte Abb. 4.1. Wie langweilig doch die Graphen sind!

Mathematisch denken wir beim physikalischen Anfangswert ω des ganzen Ablaufs an *ein* $x \in [0, 1)$ (und nicht wie gerade an mehrere x), also an den Anfangswert der gesamten Münzwurfreihe und an die Rademacher-Funktion r_K. Wo sieht man da dann die Instabilität und die veränderten Abwurfpositionen der Münze? Wir brauchen einen „Zeitablauf", der uns nach jedem einzelnen Münzwurf die neue Startposition der Münze liefert.

Der Zeitablauf sei vertreten durch eine Abbildung T und deren fortwährende Anwendung. Wenn $x \in [0, 1)$ unsere Anfangsbedingung ist, dann ist $T(x)$ die erste Platzierung der Münze auf dem Abwurfteller und $r_K(T(x))$ das Ergebnis dieses Wurfs. Die neue Platzierung ist die Wiederanwendung von T, also $T \circ T(x) = T(T(x))$ und das Ergebnis des zweiten Wurfs $r_K(T(T(x)))$, und so immer fort: Von dem einen Anfangswert x ausgehend werden also immer wieder neue $x^{(n)} := T^n(x) = T \circ \cdots \circ T(x)$ produziert, wobei $r_K(T^n(x))$ der Ausgang des n-ten Wurfs ist. Damit sieht man, wie bei einer Münzwurfreihe, die durch die Anfangsbedingung vollständig festgelegt ist, durch Instabilität und eine Variation der Anfangspositionen eine regellose oder eine sogenannte „zufällige" Münzwurffolge entstehen kann.

Nun ist das alles schön gesagt, aber es bleibt die Frage: Welches T soll das sein? Um dem Wörterbuch Genüge zu tun, müssen die Werte von $r_K(T(x)) \in \{0, 1\}$ jeweils Gewicht $1/2$ bekommen. Irgendwie ist klar, dass das T gut zu den Rademacher-Funktionen und λ passen muss, d. h., der Inhalt einer Menge sollte sich durch die Abbildung T nicht ändern. Die Verträglichkeit von einer Abbildung T mit einem Inhalt $\mathbb{P}$ nennt man auch *Stationarität*.

Definition 4.4. Sei $T : \Omega \to \Omega$ eine Abbildung und

$$T^{-1}(A) := \{x : T(x) \in A\}$$

die Urbildmenge von $A \subseteq \Omega$ unter T. Ω trage den Inhalt $\mathbb{P}$. Der von T *transportierte Inhalt* ist

$$\mathbb{P}_T(A) := \mathbb{P}(T^{-1}(A)).$$

Bemerkung 4.11. Der Hintergrund der Definition des transportierten Maßes ist reine Logik: Der Inhalt einer Menge A zum jetzigen Zeitpunkt ist der Inhalt der ursprünglichen Menge, aus der sich A entwickelt hat.

Definition 4.5. Der Inhalt $\mathbb{P}$ heißt *stationär*, wenn $\mathbb{P}(A) = \mathbb{P}(T^{-1}(A))$ erfüllt ist.

Bemerkung 4.12. Die Bedeutung der Stationarität des Maßes unter der Abbildung T geht tief. Sie besagt, dass das Typizitätsmaß sich nicht ändert, d. h., typische

Eigenschaften werden zu jeder Zeit mit demselben Typizitätsmaß definiert. Das ist eine Besonderheit, die hier nicht wirklich verstanden werden kann. Wir greifen diese Frage kurz in Bemerkung 4.15 und dann ausführlich in Kap. 12 auf.

Um hier fortzufahren, müssen wir uns um die Abbildung T^n kümmern, die uns die Neuplatzierung der Münze nach dem $(n-1)$-ten Wurf angibt, und um $r_K(T^n(x))$, das Ergebnis des n-ten Wurfs. Die Abbildung T soll so sein, dass die neue Abwurfposition der Münze nach jedem Wurf leicht verändert wird und λ stationär ist.

Wir geben jetzt eine passende Abbildung T an und ihre Erklärung wird zeigen, wie man auf diese auch nach etwas Überlegen selbst hätte kommen können. Die Abbildung ist bekannt unter dem Namen *Bernoulli-Abbildung*:

$$T_B : x \mapsto 2x \bmod 1, \quad x \in [0, 1). \tag{4.14}$$

Sie ist in Abb. 4.2 dargestellt. Man versteht die Abbildung analytisch am leichtesten, indem man zur Binärdarstellung übergeht, also z. B.

$$x = 0, 1011 \ldots 0 \ldots = 0, r_1(x) r_2(x) \ldots r_k(x) \ldots .$$

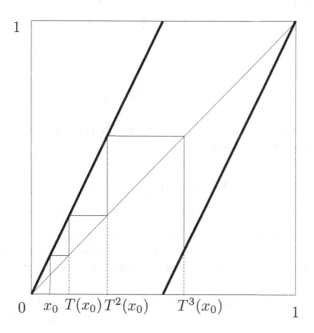

Abb. 4.2 Die Bernoulli-Abbildung $T_B(x) = 2x \bmod 1$. Man kann leicht sehen: Das Urbild von z.B. $[0, 1/4)$ ist $[0, 1/8) \cup [1/2, 5, 8)$. Der Inhalt hat sich nicht verändert

Das „$2x$" sorgt dafür, dass die 0-1-Folge eine Stelle nach links geschoben wird (vgl. im Dezimalsystem die Multiplikation mit 10), und „mod 1" setzt alles, was über das Komma nach links hinausgeschoben wird, gleich null, etwa

$$0, 10_2 \mapsto 2 \cdot 0, 10_2 \mod 1 = 2 \cdot \frac{1}{2} \mod 1 = 1 - 1 = 0$$

oder

$$0, 101_2 \mapsto 2 \cdot \left(1 \cdot \frac{1}{2} + 0 \cdot \frac{1}{2^2} + 1 \cdot \frac{1}{2^3}\right)_{10} \mod 1 = \left(0 \cdot \frac{1}{2} + 1 \cdot \frac{1}{4}\right)_{10} = 0, 01_2.$$

Nach $k - 1$ Schüben kommt der Wert $r_k(x)$ an die erste Stelle, also

$$r_k(x) = r_1(T_B^{k-1}(x)).$$

Wichtig ist, dass sich die Urbilder von T_B nicht im Maß λ verändern. Das sieht man am besten, wenn man zunächst die Urbildmengen von r_k für beliebige k betrachtet. Dazu braucht man nur ein wenig Mengengymnastik zu können.

$$T_B^{-1}\left(r_k^{-1}(\delta)\right) = \{x : T_B(x) = r_k^{-1}(\delta)\} = \{x : r_k(T_B(x)) = \delta\}$$
$$= \{x : r_{k+1}(x) = \delta\} = r_{k+1}^{-1}(\delta).$$

Deswegen

$$\lambda\left(T_B^{-1}\left(r_k^{-1}(\delta)\right)\right) = \lambda\left(r_{k+1}^{-1}(\delta)\right) = \frac{1}{2} = \lambda\left(r_k^{-1}(\delta)\right).$$

Wir können jetzt die *empirische Verteilung* mit Berücksichtigung des zeitlichen maschinellen Ablaufs T angeben:

$$\rho_{\text{emp}}^n(\{\delta\}, x) = \frac{1}{n} \sum_{k=1}^{n} \mathbb{1}_{\{\delta\}}\left(r_K\left(T_B^k(x)\right)\right), \; \delta \in \{0, 1\}, \; x \in [0, 1)$$

Mit der Einsicht, dass $r_K(T_B^k) = r_{K+k}$, sind alle Summanden unabhängig und deshalb gilt das *Gesetz der großen Zahlen* in der bisher elementarsten Form („elementarste Form", weil das physikalische Bild mit T vervollständigt wurde):

Satz 4.2. Für typische Anfangswerte x der Maschine sind die relativen Häufigkeiten von „1" bzw. (gemäß dem Wörterbuch) von „Kopf" nahe $1/2$, denn für sehr großes n gilt:

$$\lambda\left(\left\{x : \frac{1}{n} \sum_{k=1}^{n} \mathbb{1}_{\{\delta\}}\left(r_K\left(T_B^k(x)\right)\right) \approx 1/2\right\}\right) \approx 1. \tag{4.15}$$

Die Aussage vom Gesetz der großen Zahlen ist, ganz einfach und noch einmal: Für die allermeisten x (im Sinne des Inhalts), mit denen die Maschine starten kann, bekommen wir eine Münzwurfreihe, die nichts, aber auch rein gar nichts zu wünschen übrig lässt: Die relativen Häufigkeiten für die allermeisten x werden stabil von der Physik, also dem Maß und T (wenn es irgendwann mal physikalisch durchgerechnet werden kann) vorhergesagt. Wenn das für die allermeisten x gilt, dann ist es das, was uns etwas angeht. Wir gehen hin und schauen nach, was der Maschinenausdruck für Werte zeigt, und wenn da relative Häufigkeit $\approx 1/2$ für Kopf steht, dann bestätigt sich, dass die Physik die richtige Naturbeschreibung ist. Was die wenigen x für Folgen ergeben würden, interessiert uns nicht, die kommen für uns praktisch gar nicht vor. Das ist das Wesen der Typizität!

Wir verstehen jetzt, wie zufällige Ursachen (die Unsicherheit, mit der die Münzen auf den Abwurfteller gelegt werden) ein gesetzmäßige Wirkung haben können. Und es ist klar, dass die „zufällige Ursache", also die Anfangsunsicherheiten, mit denen die Münzen platziert werden, nicht eine *intrinsisch* zufällige ist, sondern, wie wir anfangs betont haben, eine durch die Anfangsbedingung x *determinierte*! Da ist nur ein einziger Wert x, von dem ab die Maschine wie ein Uhrwerk vorhersagbar läuft, d. h., die leicht veränderten Neuplatzierungen sind auch festgelegt. „Vorhersagbar", wenn man das x kennt – dass *wir* das x möglicherweise nicht kennen, tut nichts zur Sache, das ist der Maschine völlig egal. Sie erzeugt eine regellose Münzwurfreihe, egal ob da jemand von Kenntnis nimmt oder nicht, und zwar eine mit den „richtigen" relativen Häufigkeiten. Warum? Weil die *allermeisten* Anfangsbedingungen solche Münzwurfreihen liefern.

Wichtiger Hinweis: Man kann noch eine philosophisch anmutende Bemerkung machen. In typischen Münzwurfreihen erkennt man eine Gesetzmäßigkeit, aber um typische Münzwurfreihen zu bekommen, brauchen wir *chaotische Bewegung*, je chaotischer, desto besser. Mit dem Chaos kommt also die Gesetzmäßigkeit!

Über solche Beobachtungen haben sich zu Beginn der mathematischen Wahrscheinlichkeitstheorie die Mathematiker und Physiker zu Recht gewundert. Die Verwunderung ist heute einer pragmatischen Akzeptanz zum Opfer gefallen, obwohl die Mathematik nur das Wundersame formalisiert. Es würde allen Studierenden guttun, Letzteres zu erkennen.

Bemerkung 4.13. Was würde es helfen, wenn wir statt „die meisten x" etwa „die höchstwahrscheinlichsten x" sagen würden? Das würde nur stören, denn Wahrscheinlichkeit hat diesen Geruch von Subjektivität und Mystik, wohingegen das Typische, eben das, was am weitaus meisten vorkommt, völlig verständlich ist.

Bemerkung 4.14. Hier ist nun eine weiter führende Lesart von (4.15). T^k schiebt den Punkt x in $[0, 1)$ umher, aber in einer Weise, in der sich die Bahn $(T^k(x))_{k \in \mathbb{N}}$ in den Gebieten, auf denen $r_K = 0$ ist, genauso lange aufhält wie in den Gebieten, auf denen $r_K = 1$ ist. Es ist deswegen natürlich, die Anzahl der k-Werte, für die $T^k(x)$ im Urbild $r_K^{-1}(\delta)$ ist, als proportional zur Größe des Urbildes anzusehen, d. h., wir lesen den Wert von $\lambda(r_K^{-1}(\delta))$ als *Zeit*. Wir können statt $1/2$ auch $\int_0^1 r_K(x)\mathrm{d}x = 1/2$ schreiben und erhalten, dass typischerweise

$$\frac{1}{n}\sum_{k=1}^{n}\mathbb{1}_{\{\delta\}}\bigl(r_K\bigl(T_B^k(x)\bigr)\bigr) \approx \int_0^1 r_K(x)\mathrm{d}x. \tag{4.16}$$

Diese Gleichheit ist unter dem Namen *Zeitmittel = Scharmittel* bekannt und mit dem Namen Ludwig Boltzmann verbunden (dazu im Physikteil mehr), wobei das Scharmittel ein Begriff ist, der die Integration als Mittelung über alle möglichen Punkte in $[0, 1)$ ansieht. Die Bedingung, unter der eine solche Gleichheit typischerweise gilt, ist sehr viel milder als die chaotischen Eigenschaften der Bernoulli-Abbildung. Die Bedingung heißt *Ergodizität*, und sie wird für allgemeine, maßerhaltende Transformationen T auf Mengen Ω formuliert. Für die Eigenschaft des maßgerechten Überdeckens der typischen Bahnen im Sinne von (4.16) reicht es aus zu fordern, dass invariante Teilmengen $A \subset \Omega$, d. h. $T^{-1}(A) = A$, Inhalt 1 oder 0 haben (wenn der Inhalt von Ω auf 1 normiert ist). Diese Beobachtung wird uns in den am Ende stehenden Physik-Kapiteln nochmals in ausführlicherer Form begegnen. Die Bernoulli-Abbildung mit dem Inhalt λ ist also ergodisch, aber eben auch viel mehr. Sie ist chaotisch.

Bemerkung 4.15. Wenn wir schon dabei sind und die Physik ansprechen, muss noch Folgendes gesagt werden: Wir haben die Abbildung T_B gesucht, damit sie mit dem Wörterbuch zusammenpasst. Das heißt, wir haben den Inhalt λ und die Vergröberungen vorgegeben und uns ein passendes T gesucht. Aber die Abbildung T und die Vergröberungen sind Teil der Physik, die physikalische Beschreibung legt diese Objekte fest. Da gibt es nichts zu wählen oder zu zaubern oder zu modellieren. Nein, gegeben die Physik, nach der alles wie bei einem Uhrwerk abläuft, was bleibt noch als Wahl? Es ist der Inhalt λ. Den haben wir bisher nur durch Natürlichkeit begründet. Nicht durch Physik. Am Ende muss sich auch die Physik zum angepassten Inhalt äußern. Und das tut sie auch. Aber das kommt später, sehr viel später (vgl. Kap. 12 „Hamiltonsche Mechanik").

4.6   Beispiel: Das Galton-Brett

Das Verständnis der *elementaren Sichtweise*, das wir uns in diesem Kapitel erarbeitet haben, können wir nun am Galton-Brett (Abb. 2.2) noch einmal ausgiebig prüfen und uns durch analoges Schließen (Wörterbuch!) ein ungefähres Bild der *wahren physikalischen Situation* machen:

Das Galton-Brett ist ein Nagelbrett aus n gegeneinander, um $d/2$ versetzten Nagelreihen, wobei die horizontalen Abstände der Nägel d betragen. Es gibt n Nagelreihen und am unteren Ende sind Boxen $0, \dots, n$ aufgestellt. Durch das aufgestellte Nagelbrett lässt man Kugeln mit Durchmesser d fallen, die dann jeweils in einer der Boxen landen. Wir wollen nun eine Vorhersage über die Kugelverteilung machen, wenn sehr viele Kugeln in das Galton-Brett geschickt werden.

Die relative Anzahl der Kugeln, die in der m-ten Box landen, wird ungefähr $\frac{1}{2^n}\binom{n}{m}$ sein wird, ganz einfach weil es insgesamt 2^n Möglichkeiten gibt, wie die Kugel das Galton-Brett passieren kann, wobei genau $\binom{n}{m}$ Wege in die m-te Box führen. Aber diese Argumentation auf Bildebene reicht uns nicht. Wir wollen verstehen, was sich auf elementarer Ebene abspielt, und daraus diese Vorhersage begründen können.

Um wieder jegliche menschliche Fehlbarkeit (und vor allem Subjektivität) auszuschalten, haben wir dabei eine „Einwurfmaschine" im Kopf: ein über dem Galton-Brett liegender, sehr gut gegen äußere Einflüsse isolierter Behälter (siehe Abb. 4.3). Der enthält eine sehr große Anzahl N an Kugeln, die umherfliegen. Wenn zwei Kugeln aufeinandertreffen, gibt es einen elastischen Stoß (kein Energieverlust). Wenn eine Kugel auf die Wand des Behälters trifft, wird die Kugel elastisch reflektiert. Ab und zu fällt eine Kugel wegen der Erdanziehung durch die untere Öffnung in den Trichter des Galton-Bretts. Wir ignorieren die unterschiedlichen Fallgeschwindigkeiten und -richtungen der einzelnen Kugeln, sodass wir zu einer idealisierten Beschreibung kommen, in der allein die Anfangslage der Kugel am unteren Trichterende den Lauf vollkommen festlegt, d. h., der Endplatz der Kugel bei n Nagelreihen ist durch eine Funktion $X : [-\frac{\delta}{2}, \frac{\delta}{2}] \to \{0, 1, 2, \ldots, n\}$ gegeben, also durch eine Vergröberung der Menge der Startpositionen. Die Mittelpunkte der Kugeln, die nun in maschineller Weise in das Galton-Brett fallen, sind uniform über dem Intervall $[-\delta/2, \delta/2]$ verteilt, wobei $\delta \ll d$ und 0 die Mitte der ersten Nagelpassage sein soll.

Abb. 4.3 Die Galton-Brett-Maschine: Im gut isolierten Behälter befindet sich eine Unmenge an Kugeln, die durch den Boden des Behälters in das Galton-Brett fallen können. Man betrachte das ganze System als isoliert vom Rest der Welt. Was begründet nun die empirische Verteilung in den Auffangtöpfen, oder besser: Welche Verteilung wird sich ergeben, wenn man die Maschine sich selbst überlässt?

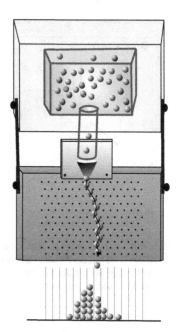

Bemerkung 4.16. Man wird sich fragen, ob die uniforme Verteilung der Kugelmitten über dem Intervall $[-\delta/2, \delta/2]$ für den Ausgang des Experimentes, d. h. für das Erscheinen der typischen Galton-Brett-Verteilung essenziell ist. Nein, ist sie nicht, und in Bemerkung 4.18 erklären wir, warum das so ist. In Abb. 4.5 haben wir bereits die uniforme Verteilung durch eine beliebige Verteilungsdichte ρ über $[-\delta/2, \delta/2]$ ersetzt.

Nun folgen wir dem Lauf einer Kugel. Die Kugel fällt durch den Trichter, dann zwischen die ersten beiden Nägel und fliegt, festgelegt durch die Startposition, nach links oder rechts. Das Passieren des ersten Nagelzwischenraums geht also mit einer Vergröberung $X_1 : [-\frac{\delta}{2}, \frac{\delta}{2}] \to \{0, 1\}$ (0 für links, 1 für rechts) einher. Die weiteren Nagelreihen sind analog zu behandeln und wir bekommen Vergröberungen $X_k : [-\frac{\delta}{2}, \frac{\delta}{2}] \to \{0, 1\}, k = 1, \ldots, n$. Nun versuchen wir zu argumentieren, warum sich die X_k für verschiedene k als unabhängige Zufallsvariablen ergeben könnten. Wesentlich ist, dass beim Passieren zweier Nägel die Kugel sehr viele Male mit diesen zusammenstößt. Die konvexen Oberflächen der Kugel und der Nagelstifte (beide besitzen eine positive Krümmung) sorgen für eine Defokussierung von parallelen Eingangsrichtungen. In Abb. 4.4 ist eine verwandte Situation dargestellt, in der ein Punktteilchen zwischen den runden Nageloberflächen reflektiert wird. Unter Beachtung, dass in der Kollision „Einfallswinkel = Ausfallswinkel" gilt, versteht man, dass parallele Eingangsrichtungen aufgefächert werden (wir ignorieren jetzt wieder, dass die Stöße eigentlich unelastisch sind).

Nahe beieinanderliegende Startpositionen führen zu makroskopischen Veränderungen bei der Bahn (d. h., die Kugel geht nach links oder nach rechts), und das geschieht in einer stark durchmischenden Weise, d. h., wenn die Startposition eine

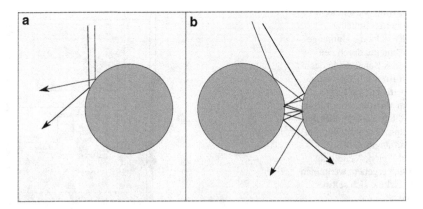

Abb. 4.4 A: Zwei anfänglich nahe beieinanderliegende Einfallsbahnen einer Punktmasse werden durch den Stoß mit der runden Nagelfläche aufgetrennt. B: Der Effekt aus A wird durch die Anzahl von Stößen vergrößert. Je mehr Stöße stattfinden, desto kleiner kann die „Anfangsunsicherheit" der Bahnen sein, sodass am Ende immer noch alle Ausgangsrichtungen herauskommen

Abb. 4.5 Die Kugeln
werden mit einer
Anfangsunsicherheit δ
platziert. Die Urbilder der X_k
teilen die Menge der
Eingangswerte in einer stark
durchmischenden Weise

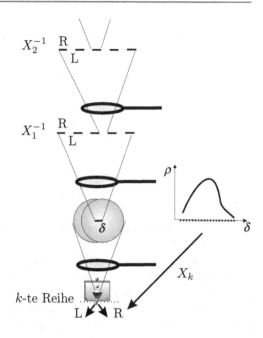

noch so kleine Umgebung „durchläuft", werden die zugehörigen Bahnen trotzdem makroskopische Veränderungen durchlaufen, analog zum Bild der r_k für großes k. Diese einzelnen Zellen werden in der zweiten Ebene dann durch X_2 aufgrund der Instabilität wiederum in weitere winzige Rechts-Links-Zellen geteilt. Und das geht dann immer so weiter. In Abb. 4.5 sind die X_k für $k = 1, 2$ dargestellt. Die Länge der Rechts- bzw. Links-Zellen sind für jedes k ungefähr $\frac{1}{2}$, also ist die Bildverteilung (vgl. (4.1))

$$\mathbb{P}_{X_k}(\delta_k) := \frac{1}{\delta}\lambda\left(X_k^{-1}(\delta_k)\right) = \frac{1}{2}, \delta_k \in \{0, 1\}.$$

Die Instabilität führt zu einem Bild, wie wir es von den Rademacher-Funktionen – dem Prototyp unabhängiger Vergröberungen – kennen, was auf Unabhängigkeit der X_k schließen lässt, sodass wir annehmen können, dass

$$\frac{1}{\delta}\lambda\left(\bigcap_{i=1,\ldots,m} X_{n_i}^{-1}(\delta_{n_i})\right) \approx \frac{1}{\delta}\prod_{i=1}^{m}\lambda\left(X_{n_i}^{-1}(\delta_{n_i})\right) = \frac{1}{2^m}. \tag{4.17}$$

Uns interessiert die Vergröberung $X = \sum_{i=1}^{n} X_i : [-\frac{\delta}{2}, \frac{\delta}{2}] \to \{0, 1, \ldots, n\}$, die Vergröberung auf den Endplatz der Kugel. Mit der Unabhängigkeit der X_i und (4.17) ist die *Bildverteilung* (vgl. (4.8)):

$$\mathbb{P}_X(\text{Endplatz} = k) = \frac{1}{\delta} \lambda \left(\left\{ a \in [-\frac{\delta}{2}, \frac{\delta}{2}] : X(a) = k \right\} \right)$$

$$= \frac{1}{\delta} \lambda \left(\left\{ a \in [-\frac{\delta}{2}, \frac{\delta}{2}] : \sum_{i=1}^{n} X_i(a) = k \right\} \right)$$

$$= \frac{1}{\delta} \lambda \left(\bigcap_{i=1,\dots,k} X_{n_i}^{-1}(1) \bigcap_{i=k+1,\dots,n} X_{n_i}^{-1}(0) \right) \binom{n}{k}$$

$$= \frac{1}{2^n} \binom{n}{k}.$$

Das heißt, der Anteil der Startpositionen, bei denen die Kugel in der k-ten Box landet, ist $\binom{n}{k}/2^n$.

Wir haben also nun eine Beschreibung der Galton-Brett-Maschine mit den herumfliegenden Kugeln und überlassen sie nun sich selbst. Es gibt keinen äußeren Einfluss, keine etwaige äußere Störung – alles, wirklich alles ist durch die *anfängliche Konfiguration der Kugeln* im Behälter festgelegt. „Anfänglich" ist hier cum grano salis zu nehmen. Es reicht aus, irgendeinen Zeitpunkt zu nehmen, bei dem noch keine Kugel durch die untere Öffnung gefallen ist. Zu diesem Zeitpunkt liegt eine eindeutige Konfiguration vor: Alle Orte und Geschwindigkeiten der Kugeln sind eindeutig festgelegt. Die verschiedenen Konfigurationen sind Punkte in einem Kontinuum. Das hatten wir schon beim Münzwurf, und um zu einem mathematisch leicht handhabbaren Modell zu kommen, verfahren wir ähnlich wie beim Münzwurf in Abschn. 4.5. Wir modellieren das Kontinuum als Intervall $[0, 1)$ und jeder Punkt $x \in [0, 1)$ entspricht einer Konfiguration aller Kugeln im Behälter.

Wir wollen jetzt mit dem Gesetz der großen Zahlen eine Vorhersage über die Endverteilung nach vielen Kugeldurchläufen machen, wobei die Dynamik symbolhaft durch T_G beschrieben werden soll (wir zeigen nachher noch ein konkretes, rechenbares Modell). Bezüglich dieser sei der Inhalt λ stationär.

Bemerkung 4.17. Das ist natürlich eine grobe Idealisierung, denn wir tun so, als ob die Kugeln immer in gleichen Zeitabständen durch den Trichter fallen. Aber um zum wesentlichen Verständnis zu kommen, reicht diese Idealisierung.

Sei $x \in [0, 1)$ nun die Anfangsbedingung, dann soll uns $Y : [0, 1) \rightarrow \{0, \dots, n\}$ $x \mapsto Y(x)$ den Ausgang der ersten Kugel angeben, $Y(T_G(x))$ den der zweiten usw., also

$$Y_1(x) := Y(x), Y_2(x) := Y(T_G(x)), \dots, Y_N(x) := Y(T_G^{N-1}(x)).$$

Wenn die $(Y_i)_i$ nun unabhängig sind, d. h. wenn sie das Intervall $[0, 1)$ in einer solchen Art durchmischen, wie es die Rademacher-Funktionen tun, greift das Gesetz der großen Zahlen und wir bekommen eine Vorhersage über den Ausgang nach vielen Kugeldurchgängen im Galton-Brett. Das ist dann das Gesetz der großen Zahlen für die empirische Verteilung

$$\rho_{\text{emp}}^N(\{\delta\}, x) = \frac{1}{N} \sum_{k=1}^{N} \mathbb{1}_{\{\delta\}}(Y_k(x))$$

$$= \frac{1}{N} \sum_{k=1}^{N} \mathbb{1}_{\{\delta\}}\left(Y(T_G^{k-1}(x))\right), \ \delta \in \{0, 1, \dots, n\} \quad (4.18)$$

und in Analogie zu Satz 4.1 könnten wir das typische Verhalten wie folgt formulieren.

Satz 4.3. *Gesetz der großen Zahlen für das Galton-Brett*
Für alle $\varepsilon > 0$ und alle $m \in \{0, 1, \dots, n\}$ gilt

$$\lambda\left(\left\{x \in [0, 1) : \left|\rho_{\text{emp}}^N(\{m\}, x) - \binom{n}{m}\frac{1}{2^n}\right| > \varepsilon\right\}\right) \leq \frac{C}{N\varepsilon^2}. \quad (4.19)$$

Hierbei ist C eine passende Konstante, deren Größe in einem tatsächlichen Experiment natürlich von Bedeutung ist. Denn nach deren Größe richtet sich die Qualität der Abschätzung und insbesondere, wie groß N sein muss, also wie viele Kugeln (deren Anzahl ist die „große Zahl") das Brett durchlaufen müssen, damit man eine vertrauenswürdige Aussage bekommt.

Bemerkung 4.18. In der physikalischen Realität haben wir i.A. eine Verteilung von Anfangswerten in $[\delta/2, \delta/2]$, die nicht uniform, also nicht gemäß λ ist, und dennoch kommen die „richtigen" relativen Häufigkeiten heraus (vgl. in Abb. 4.5 die Verteilungsdichte ρ). Es ist also für die Endverteilung der Kugeln ziemlich egal, wie die Gewichtung der Anfangswerte ist.

Warum ist das so? Weil die Menge der Anfangswerte $[-\delta/2, \delta/2]$ wegen der dynamischen Instabilität so extrem fein partitioniert ist und (z. B.) der ρ-Inhalt der Parzellen, die die Kugel nach rechts führen, und derer die sie nach links führen, gleich ist – gerade so wie bei der uniformen Verteilung. Konkret sei der Einfachheit halber angenommen, dass die Parzellen Intervalle der Länge $\delta/2^n$ mit sehr großem n sind. Die L-R-Parzellen wechseln sich ab. Die Dichte ρ sei normiert, also ist $\int_{-\delta/2}^{\delta/2} \rho(x)\mathrm{d}x = 1$. Dann ist

$$\int_{-\delta/2}^{\delta/2} \rho(x)\mathrm{d}x \approx \frac{\delta}{2^n} \sum_k \rho(x_k), \ x_k \in \Delta_k,$$

wobei Δ_k die k-te Parzelle ist. Sagen wir, dass die geraden Zahlen zu den R-Parzellen gehören und die ungeraden zu den L-Parzellen und der Einfachheit halber soll die Dichte differenzierbar sein. Dann ist $\rho(x_{2k+1}) - \rho(x_{2k}) \approx \rho'(x_{2k})\frac{\delta}{2^n}$ und wir setzen $\rho(x_{2k}) + \rho(x_{2k+1}) \approx 2\rho(x_{2k}) + \rho'(x_{2k})\frac{\delta}{2^n}$ in obige Summe ein und sehen, dass

$$\frac{\delta}{2^n} \sum_k \rho(x_{2k}) \approx 1/2 + \mathcal{O}\left(\frac{1}{2^n}\right)$$

ist.

Zum Schluss noch ein rechenbares Modell des Galton-Bretts, in dem sich unabhängige Kugeldurchläufe $(Y_i)_i$ ergeben: Da $Y_i(x) = \sum_{k=1}^{n} X_k^i(x)$, sind die $(Y_i)_i$ unabhängig, wenn ihre einzelnen Summanden unabhängig sind. Wir denken bei den einzelnen Summanden nun an die Rademacher-Funktion r_M für großes M (damit wir wieder die feine Zerfaserung haben) und setzen $X_k = r_{M+k}$. Dann ist z. B. $Y_1 = \sum_{k=1}^{n} r_{M+k}$ und $Y_2 = \sum_{k=1}^{n} r_{M+k} \circ T$, mit T gemäß (4.14), welches das obige T_G nun vertritt. Mit dieser Setzung ist aber noch keine Unabhängigkeit erreicht. Beispielsweise ist der erste Summand von Y_2 gleich dem zweiten Summand von Y_1, denn $r_1 \circ T = r_2$, also sicherlich nicht unabhängig, wenn wir das λ zugrunde legen, welches bzgl. T ja stationär ist. Deswegen setzen wir

$$Y_1 := Y \circ \mathrm{id}, Y_2 := Y \circ T^{n+1}, \dots, Y_N := Y \circ T^{(N-1)(n+1)},$$

dann ist $Y_1 = \sum_{k=1}^{n} r_{M+k}, Y_2 = \sum_{k=n+1}^{2n} r_{M+k}$ usw. Wegen der Unabhängigkeit der $(r_{M+k})_k$ folgt die Unabhängigkeit der $(Y_i)_i$ und wir bekommen die Aussage aus Satz 4.3.

Bemerkung 4.19. Wir haben mit der Instabilität des Kugellaufes zu argumentieren versucht, dass sich die $(X_k)_{k=1,\dots,n}$ als unabhängige Familie von Vergröberungen ergeben könnten, und dann ein Modell aufgeführt, in dem sich die Unabhängigkeit der einzelnen Kugeleinwürfe Y_i ergibt. Es muss klar sein, dass alles nur in einer Form gesagt ist, die uns verständlich macht, dass einer prinzipiellen, ausführlichen Beschreibung nichts im Wege steht. Praktisch steht einer mathematisch rigorosen Behandlung des physikalischen Galton-Bretts ungeheuer viel entgegen. Der Ablauf, den wir oben einfach mit T_G bezeichnet haben, ist viel zu komplex für unsere jetzigen mathematischen Fähigkeiten, aber das hat keine Bedeutung für unser Verständnis.

Weil das Galton-Brett oft als Begründung für das Paradigma, dass es Zufall in der Physik gibt, gesehen wird, stellen wir nochmals die Frage: Woher kommt der Zufall, der dafür sorgt, dass jede Kugel ein wenig anders in das Galton-Brett fällt, aber eben genau so, wie es die Gesetzmäßigkeit im Zufall will? Unsere Analyse des Galton-Bretts als Maschine (vgl. Abb. 4.3) mit dem Gesetz der großen Zahlen zeigt, dass die Erscheinung von „Zufälligem" allein auf Typizität und dem physikalisch dynamischen Ablauf beruht. Und der ist *determiniert*! Den Zufall, nach dem hier gefragt wird, gibt es nicht! Was wir aber auf die Frage erwidern können, ist, dass typische, also die allermeisten Konfigurationen zu der empirisch bekannten Kugelverteilung führen.

Der Lebesguesche Inhalt

Wir hatten die Grundeinsicht, dass der Zufall in einem physikalischen Prozess zutage tritt, der in einem *kontinuierlichen* Zustandsraum abläuft. Wir müssen dieses Kontinuum als mögliche Menge der Elementarereignisse ernst nehmen. Auf diesem Raum brauchen wir eine Abstraktion des Zählmaßes, die uns sagt, was viel und was wenig ist, denn die elementaren Ereignisse sind nicht mehr abzählbar. Und diese Abstraktion ist der Inhalt, oder präziser: ein Typizitätsmaß. Das ist alles recht einleuchtend und sollte schnell von der Hand gehen, aber es gibt ein in der Wurzel des Kontinuums liegendes Ärgernis, dem wir bisher nur ganz kurz begegnet sind und das wir einfach übergangen haben: Wenn die zugrunde liegende Menge der Elementarereignisse ein Kontinuum ist und wir denken, einer *jeden* Teilmenge einen Inhalt zuordnen zu können, dann irren wir. Nun wird man denken, dass diese Tatsache zu den unverständlichsten überhaupt gehört (das ist vielleicht richtig) und dass der Beweis praktisch undenkbar sein muss (das ist falsch). Letzterer ist denkbar einfach. Um das zu verstehen, muss erst klar sein, was „Inhalt" bedeutet, und dann konstruieren wir eine Menge, der kein Inhalt zugeordnet werden kann.

Intuitiv ist völlig klar, was „Inhalt" bedeutet. Der *Inhalt*[1] eines Intervalls ist

$$\lambda([a,b]) = b - a.$$

Bei disjunkten Intervallen ist er *additiv*, also

$$\lambda\left(\bigcup_i (a_i, b_i)\right) = \sum_i (b_i - a_i), \tag{5.1}$$

wobei wir hier durchaus an eine unendliche Summation denken können.

---

[1] Wir benutzen dafür das Symbol λ, das später zum Lebesgue-Maß verallgemeinert wird, benannt nach Henri Lebesgue (1875–1941).

© Springer-Verlag Berlin Heidelberg 2017
D. Dürr et al., *Einführung in die Wahrscheinlichkeitstheorie als Theorie der Typizität*, DOI 10.1007/978-3-662-52961-4_5

Bemerkung 5.1. Klar: Wenn man unendlich viele disjunkte Mengen vereinigt, dann ist der Inhalt der Vereinigung immer noch die Summe der Einzelinhalte. Dennoch unterscheidet man endliche Summation und die abzählbar unendliche Summation. Letztere nennt man σ-*Additivität*.

Und wenn wir ein Intervall verschieben, dann ändert sich dabei selbstverständlich nicht der Inhalt. Das nennt man *Translationsinvarianz* des Inhalts. Im mehrdimensionalen Fall kommt zur Translationsinvarianz noch die *Rotationsinvarianz* des Volumens hinzu, d. h., der Inhalt bleibt auch bei Verdrehen derselbe.

Wir haben also eine vollkommene Intuition über den Inhalt von Mengen. Wir sind überzeugt: Einen solchen Inhalt hat jede Teilmenge der reellen Zahlen. Aber nun geben wir eine Menge an, der man keinen Inhalt zuordnen kann. Angenommen also, es gelten die intuitiven Inhaltseigenschaften. Nochmal formaler:

(1) *Translationsinvarianz* für beliebige Teilmengen A und eine Verschiebung x:

$$\lambda(A + x) = \lambda(A)$$

(2) σ-*Additivität* für paarweise disjunkte Mengen $(A_i)_i$:

$$\lambda\left(\bigcup_{i=1}^{\infty} A_i\right) = \sum_{i=1}^{\infty} \lambda(A_i)$$

(3) *Normierung*:

$$\lambda([0, 1]) = 1.$$

Wir können das Ganze auf dem Intervall $[0, 1]$ denken, indem wir $[0, 1]$ zu einem Kreis biegen und 0 mit 1 identifizieren. Dann entspricht die Verschiebung einer Teilmenge A um x einer Verdrehung eines Kreissegments A um x modulo 1, also um den Anteil von x, um den x größer als eine ganze Zahl ist. Ab jetzt steht $[0, 1]$ für den Kreis.

Wir bilden nun aus den Punkten aus $[0, 1]$ neue Mengen, sogenannte Äquivalenzklassen, in denen wir jeweils alle Punkte zusammenfassen, die einen rationalen Abstand zueinander haben. So liegen in der Äquivalenzklasse, in der 0 liegt, alle rationalen Zahlen aus $[0, 1]$. In der Klasse, in der z. B. $1/\pi$ liegt, liegen alle Zahlen in $[0, 1]$, die einen rationalen Abstand zu $1/\pi$ haben. Wir können in jeder der Äquivalenzklassen einen Vertreter wählen und die Klasse damit indizieren: A_x enthält alle Punkte, die einen rationalen Abstand zu x haben. Das heißt $y \in A_x \Leftrightarrow y - x = r \in \mathbb{Q}$. Es ist völlig klar (wenn man verstanden hat, was A_x ist): Entweder ist $A_x = A_y$ oder $A_x \cap A_y = \emptyset$. Ebenso völlig klar ist: Die Vereinigung über alle verschiedenen Äquivalenzklassen ergibt

$$\bigcup_{A_x} A_x = [0, 1].$$

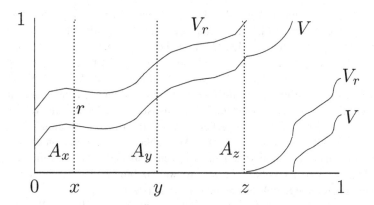

Abb. 5.1 Vitali-Menge V, die Menge der Vertreter der Äquivalenzklassen $A_x, A_y, \ldots$, die der Anschaulichkeit halber hier aus anderen Vertretern als $x, y, \ldots$ besteht. Die Äquivalenzklassen sind als Fasern dargestellt und bestehen aus allen Punkten in $[0,1]$, die rationalen Abstand zu den Basispunkten haben. Die Zerteilung von V kommt durch die Vereinbarung zustande, dass die Punkte 0 und 1 identifiziert wurden. V_r ist die um die rationale Zahl r verschobene Vitali-Menge

Nun wähle man aus jeder der verschiedenen A_x ein Element aus, z. B. die Basispunkte selber, mit denen wir die Mengen indiziert haben. Die Vertreter der Äquivalenzklassen werden in der Menge V zusammengefasst (siehe Abb. 5.1, in der V aus anderen Punkten als den Basispunkten besteht.)

Die Menge V, auch *Vitali-Menge* genannt (nach ihrem Entdecker Giuseppe Vitali), ist eine Menge, der kein Inhalt zugeordnet werden kann. Denn: Sei $V_r :=$ $V + r, r \in \mathbb{Q} \cap [0,1]$ der um eine rationale Zahl verschobene Schnitt, dann ist wiederum nach Konstruktion klar (man denke daran, dass $[0,1]$ als Kreis zu denken ist, d. h., was über 1 hinausgeschoben wird, kommt bei 0 wieder rein), dass

$$V_r \cap V_{r'} = \emptyset \quad \text{für } r \neq r' \quad \text{und} \quad \bigcup_{r \in \mathbb{Q} \cap [0,1]} V_r = [0,1]$$

ist. Aber jetzt, mit unseren intuitiven Forderungen (1), (2) und (3) an einen Inhalt, kommt

$$1 = \lambda \left(\bigcup_r V_r \right) = \sum_r \lambda(V + r) = \sum_r \lambda(V) = \lambda(V) \sum_r 1.$$

Rechts steht entweder aber Null oder ∞, je nachdem, ob $\lambda(V) = 0$ oder $\lambda(V) \neq 0$. Der Menge V kann also der intuitive Inhalt nicht zugeordnet werden.

Bemerkung 5.2. Die Konstruktion ist wirklich einfach, aber zugleich subtil. Wir haben nämlich eine Sache benutzt, die zwar offenbar klar ist, dann aber doch wieder nicht. Wir haben die Unendlichkeit der reellen Zahlen nicht ernst genommen, denn die Konstruktion der Menge V basiert auf der Möglichkeit, aus jeder

der überabzählbar vielen Äquivalenzklassen einen Vertreter wählen zu können. Natürlich ist es intuitiv klar, dass man das tun kann, allerdings sind es eben überabzählbar unendlich viele Mengen, aus denen man einen Vertreter wählen muss. Das kann man also nicht von heute auf morgen per Hand machen. Das berühmte *Auswahlaxiom* schreibt fest, dass eine solche Auswahl im Prinzip machbar ist. Es besagt: „Gegeben eine Familie von nichtleeren Mengen, dann kann man aus jeder Menge einen Vertreter wählen." Aber was ist der Status des Auswahlaxioms? Wieso muss es ein Axiom dafür geben? Der Status ist ganz ähnlich wie der der Kontinuumshypothese (vgl. 2.2.6). Das Auswahlaxiom ist unabhängig von dem Zermelo-Fraenkel-Axiomensystem für Mengen. Das bedeutet, dass die Annahme der Gültigkeit oder der Falschheit des Auswahlaxioms zu keinen Widersprüchen in der üblichen Mengenlehre (Zermelo-Fraenkel-Axiomatik) führt. Das bedeutet wieder, dass die uns geläufige Mathematik nicht dabei hilft, die Wahrheit des Auswahlaxioms zu entscheiden. Andererseits, anders als bei der Kontinuumshypothese: Wie kann das Auswahlaxiom falsch sein? Ist es nicht offenbar wahr? Wenn wir das Auswahlaxiom akzeptieren – und dafür haben sich die Gründungsväter der Wahrscheinlichkeitstheorie entschieden –, dann haben wir auf jeden Fall ein Problem mit dem Inhalt und damit mit dem Typizitätsmaß.

5.1   Das Lebesguesche Maß

Die Vitali-Menge ist also eine „schlechte" Menge, wenn es um Inhalt geht. Aber das ist gar nicht so schlimm, denn wir hatten in Abschn. 4.3 im Münzwurfwörterbuch gesehen, dass nur gewisse Teilmengen von $[0, 1]$ als *Ereignisse* gelten, und nur von denen interessiert uns der Inhalt. Und das sind genau die Teilmengen, die aus den Urbildern der Rademacher-Funktionen konstruierbar sind. Konstruktionswerkzeuge sind: *Schneiden, Vereinigen* und *Bildung von Komplementen*. Von diesen Mengen bildet man den intuitiven Inhalt und schon hat man die „Wahrscheinlichkeit" für die Münzwurfereignisse, oder besser: Man hat auf den konstruierten Mengen einen Inhalt. Da die Vitali-Menge eine Menge ist, die man nicht aus Intervallen konstruieren kann, ist es für unsere Belange vielleicht gar nicht von Bedeutung, dass sie keinen Inhalt hat.

Bemerkung 5.3.   Die Menge aller Teilmengen von $[0, 1]$, die Potenzmenge $\mathcal{P}([0, 1])$, enthält noch mehr „schlechte" Mengen und zwar eine Unzahl mehr an „schlechten" Mengen, als Mengen, die man aus Intervallen konstruieren kann.

Was wir jetzt also tun müssen, ist, die Mengen aus $[0, 1]$ auf diejenige einzuschränken, für die der Inhalt existiert. Mengen, die einen Inhalt haben, sollen *messbar* heißen. (Die Vitali-Menge ist also nicht messbar.) Wir wollen nun die Menge der messbaren Mengen angeben. Wir weisen also eine Menge von Mengen aus, auf der der Inhalt definiert ist. Es gibt verschiedene Vorgehensweisen, dies zu tun:

1. Intervalle sind messbar. Die Menge der aus Intervallen konstruierbaren Mengen heißt *Borel-Algebra*[2] $\mathcal{B}$ (eine Definition kommt nachher). Die Intervalle bilden im Sinne der Konstruktion ein Erzeugendensystem $\mathcal{E}$ von $\mathcal{B}$. Auf $\mathcal{E}$ ist der Inhalt λ, wie gehabt. Dann zeige man: Es gibt genau ein Maß auf $\mathcal{B}$, das mit λ auf $\mathcal{E}$ übereinstimmt. Es geht also um eine Erweiterung des Inhalts von Intervallen auf alle konstruierbaren Mengen, die durch abzählbar unendlich viele Konstruktionsschritte aus Intervallen entstehen (das sind die Teilmengen, die im Wörterbuch als Ereignisse Sinn ergeben). Die Borel-Algebra wäre dann die Menge von messbaren Mengen.

2. Wir überlegen, was genau an den schlechten Mengen so schlecht ist, dass sie dem Inhalt widerstreben. Diesmal jedoch nicht aus der Sicht der Intervalle und Konstruktionen, sondern von der reinen Intuition des Inhalts her. Wenn wir das verstanden haben, dann definieren wir a priori die Messbarkeit von Mengen und hoffen, dass sich alles wohl einfügt, d. h. dass die messbaren Mengen dann tatsächlich die für uns konstruierbaren Mengen umfassen.

Wir gehen den zweiten Weg, weil die Erkenntnis, was an den schlechten Mengen wahrlich und einzig schlecht ist, für sich genommen schon wertvoll ist. Die Grundidee ist einfach. Wir approximieren den Inhalt einer beschränkten Menge M von außen und innen und untersuchen diejenigen Mengen, für die diese Approximationen nicht denselben Wert liefern. Das sind dann die nicht messbaren Mengen.

Eine Approximation von außen bekommen wir durch Überdeckung der Menge mit *disjunkten* Intervallen, für die natürlich (5.1) gilt. Um das technisch geschickt zu machen, muss man in die Anfänge der Analysis zurück. Wir betten die Menge M zunächst in *offene* Mengen ein, die sich an M anschmiegen, denn für offene Mengen gilt folgendes Lemma.

Lemma 5.1. *Sei G offen, dann ist G eine abzählbare disjunkte Vereinigung offener Intervalle:*

$$G = \bigcup_{i=1}^{\infty}(a_i, b_i).$$
(5.2)

Beweis. Sei $x \in G$. Offenheit von G bedeutet, dass es zu x ein offenes Intervall (eine offene Umgebung) $U(x) \subseteq G$ gibt. Dann ist

$$G = \bigcup_x \{x\} \subseteq \bigcup_x U(x) \subseteq G,$$

also ist G schon einmal eine Vereinigung von offenen Intervallen, i.A. jedoch weder abzählbar noch disjunkt. Sei $(q_i)_{i \in \mathbb{N}}$ eine Abzählung der rationalen Zahlen

---

[2]Benannt nach Émile Borel (1871–1956), einem der Väter der mathematischen Wahrscheinlichkeitstheorie.

in G. Wähle ein q_{j_1} und vereinige alle diejenigen Umgebungen $U \subset G$ von allen Punkten $y \in G$, die nichtleeren Schnitt mit einem $U(x)$ haben, in dem q_{j_1} liegt. Die maximale Vereinigung ist ein Intervall I_1, welches disjunkt von den noch verbleibenden Umgebungen aus G ist. Nun wähle ein $q_{j_2} \in G \cap I_1^c$ und fahre wie oben fort. Auf diese Weise bekommen wir die Behauptung, denn

$$G = \bigcup_x U(x) = \bigcup_{k=1}^{\infty} I_k, \ (I_k)_k \text{ disjunkt}.$$

Also sind offene Mengen aus Intervallen *konstruierbar* und haben den Inhalt

$$\lambda(G) = \sum_{k=1}^{\infty} \lambda(I_k) = \sum_{k=1}^{\infty} (b_k - a_k).$$

Damit können wir nun den Inhalt beschränkter Mengen von außen approximieren:

Definition 5.1. Für beschränkte Mengen M sei

$$\lambda(M) := \inf_{G \supset M} \lambda(G) \tag{5.3}$$

das *äußere Maß* von M, wobei das Infimum über alle offenen Mengen G, die M enthalten, genommen wird.

Jetzt brauchen wir nur noch ein inneres Maß $\lambda_I(M)$, die Approximation von innen her. Wenn beide Zahlen gleich sind, heißt M *messbar*.

Definition 5.2. Für messbare Mengen M ist der Inhalt durch (5.3) gegeben.

Das wird gehen, wenn der Rand von M nicht zu sehr *zerfasert* ist, also wenn M keinen *fetten* Rand hat.

Bemerkung 5.4. Was ist der Rand einer Menge? Das sind alle die Punkte, die weder innere Punkte von M noch innere Punkte von M^c sind.

Also könnte man zunächst meinen, dass „schlechte" Mengen solche mit *fettem Rand* sind (siehe Abb. 5.2).
    Aber bei $\mathbb{Q} \cap [0, 1]$ beispielsweise ist der Rand zwar fett (nämlich $[0, 1]$, das überlege man sich), aber der Menge kann trotzdem ein Maß zugeordnet werden.

Bemerkung 5.5. $\mathbb{Q} \cap [0, 1]$ *ist messbar.*
Wir können $\mathbb{Q} \cap [0, 1]$ abzählen und dann jedes q_k in ein offenes Intervall I_k betten. Deren Vereinigung überdeckt dann $\mathbb{Q} \cap [0, 1]$. Dann zählen wir alle Intervalllängen zusammen: $\lambda(\mathbb{Q} \cap [0, 1]) \leq \sum_k \lambda(I_k)$ und stellen fest, dass man die I_k ganz einfach

Abb. 5.2 Eine
zweidimensionale Menge M
mit einem zerfaserten Rand
(zwei Dimensionen wegen
der leichteren Anschauung)

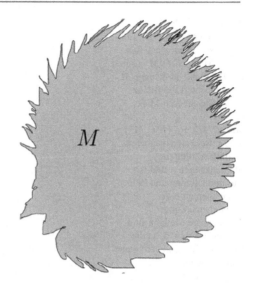

so wählen kann (z. B. $\lambda(I_k) = \varepsilon/2^k$), dass die Summe beliebig klein wird. Die Menge hat also schon von außen her gesehen den Inhalt null. Damit muss auch das innere Maß null sein. Also ist die Menge messbar und $\lambda(\mathbb{Q} \cap [0, 1]) = 0$ (man sagt dazu auch *Nullmenge*). Das ist nicht intuitiv, aber trivialerweise wahr.

Wir halten fest: Eine gelungene Approximation von innen und außen beruht darauf, dass der Rand der Menge *nicht fett* bzw. *nicht in einer unangenehmen Weise fett* ist (bei $\mathbb{Q} \cap [0, 1]$ kommt der Rand doch irgendwie recht regulär daher). Wir müssen also eine Charakterisierung des *schlechten fetten Randes* finden. Hört sich aussichtslos an, aber darin ist eben Platz für Genialität. Und damit kommen wir zum genialen Schritt, der von Constantin Carathéodory (1873–1950) entdeckt wurde. In Carathéodorys Art wird das innere Maß gar nicht mehr benutzt, sondern nur noch die Idee des guten Randes verfolgt, indem man den Schnitt der gefragten Menge M mit beliebigen Mengen E anschaut (vgl. Abb. 5.3).

Man verlangt, dass M beliebige Mengen E sauber zerschneidet. Man betrachte dazu die äußeren Maße der Schnittmengen $E \cap M$ und $E \cap M^c$ in Abb. 5.3. Wenn der Rand von M schlecht ist, ist die Summe der äußeren Maße größer als das äußere Maß von E, also $\lambda(E \cap M) + \lambda(E \cap M^c) > \lambda(E)$. Wenn M dagegen alle Mengen E sauber zerlegt, dann ist der Rand von M nicht schlecht, und solche Mengen M sollten einen Inhalt tragen können, also *messbar* sein. Das ist die ganze Einsicht. Hier die Definition:

Definition 5.3. Eine beschränkte Menge M heißt *messbar* genau dann, wenn für *alle* beschränkten Mengen E gilt:

$$\lambda(E) = \lambda(E \cap M) + \lambda(E \cap M^c) \tag{5.4}$$

Abb. 5.3 Äußere Inhalte der Schnittmengen $E \cap M$ (mit Approximation von außen durch b) und $E \cap M^c$ (durch a). Der Rand der Menge M verschlechtert die Bilanz durch die äußeren Maße, sodass $\lambda(E \cap M) + \lambda(E \cap M^c) > \lambda(E)$. Bei einem sauberen Schnitt würden die Begrenzungen a und b zusammenfallen und sich Gleichheit ergeben. Nebenbemerkung: Zeichenbare Mengen sind immer messbar, d. h., die Abbildungen sind cum grano salis zu nehmen

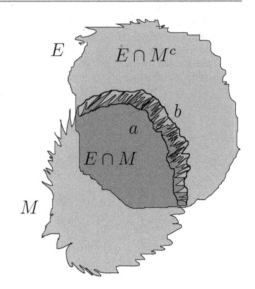

Bemerkung 5.6. Die Definition ist symmetrisch in M und M^c, d. h., die Messbarkeit einer Menge impliziert die ihres Komplements.

Wir haben also über die Intuition des sauberen Schnittes eine A-priori-Definition von Mengen bekommen, die einen Inhalt haben. Und die haben wir „genial" genannt. Aber die Genialität hat ihren Preis. Der fette Rand ist intuitiv und gut gesagt, aber eine noch so gute Intuition und gut klingende Definition könnte am Ende nur für die leere Menge gut sein. Denn in der Definition ist von *allen* Mengen E die Rede, also z. B. auch von der Vitali-Menge! Man würde zwar sofort sagen, dass Intervalle messbar sind, denn mit denen haben wir erstens begonnen und zweitens haben sie jeweils nur einen Punkt als Rand – dünner geht's nicht. Aber schneiden Intervalle jede Menge, also auch die Vitali-Menge, sauber? Intuitiv weiß man, dass es da kein wirkliches Problem geben sollte, es besteht nur die Frage, wie man das technisch in den Griff bekommen kann. Dafür brauchen wir etwas Vorarbeit.

Aus (5.3) folgt sofort die *Monotonie* von λ, nämlich

$$\lambda(M_1) \leq \lambda(M_2) \quad \text{für} \quad M_1 \subseteq M_2, \quad \text{und} \tag{5.5}$$

in Abb. 5.3 sieht man deutlich, dass i.A. *Subadditivität* gilt, nämlich

$$\lambda(E) \leq \lambda(E \cap M) + \lambda(E \cap M^c). \tag{5.6}$$

Bemerkung 5.7. Das kann man auch formal folgern. Das Infimum in (5.3) bedeutet, dass für jedes $\varepsilon > 0$ ein offenes $G_\varepsilon \supset M$ existiert, sodass

$$\lambda(G_\varepsilon) \leq \lambda(M) + \varepsilon. \tag{5.7}$$

Nun wählen wir für Mengen $(M_n)_{n \in \mathbb{N}}$ jeweils $\varepsilon_n = \varepsilon/2^n$ und entsprechende G_n, sodass

$$\lambda(M_n) + \varepsilon_n \geq \lambda(G_n).$$

Mit der Monotonie ist

$$\lambda\left(\bigcup_{n \in \mathbb{N}} M_n\right) \leq \lambda\left(\bigcup_{n \in \mathbb{N}} G_n\right).$$

Wegen (5.2) sind die G_n jeweils disjunkte Vereinigungen offener Intervalle und durch Addition aller Intervalllängen können wir weiter abschätzen, nämlich

$$\lambda\left(\bigcup_{n \in \mathbb{N}} M_n\right) \leq \lambda\left(\bigcup_{n \in \mathbb{N}} G_n\right) \leq \sum_{n \in \mathbb{N}} \sum_{k_n} \lambda(I_{k_n}) = \sum_{n \in \mathbb{N}} \lambda(G_n) \leq \sum_{n \in \mathbb{N}} (\lambda(M_n) + \varepsilon_n),$$

und mit $\sum_{n=1}^{\infty} \frac{1}{2^n} = 1$ ist das

$$= \sum_{n \in \mathbb{N}} \lambda(M_n) + \varepsilon.$$

Nun ist ε beliebig klein wählbar, also folgt die *Subadditivität*

$$\lambda\left(\bigcup_{n \in \mathbb{N}} M_n\right) \leq \sum_{n \in \mathbb{N}} \lambda(M_n).$$

Bemerkung 5.8. Wenn wir Messbarkeit einer Menge zeigen wollen, müssen wir wegen (5.6) immer nur die umgekehrte Ungleichung zeigen, nämlich

$$\lambda(E) \geq \lambda(E \cap M) + \lambda(E \cap M^c).$$

Bemerkenswert dabei: Wir benutzen dafür meistens (5.6), was ein wenig zirkulär erscheinen sollte – ist es aber nicht.

Jetzt zur Messbarkeit von Intervallen: Sei I ein Intervall, E eine beliebige beschränkte Menge. Mit (5.7) haben wir für E $\lambda(G_\varepsilon) \leq \lambda(E) + \varepsilon$. Jetzt machen wir mit G_ε und (5.2) weiter, d.h. $G_\varepsilon = \bigcup_i (a_i, b_i)$, und wenn wir zeigen, dass $\lambda(G_\varepsilon) = \lambda(G_\varepsilon \cap I) + \lambda(G_\varepsilon \cap I^c)$, folgt $\lambda(E) \geq \lambda(E \cap I) + \lambda(E \cap I^c)$ und damit die Messbarkeit von I. Da aber $G_\varepsilon \cap I$ ein Schnitt von einer Vereinigung von disjunkten Intervallen mit einem Intervall ist, ist bis auf eine Fallunterscheidung, die sich über den Schnittpunkt äußert, nicht viel zu machen. Die Additivität kann man dann für die verschiedenen Fälle direkt zeigen. Es lohnt sich nicht, das hier auszuführen. Analoges gilt für $G_\varepsilon \cap I^c$.

Nun wollen wir zeigen, dass sich aus der A-priori-Definition (5.4) die Eigenschaften des Inhalts folgern lassen. Die *Translationsinvarianz* ist bereits durch (5.2) eingebaut. Die *Additivität* verlangt, dass, wenn Mengen messbar sind, auch ihre Vereinigung messbar ist, sonst kann man nicht einmal an Additivität denken. Und wenn die Mengen disjunkt sind, dann addieren sich die Inhalte. Wir listen auf und beweisen[3]:

- Nullmengen sind messbar, d. h. $\lambda(M) = 0 \Rightarrow M$ messbar.

  Beweis. Das folgt ganz einfach mit (5.5), denn

  $$\lambda(M \cap E) + \lambda(M^c \cap E) \leq \lambda(M) + \lambda(E) = \lambda(E).$$

- M_1, M_2 messbar $\Rightarrow M_1 \cup M_2$ messbar.

  Beweis. Zu zeigen:

  $$\lambda(E) \geq \lambda(E \cap (M_1 \cup M_2)) + \lambda(E \cap M_1^c \cap M_2^c).$$

  Starte mit $\lambda(E \cap M_1^c \cap M_2^c) =: a$. Da M_2 messbar ist, gilt

  $$\lambda(E \cap M_1^c) = \underbrace{\lambda(E \cap M_1^c \cap M_2^c)}_{=a} + \lambda(E \cap M_1^c \cap M_2).$$

  Da M_1 messbar ist, gilt

  $$\lambda(E) = \lambda(E \cap M_1) + \lambda(E \cap M_1^c).$$

  Es folgt

  $$\lambda(E) = \lambda(E \cap M_1^c \cap M_2) + \lambda(E \cap M_1) + a \geq$$

  $$\overset{\text{Subadditivität}}{\geq} \lambda(\underbrace{(E \cap M_1^c \cap M_2) \cup (E \cap M_1)}_{= E \cap (M_1 \cup (M_1^c \cap M_2))}) + a = \lambda(E \cap (M_1 \cup M_2)) + a.$$

- *Endliche Additivität:* $M_1 \cap M_2 = \emptyset \Rightarrow \lambda(M_1 \cup M_2) = \lambda(M_1) + \lambda(M_2)$.

  Beweis. Da M_1 messbar ist, wähle $E = M_1 \cup M_2$ und $M = M_1$ und man denke daran, dass nun $M_1 \cap M_2 = \emptyset$ ist. Dann ist

  $$\lambda(M_1 \cup M_2) = \lambda((M_1 \cup M_2) \cap M_1) + \lambda((M_1 \cup M_2) \cap M_1^c),$$

  da $M_2 \cap M_1^c = M_2$.

---

[3]Die Beweise sind nicht besonders „genetisch", sondern eher Resultat von vielen Versuchen, bis man den besten Weg gefunden hat.

• $(M_i)_{i\in\mathbb{N}}$ messbar $\Rightarrow \bigcup_{i\in\mathbb{N}} M_i$ messbar.

Beweis. Hier machen wir uns die *endliche* Additivität zunutze. Aus $(M_i)_i$ basteln wir uns zunächst neue $(M_i^{\text{neu}})_i$ als *disjunkte* Familie mit *gleicher* Vereinigung (d. h. $\bigcup_i M_i = \bigcup_i M_i^{\text{neu}}$), nämlich: $M_1^{\text{neu}} := M_1, M_2^{\text{neu}} := M_2 \setminus M_1, M_3^{\text{neu}} =: (M_3 \setminus M_2) \setminus M_1, \ldots$ Um die Notation einfach zu halten, nennen wir diese wieder M_i. Damit haben wir $\bigcup_{i=1}^{n} M_i$ (monoton steigend) und $\bigcap_{i=1}^{n} M_i^c$ (monoton fallend). Dann ist für endliches n und wegen der bereits gezeigten Messbarkeit

$$\lambda(E) = \lambda\left(E \cap \bigcup_{i=1}^{n} M_i\right) + \lambda\left(E \cap \bigcap_{i=1}^{n} M_i^c\right)$$

$$\overset{(5.5)}{\geq} \lambda\left(E \cap \bigcup_{i=1}^{n} M_i\right) + \lambda\left(E \cap \bigcap_{i=1}^{\infty} M_i^c\right). \tag{5.8}$$

Nun gilt für messbare und disjunkte Mengen M_1 und M_2 folgende Gleichung:

$$\lambda(E \cap (M_1 \cup M_2)) = \lambda(E \cap (M_1 \cup M_2) \cap M_1) + \lambda(E \cap (M_1 \cup M_2) \cap M_1^c)$$

$$= \lambda(E \cap M_1) + \lambda(E \cap M_2 \cap M_1^c)$$

$$= \lambda(E \cap M_1) + \lambda(E \cap M_2).$$

Mit vollständiger Induktion bekommt man dann für messbare und disjunkte $(M_i)_{i=1,\ldots,n}$

$$\lambda(E \cap \bigcup_{i=1}^{n} M_i) = \sum_{i=1}^{n} \lambda(E \cap M_i).$$

Das setzen wir in (5.8) ein und erhalten

$$\sum_{i=1}^{n} \lambda(E \cap M_i) + \lambda\left(E \cap \bigcap_{i=1}^{\infty} M_i^c\right).$$

Da allein die Summe von n abhängt, können wir den Grenzwert bilden:

$$\lambda(E) \geq \lim_{n\to\infty} \sum_{i=1}^{n} \lambda(E \cap M_i) + \lambda\left(E \cap \bigcap_{i=1}^{\infty} M_i^c\right)$$

$$\overset{\text{Subadditivität}}{\geq} \lambda\left(E \cap \bigcup_{i=1}^{\infty} M_i\right) + \lambda\left(E \cap \bigcap_{i=1}^{\infty} M_i^c\right)$$

$$\overset{\text{Subadditivität}}{\geq} \lambda(E).$$

Also ist

$$\lambda(E) = \lambda\left(E \cap \bigcup_{i=1}^{\infty} M_i\right) + \lambda\left(E \cap \bigcap_{i=1}^{\infty} M_i^c\right)$$

$$\left[= \sum_{i=1}^{\infty} \lambda(E \cap M_i) + \lambda\left(E \cap \bigcap_{i=1}^{\infty} M_i^c\right)\right]. \tag{5.9}$$

- Es gilt die σ-*Additivität* $\lambda\left(\bigcup_{i=1}^{\infty} M_i\right) = \sum_{i=1}^{\infty} \lambda(M_i)$ bei disjunkter Vereinigung.

  Beweis. Folgt sofort aus (5.9) im vorherigen Beweis für $E = \bigcup_{i=1}^{\infty} M_i$.

Ein Korollar zum Vorhergehenden ist die *Stetigkeit des Maßes*:

Korollar 5.1. *Sei* $M_n \subset M_{n+1}$, $n \in \mathbb{N}$ *und* $\lim_{n \to \infty} M_n = \bigcup_{n=1}^{\infty} M_n =: M$. *Dann gilt:*

$$\lim_{n \to \infty} \lambda(M_n) = \lambda(M) \tag{5.10}$$

Analoges gilt für absteigende Mengenfolgen durch Komplementbildung.

Beweis. Wir benutzen wieder die Umschreibung auf die neuen Mengen M_n^{neu}, die paarweise disjunkt sind, aber die gleiche Vereinigung haben:

$$M_1^{\text{neu}} := M_1, M_n^{\text{neu}} := M_n \setminus M_{n-1} = M_n \cap M_{n-1}^c.$$

Damit ist

$$\lambda(M) = \lambda(\lim_{n \to \infty} M_n) = \lambda\left(\bigcup_{n=1}^{\infty} M_n\right) = \lambda\left(\bigcup_{n=1}^{\infty} M_n^{\text{neu}}\right)$$

$$\overset{\text{Additivität}}{=} \sum_{n=1}^{\infty} \lambda(M_n^{\text{neu}}) = \lim_{N \to \infty} \sum_{n=2}^{N} \lambda(M_n \setminus M_{n-1}) + \lambda(M_1)$$

Außerdem ist

$$\lambda(M_n) = \lambda(M_n \setminus M_{n-1}) + \lambda(M_{n-1}),$$

also

$$\lambda(M_n \setminus M_{n-1}) = \lambda(M_n) - \lambda(M_{n-1})$$

und damit

$$\lambda(\lim_{n \to \infty} M_n) = \lim_{N \to \infty} \sum_{n=2}^{N} (\lambda(M_n) - \lambda(M_{n-1})) + \lambda(M_1) = \lim_{N \to \infty} \lambda(M_N),$$

also

$$\lambda(M) = \lambda(\lim_{n \to \infty} M_n) = \lim_{n \to \infty} \lambda(M_n).$$

Die *Menge der messbaren Mengen* weist also eine gewisse Struktur auf: Vereinigungen von messbaren Mengen sowie Komplemente von messbaren Mengen sind messbar. Dafür gibt es eine Definition.

Definition 5.4. Eine Familie $\mathcal{F}$ von Teilmengen einer Menge Ω heißt *σ-Algebra*, wenn Folgendes erfüllt ist:

1. $\Omega \in \mathcal{F}$
2. $A \in \mathcal{F} \Rightarrow A^c \in \mathcal{F}$
3. $(A_n)_{n \in \mathbb{N}} \in \mathcal{F} \Rightarrow \bigcup_{n=1}^{\infty} A_n \in \mathcal{F}$ (σ-Eigenschaft).

Bemerkung 5.9. Auch die Potenzmenge einer Menge ist eine σ-Algebra . Das ist trivial. Die σ-Algebra der messbaren Mengen in $[0, 1]$ enthält jedoch weniger Elemente als die Potenzmenge von $[0, 1]$, denn wie wir wissen, ist z. B. die Vitali-Menge Element der Potenzmenge.

Nun wissen wir, dass Intervalle messbar sind und damit (wegen der Algebrastruktur) auch die daraus konstruierbaren Mengen, dazu gehören dann auch die offenen Mengen, abgeschlossenen Mengen usw. Diese Mengen bilden ebenfalls eine σ-Algebra, die *Borel-Algebra*.

Bemerkung 5.10. Wir haben bisher aus Bequemlichkeit nur die kontinuierliche Menge $[0, 1]$ betrachtet, aber alles Wesentliche lässt sich wörtlich auf die Menge der reellen Zahlen übertragen. Diese Menge ist jedoch unbeschränkt. Man kann die Messbarkeit von unbeschränkten Mengen durch Approximation von messbaren beschränkten Mengen definieren. Wir wollen darauf hier nicht weiter eingehen.

Definition 5.5. Die *Borel-Algebra* $\mathcal{B}(\mathbb{R})$ ist die kleinste σ-Algebra von $\mathbb{R}$ mit der Eigenschaft: I Intervall $\Rightarrow I \in \mathcal{B}$. Man sagt auch, die Borel-Algebra ist die von den Intervallen erzeugte σ-Algebra.

Bemerkung 5.11. Mit „kleinster σ-Algebra " ist der Schnitt aller σ-Algebren gemeint, die die Intervalle enthalten. Der Schnitt ist wieder eine σ-Algebra. Das zu zeigen, ist eine einfache mengentheoretische Übung.

Die Borel-Algebra ist in der σ-Algebra der messbaren Mengen enthalten. Man könnte hoffen, dass beide σ-Algebren gleich sind. Das ist aber falsch, denn jede Nullmenge ist messbar und es gibt keinen Grund, dass alle Nullmengen konstruierbar im Borelschen Sinne sind. Jedoch besteht der Unterschied der σ-Algebren nur in Nullmengen.

Bemerkung 5.12. Wo wir schon bei Nullmengen sind: Man könnte meinen, dass Nullmengen (z. B. die Menge der rationalen Zahlen) grundsätzlich abzählbar sein müssen. Das ist nicht richtig. Nullmengen können die gleiche Mächtigkeit wie $\mathbb{R}$ haben. Ein Beispiel ist die Cantor-Menge, benannt nach dem Begründer der Mengenlehre Georg Cantor. Die wird wie folgt gebildet: Man entferne aus dem Intervall $[0, 1]$ das Intervall $[1/3, 2/3)$ und aus den Resten wieder jeweils die mittleren Drittel, wobei der rechte Eckpunkt stehen bleibt. Man fahre so fort. Am Ende, nach unendlich vielen Schritten, hat man nur noch eine Menge von Endpunkten, die Cantor-Menge C. Wie mächtig kann die Cantor-Menge schon sein? Wir zählen ab. Dafür stelle man die Elemente des Intervalls $[0, 1]$ im triadischen System dar. Jede Zahl ist also eine Folge aus den Ziffern $0, 1, 2$. Die Entfernung der mittleren Drittel bedeutet: Entferne alle Folgen, die irgendwo eine 1 haben. Was bleibt, sind Folgen, die nur die Ziffern 0 und 2 beinhalten. Man nenne 2 nun 1, dann sind das alle 0-1-Folgen, also die Zahlen in $[0, 1]$ binär dargestellt. Also alle Zahlen! Das ist verrückt, aber so sind nun mal die reellen Zahlen. Noch verrückter ist vielleicht: $\lambda(C) = 0$. Das sieht man sofort, denn die weggenommenen Drittel haben im n-ten Schritt ($n = 0, 1, 2, \ldots$) den Inhalt $2^n/3^{n+1}$. Die geben aufsummiert 1, also inhaltlich geht alles weg, aber übrig bleibt mengenmächtigkeitsmäßig so viel wie vorher.

Den Mengen der Borel-Algebra kann also ein Inhalt zugeordnet werden, d. h., die Borel-Algebra $\mathcal{B}([0, 1])$ ist eine Familie von Mengen auf $[0, 1]$, die ein Typizitätsmaß tragen – im Gegensatz zur Potenzmenge von $[0, 1]$. Man bekommt damit eine Struktur, nämlich

$$([0, 1], \mathcal{B}([0, 1]), \lambda).$$

Das ist der Prototyp eines *Typizitätsraumes*. Auf diese Struktur kann das Wörterbuch gefahrlos aufgebaut werden. Das ist Inhalt von Kapitel 6.

5.2   Das Lebesguesche Maßintegral

Wir unterbrechen einmal an dieser Stelle unseren genetischen Aufbau und erklären, dass das Lebesgue-Maß λ auch eine vernünftige Integrationstheorie nach sich zieht. Die Notwendigkeit der Integralbildung kann man vielleicht erahnen, wenn wir an (4.10) zurückdenken. Da tauchte ein Integral auf, das wir einfach als Riemann-Integral behandelt haben, was dort auch völlig in Ordnung war. Aber wir kommen in einer allgemeinen Situation, die von Rademacher-Funktionen längst gelöst ist, nicht mehr mit dem Riemannschen Integralbegriff aus. Die folgende Maßintegralkonstruktion gilt analog für beliebige Typizitätsmaße $\mathbb{P}$.

Das Lebesgue-Integral ist ein Maßintegral und deutlich besser als das Riemann-Integral. Die Grundidee ist absolut simpel. Statt der x-Achse teile man die y-Achse in Intervalle (siehe Abb. 5.4). Dann gewichte man die Funktionswerte mit dem

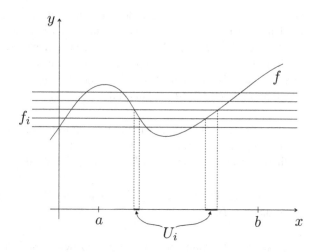

Abb. 5.4 Die Konstruktion des Lebesgue-Integrals

Inhalt des Urbildes. Es sollte sofort einleuchten, dass dieses Vorgehen viel besser zur Integralbildung geeignet ist als das Riemann-Integral mit seiner Ober- und Untersummenkonvergenz, da bei letzterem die Funktionen ziemlich eingeklemmt werden. Man setzt also

$$\sum f_i \lambda(U_i) \approx \int f(x)\mathrm{d}\lambda(x) = \int f(x)\mathrm{d}x.$$

Man wähle zum Beispiel als Einteilung der y-Achse $\frac{1}{2^n}$, dann ist für $f \geq 0$

$$\sum f_i \lambda(U_i) = \sum_{m=1}^{\infty} \frac{m}{2^n} \lambda\left(f^{-1}\left(\frac{m}{2^n}, \frac{m+1}{2^n}\right) \cap (a,b)\right)$$

mit wachsendem n monoton zunehmend. Darüber denke man nach, indem man eine geeignete Skizze anfertigt. Der $\lim_{n\to\infty}$ existiert (er kann ∞ sein) und dadurch ist das Integral definiert.

Bemerkung 5.13. Für allgemeine Funktionen f schreibe $f = f_+ - f_-$, wobei f_+ der Positivanteil und f_- der Negativanteil der Funktion ist. Die Funktion f ist Lebesgue-integrierbar, wenn $|f|$ integrierbar ist, und es gilt

$$\int f \,\mathrm{d}\lambda = \int f_+ \mathrm{d}\lambda - \int f_- \mathrm{d}\lambda.$$

Bemerkung 5.14. Für (absolut) Riemann-integrierbare Funktionen ist das Lebesgue-Integral dem Riemann-Integral gleich (daher auch die gleiche Symbolik) und alle Riemann-Integralsätze, insbesondere *Substitution* und der *Satz von Fubini* zur Vertauschung der Integration, gelten genauso.

Das ging jetzt aber zu schnell, denn es muss noch etwas sehr Wichtiges gesagt werden: Es ist ein Preis zu zahlen, denn was wir benötigen, sind die Maße der Urbilder $\lambda\left(f^{-1}(a_i, b_i)\right)$. Wenn jetzt aber beispielsweise $f = \mathbb{1}_V$, wobei V die Vitali-Menge ist, dann ist das Urbild von 1 die Vitali-Menge, und die ist nicht messbar, hat also keinen Inhalt. Es sind also nicht alle Funktionen Lebesgue-integrierbar, denn $f^{-1}(a_i, b_i)$ muss messbar sein.

Bemerkung 5.15. Betreiben wir pure Integrationstheorie, dann muss das Urbild $f^{-1}(a_i, b_i)$ nur messbar sein. Aber wir sind hier in der Entwicklung der Typizitätstheorie, da interessieren uns *Borel-Mengen* und *Borel-messbare Funktionen*.

Definition 5.6. Die Funktion $f : \mathbb{R} \to \mathbb{R}$ heißt *(Borel-)messbar*, wenn $f^{-1}(B) \in \mathcal{B}$ für alle $B \in \mathcal{B}$.

Bemerkung 5.16. Manchmal vergisst man den Zusatz und sagt „messbar", aber meint „Borel-messbar".

Bemerkung 5.17. Messbare Funktionen sind also die Funktionen, die messbare Urbilder haben. Messbarkeit von Funktionen bezüglich $\mathcal{B}(\mathbb{R})$ ist aber nichts Besonderes – vor allem *keine* besorgniserregende Einschränkung. Funktionen, die man als „normaler" Mathematiker oder Physiker im Kopf hat, sind alle messbar. Dennoch: Messbarkeit *ist* eine Einschränkung und vor allem müssen *Vergröberungen messbar* sein, denn sonst können wir die Typizität nicht von der elementaren Ebene auf die Bildebene heben.

Um der Messbarkeit ihre Mystik zu nehmen, kurz ein paar Tatsachen dazu. Will man die Funktion f auf Messbarkeit untersuchen, reicht es aus, Intervalle zu betrachten (egal, ob offene oder abgeschlossene Intervalle), denn falls

$$f^{-1}(I) = \{x : f(x) \in I\} \in \mathcal{B} \quad \text{für alle Intervalle } I, \tag{5.11}$$

dann ist f messbar. Das bekommt man aus der Mengentheorie:

Beweis. Sei $\mathcal{D}$ die Menge aller Mengen $B \in \mathcal{B}$, für die $f^{-1}(B) \in \mathcal{B}$ ist, d. h. $B \in \mathcal{D} \Leftrightarrow \{x : f(x) \in B\} \in \mathcal{B}$. Man sieht: $\mathcal{D}$ ist eine σ-Algebra, denn

- $B \in \mathcal{D} \Rightarrow B^c \in \mathcal{D}$ (klar),
- $B_n \in \mathcal{D} \Rightarrow \bigcup_n B_n \in \mathcal{D}$, da $B_n \in \mathcal{D} \Rightarrow \{x : f(x) \in \bigcup_n B_n\} = \bigcup_n \{x : f(x) \in B_n\} \in \mathcal{B}$.

Wenn nun die Intervalle in $\mathcal{D}$ sind, muss $\mathcal{D} = \mathcal{B}$ sein, da $\mathcal{B}$ die kleinste σ-Algebra ist, die die Intervalle enthält.

Aus (5.11) folgen (Beweise kommen danach):

(i) Sei f stetig, dann ist f messbar.
(ii) f messbar $\Rightarrow |f|$ messbar.
(iii) Sei $(f)_n$ $n \in \mathbb{N}$ eine Folge messbarer Funktionen. Dann sind

$$\sup_n f_n, \ \limsup_n f_n, \ \inf_n f_n, \ \liminf_n f_n$$

messbar, und falls $(f)_n$ punktweise konvergiert, dann ist $\lim_n f_n$ messbar.

(iv) Seien f, g messbar und $F : \mathbb{R}^2 \to \mathbb{R}$ stetig, dann ist $F(f, g)$ messbar, insbesondere sind $f \cdot g$ und $f + g$ messbar.

Beweis. Für die Beweise ist es leichter, statt „alle Intervalle" zum Beispiel „Intervalle $(-\infty, a), a$ beliebig" zu nehmen. Das reicht aus.

(i) Folgt aus der topologischen Charakterisierung der Stetigkeit (ε-δ-Kriterium): Urbilder offener Mengen sind offen.
(ii)

$$\{x : |f(x)| < a\} = \underbrace{\{x : f(x) < a\}}_{\in \mathcal{B}} \cap \underbrace{\{x : f(x) > -a\}}_{\in \mathcal{B}} \in \mathcal{B}.$$

(iii)

$$\{x : \sup_n f_n(x) > a\} = \bigcup_n \{x : f_n(x) > a\} \in \mathcal{B}$$

und inf, lim inf, ... gehen analog.

(iv) $G_a := \{(w, z) : F(w, z) > a\}$ ist offen, da F stetig ist. Daher ist

$$G_a = \bigcup_n I_n, \quad I_n = \{(w, z) : a_n < w < b_n, c_n < z < d_n\}.$$

Aber $\{x : a_n < f(x) < b_n\} \in \mathcal{B}$ und $\{x : c_n < g(x) < d_n\} \in \mathcal{B}$, da f und g messbar sind. Also

$$\{x : (f(x), g(x)) \in I_n\} = \{x : a_n < f(x) < b_n\} \cap \{x : c_n < g(x) < d_n\} \in \mathcal{B}$$

und damit

$$\{x : F(f(x), g(x)) > a\} = \bigcup_n \{x : (f(x), g(x)) \in I_n\} \in \mathcal{B}.$$

5.2.1 Konvergenzsätze

Beim Riemann-Integral muss sich die Funktion der Intervalleinteilung auf der x-Achse „anpassen". Außer Frage stellt das Lebesguesche Maßintegral die zu integrierenden Funktionen in den Vordergrund: Die Funktion gibt die Urbilder vor, die dann mit dem Maß bewertet werden. Darum hat das Lebesguesche Maßintegral die besseren Eigenschaften und es sind mehr Funktionen integrierbar, als es bei der Riemannschen Integration der Fall ist. Dieses Mehr an Funktionen wirkt sich besonders auf Funktionenfolgen aus. Die Messbarkeit der Limesfunktion (unter punktweiser Konvergenz) ist bereits sicher (vgl. (iii) oben). Wie es um die Integrierbarkeit bestellt ist und um die Vertauschung von Limesbildung und Integration, wollen wir hier kurz ausführen. Man braucht einige Extras, die im wahrscheinlichkeitstheoretischen Kontext oft gegeben sind. Wir benutzen im Wesentlichen nur zwei Sätze (eigentlich nur einen).

Lemma 5.2. *Sei $(E_n)_n \subseteq \mathcal{B}$, $E_n \subset E_{n+1}$, dann gilt für beschränkte integrierbare Funktionen f und $E := \lim E_n$*

$$\lim_{n \to \infty} \int_{E_n} f(x)\mathrm{d}\lambda(x) = \int_E f(x)\mathrm{d}\lambda(x). \tag{5.12}$$

Beweis. Sei $f \leq C$. Wir schreiben die Integrale aus (5.12) als

$$\int \left(\mathbb{1}_E(x) - \mathbb{1}_{E_n}(x) \right) f(x)\mathrm{d}\lambda(x) = \int \mathbb{1}_{E \setminus E_n}(x) f(x)\mathrm{d}\lambda(x) \leq C\lambda(E \setminus E_n)$$

$$= C \left(\lambda(E) - \lambda(E_n) \right).$$

Aus der Stetigkeit des Maßes (5.10) folgt durch Bildung des Limes, dass

$$\lim_{n \to \infty} \int \left(\mathbb{1}_E(x) - \mathbb{1}_{E_n}(x) \right) f(x)\mathrm{d}\lambda(x) = 0$$

oder

$$\lim_{n \to \infty} \int_{E_n} f(x)\mathrm{d}\lambda(x) = \int_E f(x)\mathrm{d}\lambda(x).$$

Als Korollar erhalten wir folgenden Satz:

Satz 5.1. *Satz von der monotonen Konvergenz*
Sei $(f_n)_{n \in \mathbb{N}}$ eine Folge integrierbarer Funktionen mit $f_{n+1} \geq f_n \geq 0$ für alle n und es existiere $\lim_{n \to \infty} f_n(x) = f(x)$ für alle x. Weiter existiere ein $C \in [0, \infty)$ mit

$$\int f_n(x)\mathrm{d}\lambda(x) \leq C \quad \text{für alle } n.$$

Dann gilt: f ist integrierbar, d. h. $\int f < \infty$, und

$$\lim_{n \to \infty} \int f_n(x) d\lambda(x) = \int f(x) d\lambda(x).$$

Bemerkung 5.18. Den Beweis findet man im Anhang 5.3.

Nun kommt ein weiterer Satz, der am häufigsten Anwendung findet, denn Monotonie der Funktionenfolge ist selten.

Satz 5.2. *Satz von der dominierten Konvergenz*
Sei $(f_n)_{n \in \mathbb{N}}$ eine Folge integrierbarer Funktionen und $\lim_n f_n(x) = f(x)$ für alle x (f kann unendlich sein). Es existiere eine integrierbare Funktion g, mit $|f_n| \leq g$ für alle n. Dann ist f integrierbar und es gilt

$$\lim_{n \to \infty} \int f_n(x) d\lambda(x) = \int f(x) d\lambda(x) \quad \text{und}$$

$$\lim_{n \to \infty} \int |f_n(x) - f(x)| d\lambda(x) = 0.$$

Bemerkung 5.19. Den Beweis findet man ebenfalls im Anhang 5.3.

5.2.2 Anwendung: Normalzahlen

Man kann eine stärkere Aussage als die in Satz 4.1 machen. Die stärkere Aussage heißt *starkes Gesetz der großen Zahlen*, wohingegen Satz 4.1 als *schwaches Gesetz der großen Zahlen* bezeichnet wird. Das starke Gesetz ist eine rein mathematische Aussage, ohne praktische Relevanz oder Bezug zu einer physikalischen Situation, aber wir benutzen im Beweis den Satz von der monotonen Konvergenz. Wir schlagen also zwei Fliegen mit einer Klappe: Wir haben die Gelegenheit, das starke Gesetz der großen Zahlen als mathematische Begebenheit wegzuordnen und eine Anwendung des Lebesgueschen Konvergenzsatzes zu zeigen.

Das Ganze machen wir anhand von Normalzahlen. Eine Zahl $x \in [0, 1)$ ist eine Normalzahl, wenn in jeder p-adischen Darstellung von x die Ziffern $\{0, \ldots, p - 1\}$ mit relativer Häufigkeit $1/p$ auftreten. Zuerst untersuchen wir die Menge der Zahlen aus $[0, 1)$ in Dualdarstellung. Zurück also zu den Rademacher-Funktionen, die die binäre duale Darstellung der Zahlen beschreiben. Man vergleiche (4.13) mit der Aussage

$$\lambda \left(\left\{ x \in [0, 1) : \lim_{n \to \infty} \frac{1}{n} \sum_{i=1}^{n} r_i(x) = \frac{1}{2} \right\} \right) = 1 \tag{5.13}$$

oder (mit $\bar{r}_i := r_i - 1/2$) die Aussage

$$\lambda\left(\left\{x \in [0,1) : \lim_{n \to \infty} \frac{1}{n} \sum_{i=1}^{n} \bar{r}_i\,(x) = 0\right\}\right) = 1.$$

In (4.13) steht (wenn man den Limes nehmen möchte) der Limes vor dem Inhalt, in (5.13) steht der Limes im Inhalt. Die Worte „stark " und „schwach" bedeuten, dass aus dem starken Gesetz das schwache Gesetz folgt, aber i.A. nicht andersherum. Das ist auch einfach zu sehen, aber so unwichtig, dass wir es hier nicht vorführen wollen.

Beweis. von (5.13): Wir untersuchen das Komplement zu der in (5.13) zu betrachtenden Menge, nämlich

$$S := \left\{x \in [0,1) : \lim_{n \to \infty} \frac{1}{n} \sum_{i=1}^{n} \bar{r}_i\,(x) = 0\right\}^c ,$$

und zeigen, dass $\lambda(S) = 0$ ist. Man betrachte zunächst

$$h_n(x) := \left(\frac{1}{n} \sum_{i=1}^{n} \bar{r}_i\,(x)\right)^2 .$$

Die h_n sind positiv und $f_k := \sum_{n=1}^{k} h_n$ nimmt monoton mit k zu. Der Lebesguesche Satz von der monotonen Konvergenz sagt: Falls

$$\int_0^1 f_k(x)\mathrm{d}x \leq C \quad \text{für alle } k,$$

also wenn $\sum_{n=1}^{\infty} \int_0^1 h_n(x)\mathrm{d}x < \infty$ ist, dann ist $f(x) := \lim_{k \to \infty} f_k(x)$ (definiert als der punktweise Limes) integrierbar, d.h., $f(x)$ ist fast überall endlich, und das wiederum bedeutet, dass der $\lim_{k \to \infty} f_k(x)$ für fast alle x endlich ist. (Die Ausnahmemenge ist nur eine Lebesgue-Nullmenge.) Wenn nun $\lim_{k \to \infty} f_k(x)$ für fast alle x endlich ist, muss $h_n(x)$ für fast alle x eine Nullfolge bilden. Das bedeutet offenbar, dass $\frac{1}{n} \sum_{i=1}^{n} \bar{r}_i\,(x)$ selbst eine Nullfolge bilden muss, und damit ist $\lambda(S) = 0$. Also hängt alles an

$$\sum_{n=1}^{\infty} \int_0^1 h_n(x)\mathrm{d}x < \infty \Leftrightarrow \sum_{n=1}^{\infty} \int_0^1 \left(\frac{1}{n} \sum_{i=1}^{n} \bar{r}_i\,(x)\right)^2 \mathrm{d}x < \infty.$$

Aber $\int_0^1 \left(\frac{1}{n} \sum_{i=1}^{n} \bar{r}_i\,(x)\right)^2 \mathrm{d}x \sim \frac{1}{n}$ (nach (4.12)). Das funktioniert also nicht. Was geht in (4.12) wirklich ein?

$$\int_0^1 \left(\sum_{i=1}^{n} \bar{r}_i \, (x)\right)^2 dx \sim n \int_0^1 \bar{r}_i^2 \, (x) dx + n(n-1) \underbrace{\int_0^1 \bar{r}_i \, (x) \, \bar{r}_j \, (x) dx}_{\text{mit } i \ne j},$$

wobei die nichtquadratischen Terme null sind. Also kommen wir zur Vermutung (die wir gleich bestätigen werden), dass

$$\int_0^1 \left(\sum_{i=1}^{n} \bar{r}_i \, (x)\right)^4 dx$$

$$\sim n^2 \text{ quadratische Terme } + n^4 \underbrace{\text{gemischte nichtquadratische Terme,}}_{=0}$$

also $\int_0^1 \left(\frac{1}{n} \sum_{i=1}^{n} \bar{r}_i \, (x)\right)^4 dx \sim \frac{1}{n^2}$. Setzen wir dann anstatt

$$h_n(x) := \left(\frac{1}{n} \sum_{i=1}^{n} \bar{r}_i \, (x)\right)^2,$$

wie vorher, nun

$$h_n(x) := \left(\frac{1}{n} \sum_{i=1}^{n} \bar{r}_i \, (x)\right)^4,$$

dann erhalten wir in der skalierten Summe $\frac{1}{n^2}$ und $\sum \frac{1}{n^2} < \infty$. Das führen wir jetzt genauer aus.

Mit der Multinomialformel (2.9) bekommen wir

$$\frac{1}{n^4} \int_0^1 \left(\sum_{i=1}^{n} \bar{r}_i \, (x)\right)^4 dx =$$

$$\frac{1}{n^4} \int_0^1 \sum_{\substack{k_1+k_2+\dots+k_n=4, \\ k_i=0,\dots,4}} \binom{4}{k_1, k_2, \dots, k_n} \bar{r}_1^{k_1} \, (x) \, \bar{r}_2^{k_2} \, (x) \cdots \bar{r}_n^{k_n} \, (x) dx.$$

Wenn ein $k_i = 1$, ist das Integral null. Es gibt n Terme, bei denen ein $k_i = 4$ und und der Rest der k_j null ist, also ergibt das Integral für diese Summanden

$$\int_0^1 n \binom{4}{4} \bar{r}_i^4 \, (x) dx = \frac{n}{16}.$$

Außerdem gibt es $\binom{n}{2}$ Terme, bei denen zwei $k_i = 2$ und der Rest null ist. Da $\bar{r}_i^2\,\bar{r}_j^2 = \frac{1}{16}$, für $i \neq j$, folgt

$$\int_0^1 \binom{n}{2}\binom{4}{2,2,0,\ldots,0}\bar{r}_1^2\,(x)\,\bar{r}_2^2\,(x)\mathrm{d}x = \binom{n}{2}\frac{4!}{2!2!}\frac{1}{16}.$$

Insgesamt also

$$\int_0^1 h_n(x)\mathrm{d}x = \frac{1}{n^4}\int_0^1 \left(\sum_{i=1}^n \bar{r}_i\,(x)\right)^4 \mathrm{d}x = \frac{1}{16n^4}\left(n + \binom{n}{2}\frac{4!}{2!2!}\right),$$

und da $\binom{n}{2} \sim n^2$, ist

$$\sum_{n=1}^\infty \int_0^1 h_n(x)\mathrm{d}x < \infty.$$

Und wie oben ausgeführt, kann man daraus folgern, dass

$$\frac{1}{n^4}\left(\sum_{i=1}^n \bar{r}_i\,(x)\right)^4 \overset{n\to\infty}{\longrightarrow} 0 \quad \text{für fast alle } x.$$

Das heißt, dass

$$\lambda\left(\left\{x \in [0,1) : \lim_{n\to\infty}\frac{1}{n}\sum_{i=1}^n r_i(x) = \frac{1}{2}\right\}\right) = 1.$$

Wenn man Interesse hat, kann man sich durch Nachdenken davon überzeugen, dass diese ganze Rechnung genauso gut für jede p-adische Entwicklung der Zahlen in $[0,1)$ geht. Nennen wir entsprechend das Komplement in der p-adischen Situation S_p, dann haben wir:

$$\lambda\left(S_p\right) = 0 \quad \text{für } p = 2,3,\ldots$$

Nun schließen wir daraus mit der σ-Additivität des Lebesgue-Maßes, dass fast alle Zahlen Normalzahlen sind: $\left(\bigcup_p S_p\right)$ enthält alle x, die in irgendeiner p-adischen Entwicklung falsche relative Häufigkeiten liefern. Aber nun ist mit unserem obigen Resultat

$$\lambda\left(\bigcup_p S_p\right) \le \sum_p \lambda\left(S_p\right) = 0.$$

Alle diese x bilden also eine Lebesgue-Nullmenge. Umgekehrt: Fast alle x sind normal! Welche Zahlen sind denn nun Normalzahlen? Alle irrationalen? π? Wenn fast alle Zahlen Normalzahlen sind, so sollte man meinen, dass man sie fast alle kennt. Falsch! Die Kenntnis, dass fast alle Zahlen Normalzahlen sind, und die Frage, welche Zahlen Normalzahlen sind, sind (leider) zwei getrennte Paar Stiefel. Das ist eine allgemeine Moral, die wir lernen müssen: Das Gesetz der großen Zahlen sagt uns, was die meisten Punkte machen, aber einen typischen Punkt anzugeben, ist eine ganz andere, oft technisch nicht lösbare Aufgabe. Nun wird aber doch eine Zahl genannt, die zur Basis 10 normal ist[4]:

The simplest example is the number (written in decimal expansion)
0, 1234567891011121314 . . . The proof that this number is normal is by no means trivial!

5.3 Anhang

Satz der monotonen Konvergenz

Sei $(f_n)_{n \in \mathbb{N}}$ eine Folge integrierbarer Funktionen mit $f_{n+1} \geq f_n \geq 0$ für alle n und es existiere $\lim_{n \to \infty} f_n(x) = f(x)$ für alle x. Weiter existiere ein $C \in [0, \infty)$ mit

$$\int f_n(x) d\lambda(x) \leq C \quad \text{für alle } n.$$

Dann gilt: f ist integrierbar, d. h. $\int f < \infty$, und

$$\lim_{n \to \infty} \int f_n(x) d\lambda(x) = \int f(x) d\lambda(x).$$

Beweis.

(i) f ist messbar (klar).
(ii) $f_n \leq f_{n+1} \Rightarrow \int f_n \leq \int f_{n+1}$ und $f_n \leq f$. Es gibt ein $\alpha \leq C$, sodass $\alpha = \lim_n \int f_n \leq \int f$.
(iii) Wir zeigen jetzt $\alpha \geq \int f$.
Dazu kehren wir wieder zur Definition des Integrals zurück. Setze

$$C_n^f(x) = \sum_m \frac{m}{2^n} \mathbb{1}_{\left\{ f^{-1}\left(\frac{m}{2^n}, \frac{m+1}{2^n} \right) \right\}}(x)$$

als elementare Funktion, die f von unten her approximiert, denn

$$C_n^f \leq f \quad \text{für alle } n.$$

---

[4]Kac, ibid. S. 18.

Für $0 < a < 1$ setze man nun für ein n

$$E_k = \{x : f_k(x) \geq a\, C_n^f(x)\} \quad \text{(ab einem bestimmten } k \text{ ist } E_k \neq \emptyset\text{)}.$$

Dies ist ein guter Trick. Denn $E_k \subset E_{k+1}$ und $E := \lim_k E_k = \mathbb{R}$ und

$$\alpha \quad \geq \quad \int f_k \mathrm{d}\lambda(x) \geq \int_{E_k} f_k \mathrm{d}\lambda(x)$$

$$\overset{\text{Chebyshev-Trick}}{\geq} \quad \int_{E_k} a\, C_n^f(x)\mathrm{d}\lambda(x) = a \int_{E_k} C_n^f(x)\mathrm{d}\lambda(x).$$

Nach Lemma 5.2 geht die rechte Seite im $\lim_{k \to \infty}$ gegen

$$a \int C_n^f(x)\mathrm{d}\lambda(x),$$

und nach Definition des Integrals geht das für $n \to \infty$ gegen

$$a \int f(x)\mathrm{d}\lambda(x),$$

und da a beliebig, lassen wir $a \to 1$ gehen, und es folgt

$$\alpha \geq \int f(x)\mathrm{d}\lambda(x).$$

Damit ist der Satz gezeigt.

Satz der dominierten Konvergenz
Sei $(f_n)_{n \in \mathbb{N}}$ eine Folge integrierbarer Funktionen und $\lim_{n \to \infty} f_n(x) = f(x)$ für alle x (f kann unendlich sein). Es existiere eine integrierbare Funktion g, mit $|f_n| \leq g$ für alle n. Dann ist f integrierbar und es gilt

$$\lim_{n \to \infty} \int f_n(x)\mathrm{d}\lambda(x) = \int f(x)\mathrm{d}\lambda(x) \quad \text{und}$$

$$\lim_{n \to \infty} \int |f_n(x) - f(x)|\mathrm{d}\lambda(x) = 0.$$

Beweis. Dass f integrierbar ist, folgt sofort, denn f ist messbar und

$$|f| \leq g \Rightarrow \int |f| \leq \int g.$$

Der eigentliche Beweis ist für den Limes der Integrale. Dazu benutzen wir den *Satz der monotonen Konvergenz* und besorgen uns eine monoton steigende Folge positiver Funktionen h_n (natürlich integrierbar). Und zwar gilt nach Voraussetzung $g \geq f_n$, also $g - f_n =: g_n \geq 0$ und $\lim_{n\to\infty} g_n = g - f$. Die Folge (g_n) ist nicht monoton, aber wir bilden daraus leicht eine monoton steigende Teilfolge:

$$h_n = \inf_{i \geq n} g_i ,$$

$$\lim_{n\to\infty} h_n = \liminf_{n\to\infty} g_n = \lim_{n\to\infty} g_n = g - f.$$

Weiter ist $h_n \leq 2g$ für alle n. Also können wir den *Satz von der monotonen Konvergenz* anwenden (mit $C = 2 \int g$) und erhalten zunächst:

$$\lim_{n\to\infty} \int h_n(x)\mathrm{d}\lambda(x) = \int (g - f)(x)\mathrm{d}\lambda(x) = \int g(x)\mathrm{d}\lambda(x) - \int f(x)\mathrm{d}\lambda(x).$$
$$(5.14)$$

Daraus müssen wir nun etwas für die f_n ziehen. Es ist

$$h_n = \inf_{i \geq n} g_i = g - \sup_{i \geq n} f_i, \quad \text{also} \quad \int h_n = \int g - \int \sup_{i \geq n} f_i .$$

Nach Gleichung (5.14) gilt

$$\lim_{n\to\infty} \int \sup_{i \geq n} f_i = \int f, \quad \text{und da}$$

$$\sup_{i \geq n} f_i \geq f_n, \quad \text{folgt} \quad \int f \geq \lim_{n\to\infty} \int f_n .$$

Jetzt zur umgekehrten Ungleichung

$$\int f \leq \lim_{n\to\infty} \int f_n .$$

Es gilt: $g \geq -f_n$ und mit neuer Definition der Symbole ist

$$g_n := f_n + g \geq 0 \quad \text{und} \quad h_n = \inf_{i \geq n} g_i ,$$

wobei h_n monoton gegen $f + g$ steigt. Damit folgt wieder

$$\lim_{n\to\infty} \int h_n = \int g + \int f,$$

aber nun mit $h_n = g + \inf_{i \geq n} f_i$, also

$$\lim_{n\to\infty} \int \inf_{i \geq n} f_i = \int f.$$

Und da

$$\inf_{i \geq n} f_i \leq f_n \quad \text{ist, gilt} \quad \lim_{n \to \infty} \int f_n \geq \int f.$$

Damit ist die Vertauschung von Limes und Integration gerechtfertigt.

Um noch

$$\lim_{n \to \infty} \int |f_n(x) - f(x)| \lambda(\mathrm{d}x) = 0$$

zu bekommen, wende man das Resultat auf

$$\tilde{f}_n = |f_n - f| \quad (\to 0 \text{ für } n \to \infty \text{ für alle } x)$$

an und beachte, dass

$$|\tilde{f}_n| < 2g \quad \text{für alle } n \text{ ist.}$$

Die Kolmogorov-Axiome

6

Wenn wir wirklich an die Wurzel der Wahrscheinlichkeit kommen wollen, müssen wir den Weg, den wir beim Münzwurf und beim Galton-Brett mit großer Intensität beschrieben haben und der zum wahren Geschehen führt, beschreitbar lassen. Wohl wissend, dass die Elementarereignisse Elemente eines Kontinuums sind, brauchen wir einen Inhalt, der uns sagt: Was ist viel, was ist wenig ... oder einfach nur, was sind die meisten? Und dann brauchen wir Vergröberungen, deren Werte uns zufallen. Wir haben das Gesetz der großen Zahlen, das uns mithilfe des Maßes sagt, was typischerweise gilt, und da uns das Typische zufällt, haben wir alle Materialien zur Hand, um uns mit gutem Bewusstsein an eine mathematische Abstraktion zu machen, die unsere Intuition passend vertritt und die relevant ist. Und weil sich das Elementare ändern kann, weil die Physik sich ändern kann, weil eine klassische Mechanik in einer Quantenmechanik aufgehen kann, deswegen können wir einzig und allein den *Weg* festschreiben. Das heißt: Was immer wir als wichtige mathematische Strukturen festschreiben wollen, darin muss auf jeden Fall der Weg vom Elementarereignis und seiner Bewertung durch einen Inhalt hin zu den Bildern gemäß dem Wörterbuch fest verankert stehen. Und das ist genau das, was Kolmogorov mit seiner Axiomatik der Wahrscheinlichkeitstheorie gemacht hat. Axiomatisiert wird also die *Struktur*, die es uns ermöglicht, auf vergröberte Ereignisse zu schauen anstatt auf die wahren Elementarereignisse, wobei natürlich der Gedanke im Hinterkopf ist, dass sich die Gewichtung der Bilder aus der elementaren Gewichtung ergibt, ganz so, wie wir es besprochen haben. Kurz: Das Wörterbuch wird axiomatisiert. Indem wir diesen Gedankengang verfolgen, wird unsere Formulierung der Axiomatik von Kolmogorov etwas anders als in Lehrbüchern üblich ausfallen. Aber der Kern ist der gleiche.

© Springer-Verlag Berlin Heidelberg 2017
D. Dürr et al., *Einführung in die Wahrscheinlichkeitstheorie als Theorie der Typizität*, DOI 10.1007/978-3-662-52961-4_6

6.1   Verallgemeinerung des Wörterbuchs

Wir kennen bereits die Struktur $([0, 1], \mathcal{B}([0, 1]), \lambda)$, also Ereignisse als Teilmengen von $[0, 1)$, das Lebesgue-Maß λ und die vergröbernden Funktionen $r_k : [0, 1) \to \{0, 1\}$. Letztere ermöglichen eine vergröberte Sichtweise auf die Ereignisse durch die Funktionswerte der Teilmengen, also 0 und 1. Die bekommen jeweils Gewicht $\frac{1}{2}$, und dieses Gewicht ist durch $\lambda(\{x : r_k(x) = 1\})$ bzw. $\lambda(\{x : r_k(x) = 0\})$ gegeben. Diese Struktur wollen wir jetzt zu $(\Omega, \mathcal{F}, \mathbb{P})$ verallgemeinern, d. h., wir haben eine Menge Ω von Elementarereignissen, die diskret sein kann (wie bei Jedermanns-Wahrscheinlichkeit), oder ein Kontinuum (wie die Menge von Anfangsbedingungen beim physikalischen Münzwurf oder wie der Phasenraum eines Gassystems), dann eine σ-Algebra $\mathcal{F}$ aus messbaren Teilmengen von Ω (bei diskreten Ω ist $\mathcal{F} = \mathcal{P}(\Omega)$, im stetigen Fall $\mathcal{F} = \mathcal{B}(\Omega)$) und ein Inhalt oder Maß $\mathbb{P}$. Alles völlig analog zur Lebesgue-Konstruktion, bis auf den Verzicht auf Translationsinvarianz des Maßes. Das Maß $\mathbb{P} : \mathcal{F} \to [0, 1]$ (oder einfach nur „$\to \mathbb{R}_+$") ist also eine σ-additive *Mengenfunktion* mit $\mathbb{P}(\Omega) = 1$ (die Normierung ist aber nicht notwendig) und für eine Vereinigung paarweise disjunkter Mengen A_i ist

$$\mathbb{P}\left(\bigcup_i A_i\right) = \sum_i \mathbb{P}(A_i).$$

Jetzt verallgemeinern wir noch das Wörterbuch, das uns exemplarisch die Möglichkeit zeigt, wie wir von einer – möglicherweise praktisch unzugänglichen oder uns gar noch unbekannten[1] – elementaren Ebene zu einer für unsere groben Sinne zugänglichen *Bildebene* kommen können, nämlich durch eine *Vergröberung* $X : \Omega \to \Omega'$.

Wichtiger Hinweis: Zu Recht wird man fragen: Wenn man die Menge der elementaren Ereignisse gar nicht im Griff hat, wie kann man dann Vergröberungen überhaupt definieren? Gute Frage. Antwort: Das Wissen, dass eine Vergröberung zwischen unserer wahrgenommenen Bildebene und der elementaren Ebene existiert, reicht aus. Ganz wie beim physikalischen Münzwurf, wo uns der wahre physikalische Prozess, der die Bahn der geworfenen Münze beschreibt, wegen seiner Komplexität ziemlich verborgen ist. Eigentlich kennen wir nur den Bildbereich der Vergröberung, also $X(\Omega) = \Omega'$, das Bild von Ω unter X.

Was uns interessiert, ist die Bewertung der Bilder von X. Man nennt die Bewertung der Bilder von X *Bildmaß* $\mathbb{P}_X$. Das ist aber nicht mehr frei wählbar, da es auf der elementaren Ebene bereits ein Typizitätsmaß $\mathbb{P}$ gibt. Wir möchten also auf Ω', oder besser: auf $\mathcal{F}'$ ein Typizitätsmaß definieren, welches aber durch $\mathbb{P}$ und X bereits festgelegt ist. Um das tun zu können, muss die Abbildung X zwischen den Borel-Algebren vermitteln, d. h., X muss so sein, dass

---

[1] Ganz im Sinne von Pierre Simon de Laplace in der Leitlinie dieses Buchs.

$$X^{-1}(B') = \{\omega \in \Omega : X(\omega) \in B'\} \in \mathcal{F} \quad \forall B' \in \mathcal{F}'. \tag{6.1}$$

Definition 6.1. Eine Funktion X, die (6.1) erfüllt, heißt *messbar bzgl.* $(\mathcal{F}, \mathcal{F}')$.

Bemerkung 6.1. Diese Forderung kennen wir bereits aus der Lebesgue-Integration. Dort kam sie aus der Integrationsidee – hier aus einer anderen Notwendigkeit.

Damit können wir das Bildmaß $\mathbb{P}_X$ definieren, denn dessen Definition macht erst Sinn, wenn $X^{-1}(B') \in \mathcal{F}$ ist – nur dort gibt es den Inhalt $\mathbb{P}$. Erst mit dieser Eigenschaft haben wir ein von $\mathbb{P}$ vererbtes *Typizitätsmaß auf der Bildebene von* X.

Definition 6.2. Das *Bildmaß* $\mathbb{P}_X$ der messbaren Vergröberung X ist mit $B' \in \mathcal{F}'$

$$\mathbb{P}_X(B') := \mathbb{P}(X^{-1}(B')) = \mathbb{P}(\{\omega \in \Omega : X(\omega) \in B'\}). \tag{6.2}$$

Bemerkung 6.2. Mit den Definitionen 6.1 und 6.2 kommt der Vergröberung sehr viel mehr Bedeutung zu als bisher. Wenn bislang von Vergröberungen die Rede war, dachte man einfach an Funktionen (vor allem an solche, die nicht injektiv sind). In Definition 6.2 sieht man eine weitere wichtige Eigenschaft: Sie transportieren das Typizitätsmaß, und das können nicht alle Funktionen! Nur messbare Funktionen sind für die Typizitätstheorie von Interesse. Darum und nur darum hat man diesen messbaren Funktionen in der Wahrscheinlichkeit stheorie einen eigenen Namen gegeben: Statt „messbare Vergröberung" sagt man gerne „Zufallsvariable/-größe" (vgl. Bemerkung 4.1).

Zurück zum Bildmaß: Das Bildmaß

$$\mathbb{P}_X : \mathcal{F}' \to [0, 1]$$

erfüllt die Eigenschaften eines Maßes, nämlich

- $\mathbb{P}_X(\Omega') = \mathbb{P}(\{\omega : X(\omega) \in \Omega'\}) = \mathbb{P}(\Omega) = 1,$ und
- falls $(B'_n)_n$ eine disjunkte Familie ist, gilt

$$\mathbb{P}_X\left(\bigcup_n B'_n\right) = \sum_n \mathbb{P}\left(X^{-1}(B'_n)\right) = \sum_n \mathbb{P}_X\left(B'_n\right),$$

denn $\mathbb{P}_X\left(\bigcup_n B'_n\right) = \mathbb{P}\left(\{\omega : X(\omega) \in \bigcup_n B'_n\}\right) = \mathbb{P}\left(\bigcup_n \{\omega : X(\omega) \in B'_n\}\right),$ und da $(B'_n)_n$ eine disjunkte Familie ist, ist auch die Familie von Mengen $\{\omega : X(\omega) \in B'_n\} = X^{-1}(B'_n)$ disjunkt, weil X eine Funktion ist.

Mit einer Vergröberung X bekommen wir also ausgehend von $(\Omega, \mathcal{F}, \mathbb{P})$ ein neues Tripel $(\Omega', \mathcal{F}', \mathbb{P}_X)$, den *Bildraum*.

Beispiel 6.1. Die Rademacher-Funktion r_1 auf $([0, 1], \mathcal{B}([0, 1]), \lambda)$ liefert den Bild-raum

$$\left(\Omega' = \{0, 1\}, \ \mathcal{F}' = \mathcal{P}(\Omega') = \{\emptyset, \{0\}, \{1\}, \{0, 1\}\}, \mathbb{P}_{r_1}(0) = \frac{1}{2} = \mathbb{P}_{r_1}(1) \right),$$

denn r_1 ist messbar (klar) und das Bildmaß ist $\mathbb{P}_{r_1} : \mathcal{F}' \to [0, 1]$ mit

$$\mathbb{P}_{r_1}(\delta) = \lambda(\{x : r_1(x) = \delta\}) = \frac{1}{2}, \delta \in \{0, 1\}.$$

Auf dem Bildraum mit der Struktur $(\Omega', \mathcal{F}', \mathbb{P}')$ können wir wieder eine Vergrö-berung $Y : \Omega' \to \Omega''$ anschauen, bekommen einen weiteren Raum $(\Omega'', \mathcal{F}'', \mathbb{P}'')$, und so weiter und so fort.

Beispiel 6.2. Von $[0, 1]$ zum Würfel zur Münze
Zunächst sei X die Vergröberung, die uns von $([0, 1], \mathcal{B}([0, 1]), \lambda)$ zu

$$(\{1, 2, 3, 4, 5, 6\}, \mathcal{P}(\{1, 2, 3, 4, 5, 6\}), (1/6, 1/6, \ldots)) \ \text{bringt.}$$

Also ist z. B.

$$X : [0, 1] \to \{1, 2, 3, 4, 5, 6\} = \Omega',$$

$$X(\omega) = X(0, \omega_1 \omega_2 \ldots \omega_n \ldots) = 1 + \omega_1,$$

wobei $\omega_i \in \{0, 1, 2, 3, 4, 5\}$, also $0, \omega_1 \omega_2 \ldots \omega_n \ldots$ die Entwicklung von ω zur Basis 6 ist. Die σ-Algebra ist $\mathcal{F}' = \mathcal{P}(\Omega')$ und das Bildmaß ist

$$\mathbb{P}_X(1) = \mathbb{P}'(1) = \lambda(X^{-1}(1)) = \lambda(\{\omega : X(\omega) = 1\}) = \frac{1}{6}.$$

Das gilt dann für alle $\omega' \in \Omega'$.
Jetzt weiter mit

$$Y : \Omega' \to \{0, 1\} = \Omega'',$$

$$Y(\omega') = \mathbb{1}_{\{1,2,3\}}(\omega'),$$

$$\mathcal{F}'' = \mathcal{P}(\Omega'')$$

und

$$\mathbb{P}_Y(0) = \mathbb{P}''(0) = \mathbb{P}'(Y^{-1}(0)) = \mathbb{P}'(\{\omega' : Y(\omega') = 0\}) = \mathbb{P}'(\{4, 5, 6\}) =$$

$$= \frac{1}{6} + \frac{1}{6} + \frac{1}{6} = \frac{1}{2}.$$

Wenn wir nicht davon überzeugt wären, dass hier etwas Ernsthaftes geschieht, wäre dies ein ziemlich dürftiges Treiben. Wir wissen aber, dass unsere groben Sinne nur auf vergröberte Ereignisse fokussieren, und davon möglicherweise auch nur auf solche, die uns wahrlich relevant erscheinen. Gleichzeitig wissen wir sehr wohl, dass es eine fundamentale Beschreibung gibt, nämlich die mit den wirklich elementaren Ereignissen.

Das alles hat der Mathematiker Andrei Nikolajewitsch Kolmogorov (1903–1987) gesehen. Und so schließt er weiter: Wenn man die Typizitätstheorie in der Modellierung anwendet, steigt man auf einer grobsinnigen Skala ein. Man benutzt bereits einen Bildraum als fundamentalen Raum. Die Vergröberung X, die uns den Bildraum verschafft, ist verschwunden: Sie ist nur mehr die Identität!

Bemerkung 6.3. Wie Beispiel 6.1 zeigt: Es bleibt nur noch

$$\left(\{0, 1\}, \mathcal{P}(\{0, 1\}), \mathbb{P}'(0) = \frac{1}{2}, \mathbb{P}'(1) = \frac{1}{2} \right)$$

übrig. Wenn man gleich auf dem Bildraum einsteigen will, erkennt man von r_1 nur noch id:

$$\mathbb{P}(\{\omega : r_1(\omega) = 0\}) = \mathbb{P}(r_1^{-1}(0)) = \mathbb{P}'(0) = \mathbb{P}'(\{\omega' : \mathrm{id}(\omega') = 0\})$$

So kommen wir schließlich zur Axiomatik von Kolmogorov.

6.2 Axiome

Was muss axiomatisiert werden? Was Wahrscheinlichkeit *ist*? Wohl eher nicht. Was ein Typizitätsmaß ist? Nein, denn das ist ein Maß, ein Inhalt. Da gibt es nichts zu axiomatisieren. Was festgeschrieben werden muss, ist die *durchgängige Struktur* – durchgängig von der wahrlich fundamentalen Ebene bis hin zu unseren Spielereien mit Münzen oder Würfeln.

Definition 6.3.
1. Ein *Typizitätsraum* ist ein Tripel $(\Omega, \mathcal{F}, \mathbb{P})$. $\mathcal{F}$ ist die Mengenfamilie der *Ereignisse* (Teilmengen der zugrunde liegenden Menge Ω) und $\mathbb{P} : \mathcal{F} \rightarrow [0, 1]$ ist ein *Typizitätsmaß*.

2. Zufallsgrößen, also *Vergröberungen*, sind messbare Funktionen X auf Ω, also

$$X : \Omega \to \Omega' \quad \text{und}$$

$$X^{-1}(B') \in \mathcal{F} \quad \forall B' \in \mathcal{F}', \text{ wobei } \mathcal{F}' \text{ die } \sigma\text{-Algebra von } \Omega' \text{ ist.}$$

3. X induziert auf $\mathcal{F}'$ ein Typizitätsmaß $\mathbb{P}_X$ – das *Bildmaß*

$$\mathbb{P}_X(B') := \mathbb{P}(X^{-1}(B')) = \mathbb{P}(\{\omega : X(\omega) \in B'\}).$$

Bemerkung 6.4. Wir benutzen manchmal aus Gründen der Einfachheit die Symbolik $\mathbb{P}(X \in B')$ für $\mathbb{P}(X^{-1}(B'))$, also $\mathbb{P}(X \in B') := \mathbb{P}(X^{-1}(B'))$.

Das Bildmaß heißt *Verteilung* von X, und jede Vergröberung Y mit dem gleichen Bildmaß, also $\mathbb{P}_Y = \mathbb{P}_X$, heißt *Version* oder *Realisierung* von X. X, Y heißen dann *identisch verteilt*.

Bemerkung 6.5. Wenn zudem die Zufallsgröße Y *unabhängig* von X ist, dann hat sich die Abkürzung *i.i.d.* eingebürgert, für „identically independently distributed".

Bemerkung 6.6. Wir benutzen häufig die unkorrekte Sprechweise, dass eine Zufallsvariable X das Tripel $(\Omega, \mathcal{F}, \mathbb{P})$ auf ein Bildtripel $(\Omega', \mathcal{F}', \mathbb{P}')$ abbildet. Das ist cum grano salis zu lesen und bedeutet $X : \Omega \mapsto \Omega'$ und X ist $(\mathcal{F}, \mathcal{F}')$-messbar.

Bemerkung 6.7. Der Index X beim Bildmaß $\mathbb{P}_X$ wird meistens unterschlagen. Erstens, weil uns der Gang von der elementaren Ebene zur Bildebene viel zu kompliziert ist, und zweitens, weil uns die Frage nach der elementaren Ebene oft gar nicht bewusst ist und man gleich auf der Bildebene, nämlich mit der sogenannten Modellbildung beginnt.

6.3   Zufallsvektoren und Prozesse

Das alles lässt sich nun auf endliche oder unendliche Vektoren von Vergröberungen verallgemeinern. Zunächst sei $(\Omega, \mathcal{F}, \mathbb{P})$ gegeben und darauf Vergröberungen X, Y mit

$$X : \Omega \to \Omega',$$

$$Y : \Omega \to \Omega''.$$

Ein Beispiel dafür wäre gemeinsames Werfen von Münze und Würfel:

Beispiel 6.3. Eine gemeinsame Realisierung von (unfairer) Münze und (unfairem) Würfel auf $([0,1], \mathcal{B}([0,1]), \lambda)$
Uns interessiert, sagen wir, das Auftreten des gemeinsamen Ereignisses

$$X \in A' \in \mathcal{F}', \quad Y \in A'' \in \mathcal{F}'', \quad \text{also}$$

$$\mathbb{P}((X,Y) \in A' \times A'') = \mathbb{P}_{X,Y}(A' \times A'').$$

Man teile das Intervall $[0,1]$ in 12 Teilintervalle $a_0 = 0 < a_1 < a_2 \ldots < a_{12} = 1$ und setze für den Münzwurf

$$X : [0,1] \to \{K, Z\}, \text{ mit } X(x) = K \text{ für } x < a_6, \, X(x) = Z \text{ für } a_6 \leq x < a_{12}$$

und für den Würfel

$$Y : [0,1] \to \{1,2,3,4,5,6\}, \text{ mit } Y(x) = k \text{ für } x \in [a_{k-1}, a_k) \cup [a_{k+5}, a_{k+6}).$$

Der Bildraum ist dann $\Omega' \times \Omega'' = \{K, Z\} \times \{1,2,3,4,5,6\}$, die σ-Algebra die Potenzmenge davon und

$$\mathbb{P}_{X,Y}(K, k) = \lambda(\{x : X(x) < a_6\} \cap \{x : Y(x) \in [a_{k-1}, a_k) \cup [a_{k+5}, a_{k+6})\})$$

$$= a_k - a_{k-1}$$

und für „Z" analog. Die *Randmaße* sind (die allgemeine Definition kommt gleich im Anschluss):

$\mathbb{P}_X(K) = \sum_{k=1}^{6} \mathbb{P}_{X,Y}(K, k) = \sum_{k=1}^{6}(a_k - a_{k-1}) = a_6$,
$\mathbb{P}_X(Z) = \sum_{k=1}^{6}(a_{k+6} - a_{k+5}) = a_{12} - a_6$,
$\mathbb{P}_Y(k) = \sum_{i=K,Z} \mathbb{P}_{X,Y}(\{i, k\}) = (a_k - a_{k-1}) + (a_{k+6} - a_{k+5})$.

Die Wahl äquidistanter Punkte a_k liefert unabhängige Realisierungen von fairer Münze und fairem Würfel. Davon überzeuge man sich.

Definition 6.4. Die Familie $(X_k)_{k=1,\ldots,n}$ von Zufallsgrößen $X_k : \Omega \to \Omega_k$ auf $(\Omega, \mathcal{F}, \mathbb{P})$ induziert auf $(\Omega_1 \times \ldots \times \Omega_n, \mathcal{F}_1 \times \ldots \times \mathcal{F}_n)$ das *n-dimensionale Bildmaß* $\mathbb{P}_{X_1,\ldots,X_n}$, gegeben durch

$$\mathbb{P}_{X_1,\ldots,X_n}(A_1 \times \ldots \times A_n) = \mathbb{P}(X_1 \in A_1, \ldots, X_n \in A_n)$$

$$= \mathbb{P}(\{\omega : X_1(\omega) \in A_1\} \cap \cdots \cap \{\omega : X_n(\omega) \in A_n\}).$$

$(X_k)_{k=1,\ldots,n}$ nennt man *Zufallsvektor*.

Beachte die „Konsistenz" der Familie der gemeinsamen Verteilungen:

$$\mathbb{P}_{X_{k_1},...,X_{k_r}}(A_{k_1} \times ... \times A_{k_r})$$
$$= \mathbb{P}_{X_1,...,X_n}(\Omega_1 \times \Omega_2 \times ... \times A_{k_1} \times ... \times A_{k_r} \times ... \times \Omega_n),$$

denn

$$\mathbb{P}_{X_1,...,X_n}(\Omega_1 \times \Omega_2 \times ... \times A_{k_1} \times ... \times A_{k_r} \times ... \times \Omega_n)$$
$$= \mathbb{P}(X_1 \in \Omega_1, X_2 \in \Omega_2, ..., X_{k_1} \in A_{k_1}, ..., X_{k_r} \in A_{k_r}, ..., X_n \in \Omega_n)$$
$$= \mathbb{P}(\Omega \cap \Omega \cap ... \cap \{\omega : X_{k_1}(\omega) \in A_{k_1}\} \cap ... \cap \{\omega : X_{k_r}(\omega) \in A_{k_r}\} \cap ... \cap \Omega)$$
$$= \mathbb{P}(\{\omega : X_{k_1}(\omega) \in A_{k_1}\} \cap ... \cap \{\omega : X_{k_r}(\omega) \in A_{k_r}\})$$
$$= \mathbb{P}_{X_{k_1},...,X_{k_r}}(A_{k_1} \times ... \times A_{k_r}).$$

Definition 6.5. Das Bildmaß $\mathbb{P}_{X_{k_1},...,X_{k_r}}$ heißt *r-dimensionales Marginalmaß* oder *r-dimensionales Randmaß*.

Man erhält es durch Anwendung des n-dimensionalen Maßes $\mathbb{P}_{X_1,...,X_n}$ auf r-dimensionale *Zylindermengen*

$$\Omega \cap \Omega \cap ... \cap \{\omega : X_{k_1}(\omega) \in A_{k_1}\} \cap ... \cap \{\omega : X_{k_r}(\omega) \in A_{k_r}\} \cap ... \cap \Omega.$$

Definition 6.6. Die Familie $(X_k)_{k=1,...,n}$ von Zufallsgrößen auf $(\Omega, \mathcal{F}, \mathbb{P})$ heißt *unabhängig* , wenn das Bildmaß $\mathbb{P}_{X_1,...,X_n}$ faktorisiert, d. h.:

$$\mathbb{P}_{X_1,...,X_n} = \prod_{i=1}^{n} \mathbb{P}_{X_i}$$

Der Bildraum einer unabhängigen Familie $(X_k)_{k=1,...,n}$ ist der Produktraum der Bildräume

$$\left(\Omega_1 \times ... \times \Omega_n, \mathcal{F}_1 \times ... \times \mathcal{F}_n, \prod_{i=1}^{n} \mathbb{P}_{X_i}\right).$$

Bemerkung 6.8. Die Zufallsgröße X_k wird auf dem Bildraum zu η_k, der Projektion auf die k-te Koordinate (analog zu Bemerkung 6.3):

$$\eta_k : (\Omega_1 \times ... \times \Omega_n) \to \Omega_k,$$

$$(\omega_1, ..., \omega_k, ..., \omega_n) \mapsto \omega_k.$$

Wenn nun der Münzwurf auf unbestimmte Anzahl ausgeführt wird, also die Möglichkeit eröffnet werden soll, dass beliebig häufig geworfen werden kann (was beim Gesetz der großen Zahlen gerne in Anspruch genommen wird), dann spricht man nicht mehr von *Zufallsvektoren*, sondern von einem *Zufallsprozess* bzw. *stochastischen Prozess*. *Bernoulli-Prozesse* haben wir (meistens unbewusst) ständig im Kopf. Bei allen empirischen Verteilungen, wie z. B. bei der des Münzwurfs oder des Galton-Bretts, hat man es mit Wiederholungen zu tun, wobei die Zufallsvariable X_k als k-te Wiederholung gesehen wird, die unabhängig von den vorhergehenden Zufallsvariablen ist. Dabei seien die $X_k, k = 1, 2, \ldots$ auf $(\Omega, \mathcal{F}, \mathbb{P})$ definiert und alle Bildmaße $\mathbb{P}_{X_k}, k = 1, 2, \ldots$ identisch.

Beispiel 6.4. Der beliebig häufige Münzwurf
Wir beginnen auf der Bildebene. Sei $\Omega_\infty = \{0\text{-}1\text{-Folgen}\}$. Die Elementarereignisse sind die n-dimensionalen Zylindermengen (nur n Koordinaten sind vorgegeben, die restlichen sind frei), also

$$Z_{k_1,\ldots,k_n}^{(\delta_1,\ldots,\delta_n)} = \{\omega \in \Omega_\infty : \eta_{k_1}(\omega) = \delta_1, \ldots, \eta_{k_n}(\omega) = \delta_n\},$$

dabei ist $\eta_{k_i}(\omega)$ die k_i-te Stelle der 0-1-Folge ω. Wir kennen $\mathbb{P}$ auf den Mengen Z:

$$\mathbb{P}\left(Z_{k_1,\ldots,k_n}^{(\delta_1,\ldots,\delta_n)}\right) = \left(\frac{1}{2}\right)^n.$$

Sei $\mathcal{B}_\infty$ die von den Zylindermengen erzeugte σ-Algebra. Dann kann das $\mathbb{P}$ (eindeutig) auf $\mathcal{B}_\infty$ als Typizitätsmaß ausgedehnt werden, ganz analog zur Lebesgue-Konstruktion. Die bedeutet hier: man konstruiere das Maß $\mathbb{P}$ durch die Werte auf Zylindermengen. Dies brauchen wir hier aber nicht zu tun, denn jedes $\omega \in \Omega_\infty$ kann eindeutig (bis auf eine Menge vom Maß 0) auf ein $x \in [0, 1]$ abgebildet werden. Die Zylindermengen werden dabei auf Vereinigungen von Intervallen abgebildet, und das Maß der Zylindermenge ist das Lebesque-Maß der Vereinigung der Intervalle. Damit ist $\mathbb{P}_\infty$ auf $\mathcal{B}_\infty$ festgelegt. Man nennt $\mathbb{P}_\infty$ auf $\mathcal{B}_\infty$ ein *Bernoulli-Maß*. Wir bekommen so das Tripel $(\Omega_\infty, \mathcal{B}_\infty, \mathbb{P}_\infty)$.

Beispiel 6.5. Die Familie von Koordinatenfunktionen $(\eta_k)_{k \in \mathbb{N}}$, gegeben durch

$$\eta_k : \Omega_\infty \to \{0, 1\}$$

$$\eta_k(\omega) = k - te \text{ Koordinate von } \omega, \ k \in \mathbb{N}$$

(offenbar Vergröberungen), bildet einen *stochastischen Prozess* (also eine Familie von Zufallsgrößen oder einen „unendlichen Zufallsvektor"), in diesem Falle einen *Bernoulli-Prozess*.

Bemerkung 6.9. Wir können genauso gut die elementare Ebene zitieren und die Familie von Funktionen

$$r_k : [0, 1] \rightarrow \{0, 1\}, \quad x \mapsto r_k(x), \ k \in \mathbb{N},$$

betrachten, die uns vom elementaren Tripel zum Bildraum bringt:

$$([0, 1], \mathcal{B}([0, 1]), \lambda) \rightarrow (\Omega_\infty, \mathcal{B}_\infty, \mathbb{P}_\infty)$$

Die Familie $(r_k)_{k \in \mathbb{N}}$ ist eine andere *Realisierung* des Bernoulli -Prozesses.

6.4   Anhang

Die von einer Zufallsvariable erzeugte σ-Algebra

Die Urbilder einer Vergröberung

$$X : \Omega \mapsto \Omega'$$

erzeugen selbst eine σ-Algebra $\sigma(X) \subseteq \mathcal{F}$. Das ist die kleinste σ-Algebra, die alle Urbilder $X^{-1}(A)$, $A \in \mathcal{F}'$ enthält. Sie ist in der Regel – bei echten Vergröberungen – echt enthalten in $\mathcal{F}$. Nehmen wir als Beispiel $X = r_1$ auf $[0, 1]$. Dann ist

$$\sigma(r_1) = \left\{ \left[0, \frac{1}{2}\right), \left[\frac{1}{2}, 1\right], [0, 1], \emptyset \right\}.$$

Zur Übung prüfe man das nach.

Die Rademacher-Funktion r_2 ist *nicht* bezüglich $\sigma(r_1)$ messbar, denn z. B. ist $r_2^{-1}(\{0\}) = [0, 1/4) \cup [1/2, 3/4) \notin \sigma(r_1)$. Das bedeutet, dass r_2 nicht als Funktion von r_1 ausdrückbar ist, und umgekehrt genauso.

Empirische Größen und theoretische Voraussagen

7

Jetzt denken wir wieder an den physikalischen Münzwurf, bei dem wir mehrmals hintereinander werfen. Die Gesamtheit der Ausgänge verschafft uns ein experimentelles Ensemble von Werten, und über dieses empirische Ensemble wollen wir mit der Typizitätstheorie *Vorhersagen treffen*. Und das tun wir, indem wir Aussagen über die experimentellen Ensembles der meisten, der typischen ω machen.

Erinnerung. Nun darf man nur eines nicht tun: die Menge der ω als tatsächliches empirisches Ensemble ansehen! Wir erleben nur *ein* ω. Das ist *eine* Welt, in der wir die Münze werfen. Und es sind die $(X_i(\omega))_i$ *von diesem einen* ω, die beim Münzwurf herauskommen. Oft kommt die Frage auf, wieso uns dann überhaupt eine Aussage über die typischen ω etwas angeht, wenn wir doch nur dieses eine ω erleben. Aber denken wir mal andersrum. Angenommen, wir könnten theoretisch folgenden Satz beweisen: Es gibt *ein* ω, wofür die $X_i(\omega)$ die reguläre Regellosigkeit zeigen, die wir beobachten. Was hätten wir von einer solchen Aussage? Nur Fragen: Warum erleben wir diese sehr spezielle eine Welt, *dieses eine* ω? Was macht dieses eine ω so speziell, dass wir diesem Satz Bedeutung schenken sollten? Typizitätstheorie liefert dagegen automatisch eine befriedigende Voraussage: Es gibt nicht nur *ein* ω, das unsere beobachteten relativen Häufigkeiten liefert, sondern *die meisten* ω liefern diese relativen Häufigkeiten. Also: *Typischerweise* erscheinen die relativen Häufigkeiten richtig.

Wir betrachten jetzt einen Typizitätsraum $(\Omega, \mathcal{F}, \mathbb{P})$ und darauf eine Zufallsgröße $X : \Omega \to \Omega'$ (die in aller Regel die Identität $X = \mathrm{id}$ ist, weil wir bereits den Bildraum nehmen). Und wir denken an eine Versuchsreihe, beispielhaft an den Münzwurf. Entweder werden viele gleiche Münzen auf einmal geworfen, dann steht ein X_i für eine Münze und alle $X_i : \Omega \to \{0, 1\}$ bilden einen Bernoulli-Prozess. (Wenn wir auf dem Bildraum arbeiten wollen, dann müssen wir natürlich an den Produktraum $\Omega = \{0, 1\}^n$ für hinreichend großes n denken). Oder wir werfen eine

© Springer-Verlag Berlin Heidelberg 2017
D. Dürr et al., *Einführung in die Wahrscheinlichkeitstheorie als Theorie der Typizität*, DOI 10.1007/978-3-662-52961-4_7

Münze viele Male, dann ist der i-te Wurf $X_i : \Omega \to \{0, 1\}$ und alle X_i bilden wieder einen Bernoulli-Prozess.

Bemerkung 7.1. Warum sagen wir hier so einfach, dass ein Bernoulli-Prozess entsteht? Weil wir in Kap. 4 Überzeugungsarbeit geleistet haben, dass diese Annahme physikalisch gerechtfertigt werden kann.

Wir denken bei $X_1, \dots, X_n$ an *Kopien* von X (wir nennen diese auch „Realisierungen"), das heißt

$$X_i : \Omega \to \Omega', \quad \mathbb{P}_{X_i} = \mathbb{P}_X \quad \text{für alle } i \quad \text{und}$$

$$\mathbb{P}_{X_1,\dots,X_n} = \prod_{i=1}^{n} \mathbb{P}_{X_i} \text{ (das ist die } \textit{Bernoulli-Eigenschaft).}$$

Das Gesetz der großen Zahlen, das uns inzwischen schon geläufig ist und in Kap. 8 bewiesen wird, macht nun eine Vorhersage über die *empirische Verteilung* der $(X_i)_i$: Für *typische* $\omega \in \Omega$ wird $(X_i(\omega))_i$ die „richtigen" relativen Häufigkeiten liefern, also

$$\frac{1}{n} \sum_{i=1}^{n} \mathbb{1}_A (X_i(\omega)) \approx \mathbb{P}(X \in A) = \mathbb{P}_X(A). \tag{7.1}$$

Die empirische Verteilung hatten wir in Definition 4.3 für *diskrete Zufallsgrößen* formuliert. Auch in unseren Beispielen haben wir bisher nur diskrete Zufallsgrößen besprochen, also solche, die Werte in einer diskreten Menge annehmen. Wir werden bald auch Beispiele von Zufallsgrößen besprechen, die „stetig" verteilt sind, also Werte in einer kontinuierlichen Menge annehmen, und für stetig verteilte Zufallsgrößen ist die Integration im Lebesgueschen Sinne gerade recht (und um die Notation zu entlasten, schreiben wir anstatt $d\lambda(x)$ ab jetzt dx):

Definition 7.1. Sei X eine Zufallsgröße auf $(\Omega, \mathcal{F}, \mathbb{P})$ und $X : \Omega \to \mathbb{R}$, dann heißt X *stetig verteilt*, falls es eine positive, messbare Funktion $\rho : \mathbb{R} \to \mathbb{R}$ gibt mit

$$\int_{-\infty}^{\infty} \rho(x)dx = 1 \text{ und } d\mathbb{P}_X(x) = \rho(x)dx,$$

d. h., für alle Borel-Mengen A ist

$$\mathbb{P}_X(A) = \int_A d\mathbb{P}_X(x) = \int_A \rho(x)dx = \int \mathbb{1}_A \rho(x)dx.$$

$\rho(x)$ heißt *Dichte* von X, oder genauer Dichte vom Maß $\mathbb{P}_X$, welches *absolut stetig* bezüglich des Lebesgue-Maßes ist. (Oder anders gesagt: Jede Lebesgue-Nullmenge ist auch $\mathbb{P}$-Nullmenge.) Man schreibt dann „$\mathbb{P} \ll \lambda$".

Bemerkung 7.2. Variablentransformation und Verteilung
Allgemein habe X die Dichte $\rho(x)$. Sei $F(X)$ eine invertierbare Funktion. Dann hat $Y = F(X)$ die Dichte

$$\tilde{\rho}(y) = \rho\left(F^{-1}(y)\right) \frac{1}{|F'(F^{-1}(y))|}.$$

Das liegt an

$$\mathbb{P}(Y \in dy) = \mathbb{P}(F(X) \in dy) = \mathbb{P}(X \in F^{-1}(dy))$$

$$= \mathbb{P}\left(X \in \frac{dy}{|F'(F^{-1}(y))|}\right).$$

Dabei ist die Notation $\left|F'\left(F^{-1}(y)\right)\right|$ bereits vorausschauend: In Dimension $d > 1$ ist das die Determinante der Jacobi-Matrix.

Es ist vorteilhaft, wenn wir diskrete Zufallsvariablen analog behandeln können wie stetige Zufallsvariablen. Dann gibt es zwar keine Dichte ρ mehr, aber folgenden Ersatz:

Definition 7.2. Die *diskrete* Zufallsgröße X nehme die Werte $\{a_1, \ldots, a_n\}$ an, und $\mathbb{P}_X(a_i) = p_i, i = 1, \ldots, n$, mit $\sum_{i=1}^{n} p_i = 1$. Dann schreiben wir

$$d\mathbb{P}_X(x) = \sum_{i=1}^{n} p_i \delta(x - a_i) dx$$

mit dem *Punktmaß* $\delta(x - a)$, das definiert ist durch $\int_{-\infty}^{\infty} f(x)\delta(x - a)dx = f(a)$ für beschränkte, messbare Funktionen f. Entsprechend ist

$$\mathbb{P}_X(A) = \int_A d\mathbb{P}_X(x) = \int_{-\infty}^{\infty} \mathbb{1}_A(x) \sum_{i=1}^{n} p_i \delta(x - a_i)dx = \sum_{i=1}^{n} p_i \mathbb{1}_A(a_i),$$

insbesondere für $A = \{a_j\}$ ist $\mathbb{P}_X(a_j) = p_j$.

Im stetigen Fall ist es nicht einfach, von einer „punktweisen relativen Häufigkeit" zu reden. Deshalb führt man eine *verallgemeinerte empirische Verteilung* ein.

Definition 7.3. Sei X stetig verteilt und $(X_k)_k$ i.i.d. mit X, dann heißt

$$\rho_{\text{emp}}^n(x, \omega) = \frac{1}{n} \sum_{k=1}^{n} \delta(x - X_k(\omega))$$

die *empirische Dichte von* X.

Bemerkung 7.3. Wie man die zu benutzen hat, zeigt

$$\int f(x)\rho_{\mathrm{emp}}^n(x,\omega)\mathrm{d}x = \frac{1}{n}\sum_k \int f(x)\delta(x - X_k(\omega))\mathrm{d}x = \frac{1}{n}\sum_k f(X_k(\omega)).$$

Wichtiger Hinweis: Wie kommt man von hier zu (7.1)? Ganz einfach, indem man wieder $f = \mathbb{1}_A$ setzt. Diese Frage wird häufiger auftauchen und man sollte die Antwort jederzeit parat haben.

Die Voraussage für die *empirische Dichte* ist gemäß dem Gesetz der großen Zahlen die *Dichte* ρ der Zufallsgröße X (was wir später in (7.7) zeigen werden).

7.1   Der Erwartungwert

Häufig schaut man Vergröberungen von empirischen Häufigkeiten an und will auch darüber Vorhersagen treffen. Die einfachste ist das *empirische Mittel*

$$\frac{1}{n}\sum_{i=1}^n X_i(\omega). \tag{7.2}$$

Um auf die theoretische Voraussage, also den *theoretischen Mittelwert* zu kommen, schreiben wir zuerst

$$\frac{1}{n}\sum_{i=1}^n X_i(\omega) \approx \frac{1}{n}\sum_{i=1}^n \sum_j x_j \mathbb{1}_{\{\Delta x_j\}}(X_i(\omega)),$$

wobei wir $X_i(\omega) \approx \sum_j x_j \mathbb{1}_{\{\Delta x_j\}}(X_i(\omega))$ gesetzt haben. Nun bringen wir (7.1) ein (nach Vertauschung der Summationen) und bekommen

$$\frac{1}{n}\sum_{i=1}^n X_i(\omega) \approx \sum_j \mathbb{P}(X \in \Delta x_j)x_j$$

$$= \sum_j x_j \mathbb{P}(\{\omega : X(\omega) \in \Delta x_j\})$$

$$= \sum_j x_j \mathbb{P}(X^{-1}(\Delta x_j))$$

$$= \sum_j x_j \mathbb{P}_X(\Delta x_j).$$

Das erinnert an das Lebesgue-Integral und wir bilden mit $\mathbb{P}$ oder $\mathbb{P}_X$ – beides geht gleichermaßen gut – das Lebesgue-Integral nach:

$$\sum_j x_j \mathbb{P}_X(\Delta x_j) = \sum_j x_j \mathbb{P}(X^{-1}(\Delta x_j)) \approx \int X(\omega)\mathrm{d}\mathbb{P}(\omega) = \int x \mathrm{d}\mathbb{P}_X(x)$$

Aus (7.2) wird also für typische ω und große n

$$\frac{1}{n}\sum_{i=1}^n X_i(\omega) \approx \int X(\omega)\mathrm{d}\mathbb{P}(\omega) = \int x\mathrm{d}\mathbb{P}_X(x). \tag{7.3}$$

Dem theoretischen Wert für das empirische Mittel hat man den Namen *Erwartungswert* gegeben, der dann allgemein für die Integration mit dem $\mathbb{P}$-Maß verwendet wird:

Definition 7.4.

$$\mathbb{E}(X) := \int X(\omega)\mathrm{d}\mathbb{P}(\omega) = \int x\mathrm{d}\mathbb{P}_X(x)$$

heißt der *Erwartungswert* der Zufallsgröße X.
Gemäß Definition 7.1 und 7.2 ist im diskreten Fall $\mathbb{E}(X) = \sum_i a_i p_i$ und im stetigen Fall $\mathbb{E}(X) = \int x\rho(x)\mathrm{d}x$.

Ganz wichtig ist die zweite Gleichheit in der Definition, die wieder Ausdruck der durchgängigen Struktur ist. Wir können auf jeder Ebene mit den entsprechenden Bildmaßen arbeiten. Einmal integrieren wir die Funktion $X(\omega)$ auf dem ursprünglichen Raum und einmal die triviale Funktion, die „Identität", auf dem Bildraum. In der Regel ist man sich der mittleren Gleichheit gar nicht bewusst. Wie eben beim Münzwurf:

Beispiel 7.1. $X = r_1$ auf $([0, 1], \mathcal{B}([0, 1]), \lambda)$. Als Kopien kommen $X_i = r_i$ infrage, und wir haben gezeigt, dass für die meisten ω

$$\frac{1}{n}\sum_{i=1}^n r_i(\omega) \approx \mathbb{E}(r_1) = \int_0^1 r_1(\omega)\mathrm{d}\omega = \int_0^{\frac{1}{2}} 0\,\mathrm{d}\omega + \int_{\frac{1}{2}}^1 1\,\mathrm{d}\omega = \frac{1}{2} = \int x\mathrm{d}\mathbb{P}_X(x) = ?.$$

Uns interessiert nun das „?". Die Abbildung $X : [0, 1] \to \mathbb{R}$ geht nur in die Teilmenge $\{0, 1\}$, das Bildmaß $\mathrm{d}\mathbb{P}_X(x)$ ist entsprechend das Punktmaß

$$\mathrm{d}\mathbb{P}_X(x) = \frac{1}{2}\left(\delta(x) + \delta(x-1)\right)\mathrm{d}x.$$

Das Integral mit dem Punktmaß wird natürlich zur Summe, das wissen wir schon aus Definition 7.2, also

$$\int x\mathrm{d}\mathbb{P}_X(x) = \sum_i x_i \mathbb{P}_X(x_i) = 0 \cdot \frac{1}{2} + 1 \cdot \frac{1}{2}.$$

Und damit ist

$$\mathbb{E}(X) = \int_0^1 r_1(\omega)\mathrm{d}\omega = \int x\frac{1}{2}\left(\delta(x) + \delta(x-1)\right)\mathrm{d}x = 0 \cdot \frac{1}{2} + 1 \cdot \frac{1}{2}.$$

Und ganz rechts steht die Art, wie man den Erwartungswert des Münzwurfs in der Schule lernt.

Wir wollen jetzt ein paar Eigenschaften des Erwartungswertes benennen, die im Wesentlichen folgen, weil der Erwartungswert einfach ein Integral ist. Der Erwartungswert ist *definitionsgemäß linear*, das heißt, es gilt für X, Y auf $(\Omega, \mathcal{F}, \mathbb{P})$

(i) $\mathbb{E}(X + \beta Y) = \mathbb{E}(X) + \beta\mathbb{E}(Y)$,
(ii) die Dreiecksungleichung $\mathbb{E}(|X|) \geq \mathbb{E}(X)$ und
(iii) $\forall a \in \mathbb{R}: \ \mathbb{E}(a) = a$.

Diese Eigenschaften, so simpel sie auch sind, muss man im Kopf behalten. Wir benutzen sie von jetzt an, ohne darauf zu verweisen.

Wie behandelt man den Erwartungswert des Produktes zweier Zufallsgrößen? Es geht um ein Paar von Zufallsgrößen, also allgemein um

$$\mathbb{E}(f(X_1, X_2)) = \int f(X_1(\omega), X_2(\omega))\,\mathrm{d}\mathbb{P}(\omega).$$

So weit ist das klar. Aber das ist nur eine Art, der Sache zu begegnen, eine andere Möglichkeit ist, auf den Bildraum zu gehen. Zur Erinnerung:

$$\int f(X_1(\omega), X_2(\omega))\,\mathrm{d}\mathbb{P}(\omega)$$
$$\approx \sum_{i,j} f(y_i, z_j)\mathbb{P}\left(\{\omega : X_1(\omega) \in \Delta y_i\} \cap \{\omega : X_2(\omega) \in \Delta z_j\}\right)$$
$$= \sum_{i,j} f(y_i, z_j)\,\mathbb{P}_{X_1, X_2}(\Delta y_i \times \Delta z_j)$$
$$\approx \int\int f(y, z)\,\mathrm{d}\mathbb{P}_{X_1, X_2}(y, z).$$

Bei Unabhängigkeit faktorisieren die Bildmaße, d. h.

$$\mathrm{d}\mathbb{P}_{X_1, X_2}(y, z) = \mathrm{d}\mathbb{P}_{X_1}(y)\mathrm{d}\mathbb{P}_{X_2}(z),$$

und damit passiert wieder diese äußerst seltene Sache, dass ein Integral über eine Produktfunktion zu einem Produkt von Integralen wird:

$$\mathbb{E}(f(X_1)g(X_2)) = \int f(X_1(\omega))\, g(X_2(\omega))\, d\mathbb{P}(\omega)$$

$$= \int \int f(y)g(z)d\mathbb{P}_{X_1}(y)d\mathbb{P}_{X_2}(z)$$

$$\overset{\text{Fubini}}{=} \int f(y)d\mathbb{P}_{X_1}(y) \int g(z)d\mathbb{P}_{X_2}(z)$$

$$= \int f(X_1(\omega))\, d\mathbb{P}(\omega) \int g(X_2(\omega))\, d\mathbb{P}(\omega)$$

$$= \mathbb{E}(f(X_1))\mathbb{E}(g(X_2)). \qquad (7.4)$$

Bemerkung 7.4. Über der mittleren Gleichheit steht ein „Fubini". Das bezieht sich auf die Auswertung des Doppelintegrals als Einzelintegrale, so wie eine Doppelsumme über jeden Index einzeln summiert werden kann. Allerdings geht das nicht immer, aber im Normalfall, d. h., praktisch geht es so gut wie immer. Und darüber ist der Satz von Fubini.

Bemerkung 7.5. Es reicht natürlich nicht, dass $\mathbb{E}(X_1 X_2) = \mathbb{E}(X_1)\mathbb{E}(X_2)$ gilt, um auf Unabhängigkeit schließen zu können. Dagegen ist klar, dass X_1 und X_2 genau dann unabhängig sind, wenn

$$\mathbb{E}(g(X_1)h(X_2)) = \mathbb{E}(g(X_1))\mathbb{E}(h(X_2))$$

für alle g und h in einer ausreichend großen Menge von Funktionen, z. B. die Menge aller Indikatorfunktionen oder die sogenannten *charakteristischen Funktionen* (die lernen wir in Abschn. 7.5 kennen), also wenn

$$\mathbb{E}\left(e^{iy_1 X_1}e^{iy_2 X_2}\right) = \mathbb{E}\left(e^{iy_1 X_1}\right)\mathbb{E}\left(e^{iy_2 X_2}\right) \forall y_1, y_2 \in \mathbb{R},$$

dann sind X_1 und X_2 unabhängig .

Beispiel 7.2. Triadische Entwicklung von $x \in [0, 1]$ mit $\mathbb{P} = \lambda$

$$x = 0, t_1 t_2 \ldots \quad \text{mit} \quad t_i \in \{0, 1, 2\}$$

Die Einträge t_1 und t_2 sind unabhängig. Setze $X_1 = (t_1 - 1)t_2$, $X_2 = t_2$. Dann ist

$$\mathbb{E}(X_1 X_2) = 0 = \mathbb{E}(X_1)\mathbb{E}(X_2),$$

aber

$$\mathbb{E}\left(X_1^2 X_2\right) = \mathbb{E}\left((t_1 - 1)^2 t_2^3\right) = \mathbb{E}\left((t_1 - 1)^2\right)\mathbb{E}\left(t_2^3\right)$$

$$\neq \mathbb{E}\left((t_1 - 1)^2\right)\mathbb{E}\left(t_2^2\right)\mathbb{E}(t_2) = \mathbb{E}\left((t_1 - 1)^2 t_2^2\right)\mathbb{E}(t_2)$$

$$= \mathbb{E}\left(X_1^2\right)\mathbb{E}(X_2),$$

da

$$\mathbb{E}\left(t_1\right) = 1, \quad \mathbb{E}\left(t_2^2\right) = \frac{5}{3}, \quad \mathbb{E}\left(t_2^3\right) = \frac{9}{3} = 3.$$

Wenn X_1 und X_2 unabhängig wären, müsste sich Gleichheit ergeben.

7.2　Verteilung

Man beachte, dass man in (7.3) statt X_i genauso gut für ein messbares f auch $f(X_i)$ betrachten kann, was moralisch nur einer Umbenennung gleichkommt, sodass sofort ersichtlich ist, dass typischerweise für große n

$$\frac{1}{n}\sum_{i=1}^{n} f(X_i(\omega)) \approx \int f(X(\omega))\mathrm{d}\mathbb{P}(\omega) = \int f(x)\mathrm{d}\mathbb{P}_X(x) \tag{7.5}$$

gelten wird.

Wenn also X_i stetig mit Dichte ρ verteilt ist, dann gilt als theoretische Vorhersage für die *empirische Verteilung* aus Definition 7.3 (wobei wir uns die Integration über stetige Funktionen gemäß Bemerkung 7.3 auf beiden Seiten hinzudenken sollten):

$$\rho_{\mathrm{emp}}^{n}(x, \omega) \quad = \quad \frac{1}{n}\sum_{i=1}^{n}\delta(x - X_i(\omega))$$

$$\stackrel{\text{für großes } n}{\approx} \int \delta(x - X(\omega))\mathrm{d}\mathbb{P}(\omega)$$

$$= \quad \int \delta(x - y)\mathrm{d}\mathbb{P}_X(y) \tag{7.6}$$

$$= \quad \int \delta(x - y)\rho(y)\mathrm{d}y = \rho(x) \tag{7.7}$$

Wichtiger Hinweis: Insbesondere für $f = \mathbb{1}_A$ kommt typischerweise (womit wir wieder bei (7.1) wären)

$$\frac{1}{n}\sum_{i=1}^{n}\mathbb{1}_A(X_i(\omega)) \approx \int \mathbb{1}_A(X(\omega))\mathrm{d}\mathbb{P}(\omega) \tag{7.8}$$

$$= \int \mathbb{1}_A(x)\mathrm{d}\mathbb{P}_X(x) = \mathbb{P}_X(A). \tag{7.9}$$

In den Aussagen (7.3), (7.5), (7.6) und (7.8) steht auf der rechten Seite der Erwartungswert, und das ist so wichtig, dass wir es als Satz festhalten wollen.

Satz 7.1. *Was das Gesetz der großen Zahlen sagt*
Für große n gilt typischerweise

$$\frac{1}{n}\sum_{i=1}^{n} f(X_i(\omega)) \approx \int f(X(\omega))\mathrm{d}\mathbb{P}(\omega) = \int f(x)\mathrm{d}\mathbb{P}_X(x) = \mathbb{E}(f(X))$$

$$= \frac{1}{n}\sum_{i=1}^{n}\mathbb{E}(f(X_i)) = \mathbb{E}\left(\frac{1}{n}\sum_{i=1}^{n}(f(X_i))\right),$$

d. h., das empirische Mittel ist für große n ungefähr sein Erwartungswert.

Bemerkung 7.6. Diese typische asymptotische Gleichheit des empirischen Mittels und des Erwartungswert es – das Gesetz der großen Zahlen – müssen wir natürlich auch noch in dieser allgemeinen Setzung zeigen, aber das ist nicht schwer und kommt später in Kap. 8.

Für uns ist die Beobachtung wichtig, dass $\mathbb{E}(f(x))$ für alle integrierbaren Funktionen f das Bildmaß eindeutig bestimmt. Das ist einfach und liefert uns eine ganz wichtige (und bereits häufig angewandte) Formel.
Sei $f = \mathbb{1}_A$, $A \in \mathcal{F}'$, dann ist

$$\mathbb{E}(\mathbb{1}_A(X)) = \int \mathbb{1}_A(X(\omega))\mathrm{d}\mathbb{P}(\omega) = \int \mathbb{1}_A(x)\mathrm{d}\mathbb{P}_X(x) = \mathbb{P}_X(A).$$

Das heißt, wir brauchen uns nur auf Indikatorfunktionen der Mengen in $\mathcal{F}'$ zu beschränken, um $\mathbb{P}_X$ zu kennen. Wir erhalten hieraus sofort eine triviale und dennoch extrem wichtige Abschätzung:

Lemma 7.1.

(a) Sei $\mathbb{E}(|X|^n) < \infty$. Dann ist

$$\mathbb{P}(\{\omega : |X(\omega)| > a\}) = \mathbb{P}(|X| > a) \le \frac{1}{a^n}\mathbb{E}(|X|^n), \quad denn$$

$$\mathbb{P}(|X| > a) = \mathbb{P}(|X|^n > a^n) = \int \mathbb{1}_{\{\omega:|X|^n(\omega)>a^n\}}(\omega)\mathrm{d}\mathbb{P}(\omega)$$

$$\le \int \frac{|X|^n(\omega)}{a^n}\mathrm{d}\mathbb{P}(\omega) = \frac{1}{a^n}\mathbb{E}(|X|^n).$$

Für $n = 2$ ist das die Chebyshevsche Ungleichung und allgemein die Markovsche Ungleichung (wie in (4.11)).
(b) Wir können noch besser: Falls $\mathbb{E}(e^{\lambda X}) < \infty$ für $\lambda > 0$, gilt die exponentielle Ungleichung

$$\mathbb{P}(X > a) = \mathbb{P}(\lambda X > \lambda a) = \mathbb{P}(e^{\lambda X} > e^{\lambda a}) \le e^{-\lambda a}\mathbb{E}(e^{\lambda X}).$$

7.3   Die Varianz

Die theoretische Voraussage für die *(quadrierte) mittlere Schwankung*

$$\frac{1}{n} \sum_{i=1}^{n} (X_i - \mathbb{E}(X))^2$$

ist die *Varianz*

$$\text{Var}(X) := \mathbb{E}((\frac{1}{n} \sum_{i=1}^{n} (X_i - \mathbb{E}(X))^2)$$

$$= \mathbb{E}\left((X - \mathbb{E}(X))^2\right) = \mathbb{E}(X^2) - \mathbb{E}(X)^2.$$

Sie ist ein Maß dafür, wie weit die Werte vom Erwartungswert abweichen.

Bemerkung 7.7. Es ist eine leichte und gute Übung, die letzte Gleichheit zu beweisen. Man bemerke, dass $Y = X - \mathbb{E}(X)$ Erwartungswert 0 hat. Man nennt Y dann *zentriert*.

Die Zufallsgröße $Y = \frac{X - \mathbb{E}(X)}{\sqrt{\text{Var}(X)}}$ nennt man *standardisiert*. Sie hat Erwartungswert 0 und Varianz 1.

Bemerkung 7.8. Aufgrund von $\mathbb{E}\left((X - \mathbb{E}(X))^2\right)$ ist $\text{Var}(X) \geq 0$. Die letzte Gleichheit sagt uns dann, dass

$$\mathbb{E}(X^2) \geq (\mathbb{E}(X))^2.$$

Das kommt so aus der Rechnung, aber meistens steckt ja etwas Tieferes hinter solchen Wahrheiten. Ebenso hier, nämlich die *Konvexität* der Funktion x^2. Eine Funktion f heißt *konvex*, wenn es zu jedem x_0 eine Gerade $G(x) = \alpha + \beta x$ gibt mit $G(x_0) = f(x_0)$ und $G(x) \leq f(x)$ für alle x (Abb. 7.1).

Sei nun f konvex und die Punkte $(x_i)_i$ sowie die Gewichte $p_i \geq 0$, $\sum_i p_i = 1$ gegeben. Dann gilt für $x_0 = \sum_i p_i x_i$

$$f(x_0) = G(x_0) = G\left(\sum_i p_i x_i\right) = \alpha + \beta \sum_i p_i x_i$$

$$= \sum_i p_i (\alpha + \beta x_i) = \sum_i p_i G(x_i) \leq \sum_i p_i f(x_i),$$

$$\text{also} \quad f\left(\sum_i p_i x_i\right) \leq \sum_i p_i f(x_i)$$

und somit gilt folgendes Lemma.

Abb. 7.1 Konvexität der
Funktion f

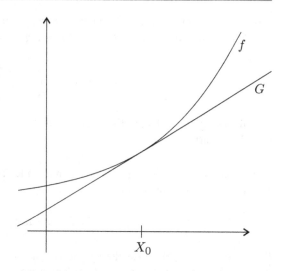

Lemma 7.2. *Jensensche Ungleichung*

$$f\left(\mathbb{E}(X)\right) \le \mathbb{E}\left(f(X)\right)$$

für konvexe Funktionen f. (Die gilt ebenso für stetige Verteilungen.)

Beispiel 7.3. Wir betrachten eine *normalverteilte* Zufallsgröße. Das ist eine Vergrößerung, deren Bildmaß die Gaußsche Glockenkurve als Dichte besitzt, also

$$\mathbb{P}_X((-\infty, b)) = \int_{-\infty}^{b} \frac{e^{-\frac{(x-a)^2}{2\sigma^2}}}{\sqrt{2\pi\sigma^2}}\,dx. \tag{7.10}$$

Der Erwartungswert ist $\mathbb{E}(X) = a$. Davon sollte sich jeder überzeugen.
Die Varianz dieser Zufallsgröße ist σ^2:

$$\mathrm{Var}(X) = \int_{-\infty}^{\infty} x^2 \frac{e^{-\frac{x^2}{2\sigma^2}}}{\sqrt{2\pi\sigma^2}}\,dx = \frac{1}{\sqrt{2\pi\sigma^2}}\left(-\frac{d}{d\lambda}\right)\underbrace{\int_{-\infty}^{\infty} e^{-\lambda x^2}\,dx}_{\sqrt{\frac{\pi}{\lambda}}}\Big|_{\lambda=\frac{1}{2\sigma^2}} = \sigma^2$$

Bemerkung 7.9. Ist X normalverteilt und *standardisiert*, dann ist die Verteilungsfunktion

$$\mathbb{P}_X((-\infty, b)) = \int_{-\infty}^{b} \frac{1}{\sqrt{2\pi}} e^{\frac{-x^2}{2}}\,dx =: \Phi(b).$$

Falls X normalverteilt und nicht standardisiert ist, kann man die Verteilungsfunktion trotzdem mithilfe der *Standardnormalverteilung* Φ ausdrücken:

$$\mathbb{P}_X((-\infty, k)) = \Phi\left(\frac{k - \mathbb{E}(X)}{\sqrt{\mathrm{Var}(X)}}\right)$$

Man überzeuge sich davon. Es ist eine einfache Substitutionsaufgabe, in der man von (7.10) startet.

Nun zum Fall, wenn $\mathrm{Var}(X) = 0$. Man kann leicht sehen, dass dies nur möglich ist, wenn X keine Schwankungen hat:

$$X(\omega) = \mathbb{E}(X) \quad \text{für fast alle } \omega.$$

Bemerkung 7.10. „Für fast alle ω" heißt, dass die Ausnahmemenge N eine $\mathbb{P}$-Nullmenge bildet, also $\mathbb{P}(N) = 0$. $\mathbb{P}$-Nullmengen fallen nicht ins Gewicht, d. h., die Werte von X auf einer $\mathbb{P}$-Nullmenge tragen zum Integral nichts bei.

Beispiel 7.4. Sei $\mathrm{d}\mathbb{P}(\omega) = \mathrm{d}\lambda(\omega)$ und

$$X : [0, 1] \to \mathbb{R} \quad \text{mit} \quad X(\omega) = \omega^2 \text{ und}$$
$$Y : [0, 1] \to \mathbb{R} \quad \text{mit} \quad Y(\omega) = \begin{cases} \omega^2 & \text{für } \omega \text{ irrational} \\ 0 & \text{für } \omega \text{ rational} \end{cases}.$$

Dann ist $X(\omega) = Y(\omega)$ für $\mathbb{P}$-fast alle ω und

$$\int |X(\omega) - Y(\omega)| \mathrm{d}\lambda(\omega) = 0.$$

Die Varianz der Summe von unabhängigen Zufallsvariablen $(X_i)_i$ ist gleich der Summe der einzelnen Varianzen. Das kann man durch eine ganz leichte Rechnung sehen und sollte unbedingt gemacht werden (wer das nicht kann, sollte Bemerkung 8.1 anschauen). Daraus folgt sofort eine Version des $\sqrt{n}$-Gesetzes, das wir in Kap. 3 kennengelernt haben:

Lemma 7.3. *Seien $(X_i)_i$ unabhängige Zufallsvariablen mit endlicher Varianz, dann ist*

$$\mathrm{Var}\left(\sum_{i=1}^n X_i\right) = \sum_{i=1}^n \mathrm{Var}(X_i) \sim n,$$

d. h., die Wurzel der quadratischen Abweichung wächst wie $\sqrt{n}$.

7.4 Die erzeugende Funktion

Das Bildmaß bzw. die Zufallsgröße wird durch die Momente charakterisiert.

Definition 7.5. Sei $n \geq 1$. Dann heißt $\mathbb{E}\left(|X|^n\right)$ *n-tes Moment* der Verteilung von X, des Bildmaßes von X oder von X selbst. (Natürlich kann $\mathbb{E}\left(|X|^n\right)$ ab einem n unendlich sein.)

Wenn $\mathbb{E}\left(e^{\mu|X|}\right)$ (μ beliebig) endlich ist, kann man nach μ differenzieren und erhält:

$$\left(\frac{\mathrm{d}}{\mathrm{d}\mu}\right)^n \mathbb{E}\left(e^{\mu|X|}\right)\bigg|_{\mu=0} = \mathbb{E}\left(|X|^n\right)$$

Analoges gilt ohne Betragsstriche. Man nennt $F(\mu) := \mathbb{E}\left(e^{\mu|X|}\right)$ die *erzeugende Funktion*, da sie eben die Momente erzeugt.

Bemerkung 7.11. Offenbar vertauschen wir hier Differentiation mit Erwartungs-wertbildung, also Integration. Warum ist das unproblematisch? Nun, erstens weil das in der Regel unproblematisch ist, und zweitens können wir leicht ein Argument geben. Das wollen wir auch, denn da benutzen wir Satz 5.2, den *Satz von der dominierten Konvergenz* aus der Lebesgueschen Theorie der Maßintegration. So können wir vorführen, wie er wirkt. In unserer jetzigen Notation besagt er: Falls für $\mu \to 0$

$$f_\mu(\omega) \to f(\omega) \quad \text{punktweise (das heißt für jedes ω) und falls}$$

$$\left| f_\mu(\omega) \right| < g(\omega) \quad \text{mit} \quad \mathbb{E}(g) < \infty, \quad \text{dann ist}$$

$$\lim_{\mu \to 0} \mathbb{E}\left(f_\mu(\omega)\right) = \mathbb{E}(f(\omega)).$$

Und genau das brauchen wir für die Vertauschung: Wir betrachten

$$f_\mu(\omega) = \frac{\exp(\mu|X(\omega)|) - 1}{\mu}.$$

Die Funktion $f_\mu(\omega)$ geht mit $\mu \to 0$ punktweise gegen $|X(\omega)|$. Nun brauchen wir noch $g(\omega)$ als dominierende Funktion. Die bekommen wir aber sofort aus dem Mittelwertsatz. Denken wir an $\mu \in [0, 1]$, dann ist

$$|f_\mu(\omega)| = |X(\omega)| \exp(\zeta|X(\omega)|), \quad \zeta \in (0, 1),$$

sodass wir $g(\omega) = \exp(2|X(\omega)|)$ wählen können. Wenn die Funktion g einen endlichen Erwartungswert hat (was wir bei der obigen Aussage fordern), ist sie integrierbar und der Satz kommt zur Anwendung.

Die erzeugende Funktion und die Momente charakterisieren das Bildmaß bzw. die Zufallsgröße, aber für eine eindeutige Charakterisierung benötigt man alle Momente, die derart sein sollten, sodass die erzeugende Funktion $\mathbb{E}(e^{\mu|X|})$ existiert. Eine weniger anspruchsvolle Charakterisierung ist folgende:

7.5   Die charakteristische Funktion

Definition 7.6. Sei X eine reellwertige Zufallsgröße auf $(\Omega, \mathcal{F}, \mathbb{P})$. Die Funktion $\phi_X : \mathbb{R} \to \mathbb{C}$, gegeben durch

$$\phi_X(y) := \mathbb{E}\left(e^{iyX}\right) = \int e^{iyx} d\mathbb{P}_X(x),$$

heißt *charakteristische Funktion* der Zufallsgröße X.

Der Ausdruck $\phi_X(y)$ ist die *Fourier-Transformierte des Bildmaßes* $\mathbb{P}_X$. Wenn X stetig verteilt ist mit Dichte ρ, also

$$d\mathbb{P}_X(x) = \rho(x)d\lambda(x) = \rho(x)dx,$$

dann ist $\phi_X(y)$ die Fourier-(Rück-)Transformierte der Dichte:

$$\phi_X(y) = \int e^{ixy} \rho(x)dx.$$

Wenn $d\mathbb{P}_X(x) = \sum_{j=1}^{n} p_j \delta(x - a_j)dx$, dann ist

$$\phi_X(y) = \sum_{j=1}^{n} p_j e^{ia_j y}.$$

Kennt man die charakteristische Funktion einer Zufallsgröße, erhält man deren Verteilung oder Dichte einfach durch die Rückrechnung (was im diskreten Fall mathematisch nicht so einfach ist, weil die Dichte dann die δ's enthält):

$$\rho(x) = \frac{1}{2\pi} \int \phi_X(y) e^{-ixy} dy.$$

Bemerkung 7.12. Dem zugrunde liegt die berühmte Formel

$$\frac{1}{2\pi} \int_{-\infty}^{\infty} e^{-i(x'-x)y} dy = \delta(x' - x),$$

denn für g genügend glatt und integrierbar gilt

$$\lim_{L\to\infty} \frac{1}{2\pi} \int dx' \int_{-L}^{L} dy\, e^{-i(x'-x)y} g(x') = g(x).$$

Man zeigt dies in der ersten Analysis-Vorlesung.

Bemerkung 7.13. Jede charakteristische Funktion erfüllt:

(a) $\phi(0) = 1$,
(b) $|\phi(y)| \le 1$,
(c) $\phi(y)$ ist gleichmäßig stetig
(d) $\phi(-y) = \phi^*(y)$.

Beweis.
(a) und (d) sind klar.
(b) $\left|\mathbb{E}\left(e^{iyX}\right)\right| \le \mathbb{E}\left(\left|e^{iyX}\right|\right) = \mathbb{E}(1) = 1$.
(c) ist aufwändiger:

$$|\phi(y+h) - \phi(y)| = \left|\mathbb{E}\left(e^{i(y+h)X} - e^{iyX}\right)\right| =$$
$$= \left|\mathbb{E}\left(e^{iyX}\left(e^{ihX} - 1\right)\right)\right| \le \mathbb{E}\left(\left|e^{ihX} - 1\right|\right),$$

und wir würden nun gerne $\lim_{h\to 0}$ in den Erwartungswert ziehen. Dazu bräuchte man beim Riemann-Integral so etwas wie gleichmäßige Konvergenz der Funktionenfolge $f_h(\omega) = \left|e^{ihX(\omega)} - 1\right|$ gegen 0. Aber hier haben wir Maßintegration und können einfach wieder den *Satz von der dominierten Konvergenz* anwenden. Da

$$f_h(\omega) \to 0 \quad \text{punktweise und da}$$

$$|f_h(\omega)| \le 2 \quad \text{und} \quad \mathbb{E}(2) = 2 < \infty, \quad \text{folgt}$$

$$\lim_{h\to 0} \mathbb{E}\left(f_h(\omega)\right) = 0.$$

Und genau das wollten wir haben.

Spezieller gilt:

Lemma 7.4. *Falls* $\mathbb{E}(X) = 0$ *und falls* $\mathbb{E}\left(X^2\right) < \infty$, *dann ist*

$$\phi_X(y) = 1 - \frac{y^2}{2}\mathbb{E}\left(X^2\right) + o(y^2).$$

Beweis. Durch Entwicklung der e-Funktion um $y = 0$ mit Zwischenwert $\zeta \in (0, y)$ ist

$$\phi_X(y) = \mathbb{E}\left(e^{iyX}\right)$$

$$= \mathbb{E}\left(1 + iyX - \frac{y^2}{2}X^2 e^{i\zeta X}\right)$$

$$= 1 - \frac{y^2}{2}\mathbb{E}\left(X^2\right) + \mathbb{E}\left(\frac{y^2 X^2}{2}\left(1 - e^{i\zeta X}\right)\right)$$

$$= 1 - \frac{y^2}{2}\mathbb{E}\left(X^2\right) + o(y^2).$$

Dass es sich tatsächlich um $o(y^2)$ handelt, sieht man wie vorher mit dominierter Konvergenz, beachtend, dass

$$\lim_{\zeta \to 0} \frac{y^2 X^2}{2}(1 - e^{i\zeta X}) = 0 \text{ und } \left|\frac{y^2 X^2}{2}(1 - e^{i\zeta X})\right| \leq \frac{y^2 X^2}{2}2 = y^2 X^2.$$

Beispiel 7.5. Wir sollten eine charakteristische Funktion kennen, nämlich diejenige einer *normalverteilten* Zufallsgröße.

$$\phi_X(y) = \mathbb{E}\left(e^{iXy}\right) = \int_{-\infty}^{\infty} dx \, e^{ixy} \frac{e^{-\frac{x^2}{2\sigma^2}}}{\sqrt{2\pi\sigma^2}}$$

$$= \frac{1}{\sqrt{2\pi\sigma^2}} \int_{-\infty}^{\infty} dx \, e^{-\frac{x^2}{2\sigma^2} + ixy}$$

$$= \frac{1}{\sqrt{\pi}} \int_{-\infty}^{\infty} dx \, e^{-(x^2 - i\sqrt{2}\sigma xy)}$$

$$= \frac{e^{-\frac{\sigma^2 y^2}{2}}}{\sqrt{\pi}} \int_{-\infty}^{\infty} dx \, e^{-(x^2 - i2\frac{\sigma}{\sqrt{2}}xy - \frac{\sigma^2 y^2}{2})}$$

$$= \frac{e^{-\frac{\sigma^2 y^2}{2}}}{\sqrt{\pi}} \int_{-\infty}^{\infty} dx \, e^{-(x - i\frac{\sigma}{\sqrt{2}}y)^2}$$

Aufgrund der Holomorphie von e^{-z^2} können wir entlang des Weges $\xi(t) = t - i\frac{\sigma}{\sqrt{2}}y$, $t \in (-\infty, \infty)$ integrieren und da

$$\int_{-\infty}^{\infty} dt \, e^{-t^2} = \sqrt{\pi},$$

ist

$$\phi_X(y) = e^{-\frac{\sigma^2 y^2}{2}}.$$

Das ist ein wichtiges Ergebnis! Die charakteristische Funktion (die Fourier-Transformierte) einer normalverteilten Zufallsgröße (einer Gauß-Funktion) mit Breite σ^2 ist wieder eine Gauß-Funktion mit Breite $\frac{1}{\sigma^2}$.

Das Gesetz der großen Zahlen

8

In den folgenden Kapiteln werden wir die Rechnungen aus Abschn. 3.1 und insbesondere das Gesetz der großen Zahlen (Satz 7.1) – die theoretische Vorhersage, dass das empirische Mittel typischerweise gleich seinem Erwartungswert ist – verallgemeinern.

Dazu denken wir an ein Ensemble von Kopien einer Zufallsvariablen X. Diese Zufallsvariablen $X_1, \ldots, X_n$ sind dann auf $(\Omega, \mathcal{F}, \mathbb{P})$ identisch verteilt und unabhängig. Dann könnte man das Gesetz der großen Zahlen so präzisieren: Für alle $\varepsilon > 0$ gilt

$$\lim_{n \to \infty} \mathbb{P}\left(\left\{\omega : \left|\frac{1}{n}\sum_{i=1}^{n} X_i(\omega) - \mathbb{E}(X)\right| > \varepsilon\right\}\right) = 0. \tag{8.1}$$

Diese Formulierung ist allerdings irrelevant. Sie ist zwar mathematisch korrekt, aber nicht alles, was mathematisch korrekt ist, ist relevant. Genauso irrelevant ist die äquivalente Formulierung: Für alle $\varepsilon > 0$ und $\delta > 0$ existiert ein N_0, sodass

$$\mathbb{P}\left(\left\{\omega : \left|\frac{1}{n}\sum_{i=1}^{n} X_i(\omega) - \mathbb{E}(X)\right| > \varepsilon\right\}\right) < \delta \quad \text{für alle } n \geq N_0.$$

Was diese Formulierungen irrelevant macht, ist ihre praktische Unbrauchbarkeit. Es wird nichts darüber gesagt, wie n und δ von ε abhängen. Aber genau das brauchen wir, damit wir mit dem Gesetz etwas anfangen können. Wir müssen wissen, wie oft eine Münze geworfen werden muss, damit wir uns in unserer Voraussage, dass es sich beispielsweise um eine faire Münze handelt, bestätigt fühlen können. Kurzum: Aussagen, die sich an „unendlich" festmachen, haben in der Typizitätstheorie keine Bewandtnis. Eine bessere, also praktisch brauchbare Version ist folgende:

© Springer-Verlag Berlin Heidelberg 2017
D. Dürr et al., *Einführung in die Wahrscheinlichkeitstheorie als Theorie der Typizität*, DOI 10.1007/978-3-662-52961-4_8

Satz 8.1. *Das Gesetz der großen Zahlen*
Für identisch und unabhängig verteilte Zufallsvariablen $(X_i)_i$ mit $\mathrm{Var}(X) < \infty$ gilt:

$$\mathbb{P}\left(\left\{\omega : \left|\frac{1}{n}\sum_{i=1}^{n} X_i(\omega) - \mathbb{E}(X)\right| > \varepsilon\right\}\right) \leq \frac{1}{\varepsilon^2 n}\mathrm{Var}(X)$$

Über die keineswegs trivialen Voraussetzungen des Satzes haben wir bereits sehr viel gesprochen. Was als Beweis bleibt, ist ein bisschen Hantieren mit einer Summe und die *Chebyshev-Ungleichung*, was alles schon da war (siehe Abschn. 4.4):

Beweis. Sei $\bar{X}_i := X_i - \mathbb{E}(X_i)$ und $\bar{S}_n := \sum_i \bar{X}_i$, dann ist

$$
\begin{aligned}
\mathbb{P}\left(\left\{\omega : \left|\frac{1}{n}\sum_{i=1}^{n} X_i(\omega) - \mathbb{E}(X)\right| > \varepsilon\right\}\right) &= \mathbb{P}\left(\left\{\omega : \left|\frac{1}{n}\sum_{i=1}^{n} \bar{X}_i(\omega)\right| > \varepsilon\right\}\right) \\
&= \mathbb{P}\left(\left\{\omega : \left|\frac{1}{n}\bar{S}_n\right| > \varepsilon\right\}\right) \\
&\overset{\text{Chebyshev}}{\leq} \frac{1}{n^2\varepsilon^2}\mathbb{E}(\bar{S}_n^2) \\
&= \frac{1}{\varepsilon^2 n}\mathrm{Var}(X).
\end{aligned}
$$

Bemerkung 8.1. Die letzte Gleichheit gilt wegen

$$
\begin{aligned}
\mathbb{E}(\bar{S}_n^2) &= \mathbb{E}\left(\left(\sum_{i=1}^{n} \bar{X}_i\right)^2\right) \\
&= \mathbb{E}\left(\sum_{i,j=1}^{n} \bar{X}_i \bar{X}_j\right) = \sum_{i,j=1}^{n} \mathbb{E}\left(\bar{X}_i \bar{X}_j\right),
\end{aligned}
\tag{8.2}
$$

und aus (7.4) wissen wir, dass bei Unabhängigkeit, also hier für $i \neq j$,

$$\mathbb{E}\left(\bar{X}_i \bar{X}_j\right) = \mathbb{E}\left(\bar{X}_i\right)\mathbb{E}\left(\bar{X}_j\right).$$

Die rechte Seite ist aber null, denn $\mathbb{E}(\bar{X}_i) = 0$, d. h., von den n^2 Termen in (8.2) bleiben nur noch die n Diagonalterme, und für die ist

$$\sum_{i=1}^{n} \mathbb{E}(\bar{X}_i^2) = n\mathbb{E}(\bar{X}^2) = n\,\mathrm{Var}(X).$$

Wichtiger Hinweis: Wir denken daran, dass wir in Satz 8.1 statt X_i genauso gut $f(X_i)$ betrachten können, denn wenn die X_i unabhängig sind, dann auch $f(X_i)$. Mit $f = \mathbb{1}_A$ und $\mathbb{E}(\mathbb{1}_A(X)) = \mathbb{P}_X(A)$ (die Varianz berechne man zur Übung selbst) folgt

$$\mathbb{P}\left(\left\{\omega : \left|\frac{1}{n}\sum_{i=1}^{n}\mathbb{1}_A(X_i(\omega)) - \mathbb{P}_X(A)\right| > \varepsilon\right\}\right) \leq \frac{1}{\varepsilon^2 n}(\mathbb{P}_X(A) - \mathbb{P}_X(A)^2).$$

Das Maß für die Abweichungen vom Mittel können wir also zunächst mit einer Größenordnung von $\frac{1}{n}$ abschätzen. Wir wissen auch, dass man das mit der *Markov-Ungleichung* verbessern kann, und wenn für die Verteilung, das heißt für das Bildmaß $\mathbb{P}_X$, noch $\mathbb{E}\left(e^{t|X|}\right) < \infty$, $t \in \mathbb{R}$, ist, dann ist folgende exponentielle Abschätzung möglich und auch natürlich. Wir nehmen der Einfachheit halber an, X sei zentriert, dann ist für $t > 0$ und $S_n = \sum_{i=1}^{n} X_i$

$$\mathbb{P}(\{\omega : |S_n| > n\varepsilon\}) = \mathbb{P}(t|S_n| > tn\varepsilon) = \mathbb{P}\left(e^{t|S_n|} > e^{tn\varepsilon}\right)$$

$$\leq e^{-tn\varepsilon}\mathbb{E}\left(e^{t|S_n|}\right). \tag{8.3}$$

Da in der Exponentialfunktion der Betrag von S_n steht, können wir nicht weiter vereinfachen (man würde dann irgendwann zu $|X_i|$ kommen, das aber nicht mehr zentriert ist, also $\mathbb{E}(|X_i|) \neq 0$). Es ist am einfachsten, S_n und $-S_n$ zu betrachten, d. h., wir schauen

$$\mathbb{P}(\{\omega : |S_n| > n\varepsilon\}) = \mathbb{P}(\{\omega : S_n > n\varepsilon\}) + \mathbb{P}(\{\omega : -S_n > n\varepsilon\})$$

an. Der Kürze halber betrachten wir nun nur den ersten Summanden, der zweite lässt sich analog behandeln. Damit also weiter, aber statt (8.3) nun

$$\mathbb{P}(\{\omega : S_n > n\varepsilon\}) \leq e^{-tn\varepsilon}\mathbb{E}\left(e^{tS_n}\right)$$

$$= e^{-tn\varepsilon}\mathbb{E}\left(\prod_{i=1}^{n} e^{tX_i}\right) = e^{-tn\varepsilon}\left(\mathbb{E}\left(e^{tX}\right)\right)^n$$

$$= e^{-tn\varepsilon}e^{\left(n\ln\mathbb{E}(e^{tX})\right)} = e^{-n(t\varepsilon-\ln\mathbb{E}(e^{tX}))}. \tag{8.4}$$

Wir optimieren die Abschätzung, indem wir in (8.4) das optimale t suchen. Dann erhalten wir im Exponenten die *Ratenfunktion* $I(\varepsilon) := \sup_t(t\varepsilon - \ln M(t))$, mit $M(t) := \mathbb{E}\left(e^{tX}\right)$, und damit

$$\mathbb{P}(\{\omega : S_n > n\varepsilon\}) \leq e^{-nI(\varepsilon)}. \tag{8.5}$$

Das hatten wir alles schon in konkreter Form in (3.3), also wirklich nichts Neues. Um dahin zu kommen, muss man (8.4) weiter abschätzen. Mit dem Taylorschen

Satz (Entwicklung der e-Funktion bis zur zweiten Ordnung und beachtend, dass X zentriert ist) ist

$$M(t) = \mathbb{E}\left(e^{tX}\right) = 1 + \frac{\tilde{t}^2}{2}\mathbb{E}\left(X^2\right), \quad \text{mit } \tilde{t} \in [0, t] \text{ und}$$

$$\ln\left(M(t)\right) = \ln\left(1 + \frac{\tilde{t}^2}{2}\mathbb{E}\left(X^2\right)\right) \leq \frac{\tilde{t}^2}{2}\mathbb{E}\left(X^2\right) \leq \frac{t^2}{2}\mathbb{E}\left(X^2\right).$$

Also gilt für (8.4):

$$\leq \exp\left(n\left(-t\varepsilon + \frac{t^2}{2}\mathbb{E}\left(X^2\right)\right)\right).$$

Im Exponent wird $-t\varepsilon + \frac{t^2}{2}\mathbb{E}\left(X^2\right)$ minimal für $t = \frac{\varepsilon}{\mathbb{E}(X^2)}$. Damit erhalten wir unser altbekanntes Ergebnis (3.4), nämlich

$$\mathbb{P}\left(\{\omega : S_n > n\varepsilon\}\right) \leq \exp\left(-\frac{n\varepsilon^2}{2\mathbb{E}\left(X^2\right)}\right). \tag{8.6}$$

Wir können uns fragen, ob diese Abschätzung noch verbessert werden kann. Wie groß ist eine große Abweichung vom Mittel wirklich? Wie typisch oder untypisch sind große Fluktuationen? Die Antwort gibt uns das wunderbare Argument von Harald Cramér (1893–1985), das einem versichert, dass diese Abschätzung eben nicht verbessert werden kann, indem auch eine untere Grenze angegeben wird. Das bedeutet, wir können niemals auf der rechten Seite eine Kleinheit wie z. B. $\exp(-Cn^\alpha)$, $\alpha > 1$, $C > 0$ bekommen.

Die Grundidee ist in gewissem Sinne unverschämt. Man sucht ein neues Maß, unter dem die ehemals untypischen Abweichungen typisch werden, und erhofft sich auf die Art eine Abschätzung von unten.

Wie man zu dem neuen Maß kommt, ist recht geradlinig. Die Ratenfunktion $I(\varepsilon)$ ist das Maximum der Funktion $\tilde{I}(t) = t\varepsilon - \ln M(t)$. Das Maximum von $\tilde{I}(t)$ sei in einem Punkt $t = \xi$ angenommen, d. h., $I(\varepsilon) = \xi\varepsilon - \ln M(\xi)$ ist maximal. Dann wird man zugestehen, dass der Wert der optimalen Abschätzung durch die Menge derjenigen ω bestimmt wird, für die $\frac{S_n}{n} \approx \varepsilon$ ist, wobei ε und ξ durch das Maximum aufeinander abgestimmt sind. Die Differentiation von $\tilde{I}(t)$ am Punkt ξ liefert null und damit ist

$$\varepsilon = \frac{1}{M(\xi)}M'(\xi) \stackrel{\text{Bem. 7.11}}{=} \frac{\mathbb{E}\left(Xe^{\xi X}\right)}{M(\xi)}.$$

Das liefert uns sofort, was wir wollen, denn unter dem neuen Maß $\tilde{\mathbb{P}}$ soll $\tilde{\mathbb{E}}(S_n) = \varepsilon n$ sein, also $\tilde{\mathbb{E}}(X) = \varepsilon$. Also

$$\int x\mathrm{d}\tilde{\mathbb{P}}_X(x) = \tilde{\mathbb{E}}(X) = \varepsilon = \frac{\mathbb{E}\left(Xe^{\xi X}\right)}{M(\xi)} = \int \frac{xe^{\xi x}}{M(\xi)}\mathrm{d}\mathbb{P}_X(x),$$

und man definiert als neues Bildmaß für jedes der X_i

$$d\tilde{\mathbb{P}}_{X_i}(x) := \frac{e^{\xi x}}{M(\xi)}d\mathbb{P}_{X_i}(x).$$

Das neue Bildmaß für den Vektor $(X_1, X_2, \ldots, X_n)$ ist dann wieder ein Produktmaß, unter dem die skalierte Summe $\frac{S_n}{n} = \frac{\sum_{i=1}^n X_i}{n}$ typischerweise gegen ε geht, d. h., unter dem neuen Maß $\tilde{\mathbb{P}}$ ist die ehemals große Abweichung typisch!
Jetzt schätzen wir für $\delta > 0$

$$\mathbb{P}\left(\frac{S_n}{n} > \varepsilon - \delta\right)$$

nach unten ab. Um die Formelzeilen nicht zu lang werden zu lassen, setzen wir im Folgenden $\mathbf{x} = (x_1, \ldots, x_n)$.

$$\mathbb{P}\left(\frac{S_n}{n} > \varepsilon - \delta\right) \geq \mathbb{P}\left(\frac{S_n}{n} \in [\varepsilon - \delta, \varepsilon + \delta]\right)$$

$$= \int \mathbb{1}_{\left\{\frac{S_n(\omega)}{n} \in [\varepsilon-\delta,\varepsilon+\delta]\right\}}(\omega)d\mathbb{P}(\omega)$$

$$= \int \mathbb{1}_{\left\{\frac{\sum_{i=1}^n x_i}{n} \in [\varepsilon-\delta,\varepsilon+\delta]\right\}}(\mathbf{x})d\mathbb{P}_{X_1,\ldots,X_n}(\mathbf{x})$$

$$= \int \mathbb{1}_{\left\{\frac{\sum_{i=1}^n x_i}{n} \in [\varepsilon-\delta,\varepsilon+\delta]\right\}}(\mathbf{x})\prod_{i=1}^n d\mathbb{P}_{X_i}(x_i)$$

$$= \int \mathbb{1}_{\left\{\frac{\sum_{i=1}^n x_i}{n} \in [\varepsilon-\delta,\varepsilon+\delta]\right\}}(\mathbf{x})e^{-\xi\sum_{i=1}^n x_i + n\ln(M(\xi))}\prod_{i=1}^n d\tilde{\mathbb{P}}_{X_i}(x_i),$$

und weil auf der Menge $\left\{\frac{\sum_{i=1}^n x_i}{n} \in [\varepsilon - \delta, \varepsilon + \delta]\right\}$ die Abschätzung $\sum_{i=1}^n x_i \leq (\varepsilon + \delta)n$ gilt, folgt weiter

$$\geq e^{-n((\varepsilon+\delta)\xi - \ln M(\xi))}\int \mathbb{1}_{\left\{\frac{\sum_{i=1}^n x_i}{n} \in [\varepsilon-\delta,\varepsilon+\delta]\right\}}(\mathbf{x})\prod_{i=1}^n d\tilde{\mathbb{P}}_{X_i}(x_i)$$

$$= e^{-n((\varepsilon+\delta)\xi - \ln M(\xi))}\tilde{\mathbb{P}}\left(\frac{S_n}{n} \in [\varepsilon - \delta, \varepsilon + \delta]\right).$$

Nun ist wegen des Gesetzes der großen Zahlen $\tilde{\mathbb{P}}(\frac{S_n}{n} \in [\varepsilon - \delta, \varepsilon + \delta]) > 1 - \delta$ für genügend großes n.

Damit und mit (8.6) haben wir insgesamt

$$(1 - \delta) \exp(-n \left((\varepsilon + \delta)\xi - \ln M(\xi) \right)) \leq \mathbb{P}\left(\frac{S_n}{n} > \varepsilon - \delta \right)$$

$$\leq \exp\left(-\frac{(\varepsilon - \delta)^2}{2\mathbb{E}(X^2)} n \right).$$

Wir sehen also, dass das exponentielle n-Verhalten nicht verbessert werden kann.

Ist noch mehr zu sagen? Was genau geht in das *Gesetz der großen Zahlen* ein? Wir haben Vergröberungen und deren Unabhängigkeit sehr stark betont. Letztere hängt deutlich an der Wahl des Inhalts. Wie wäre es, wenn wir den verändern? Denken wir wieder an die Rademacher-Funktionen, aber nicht mehr an das Lebesgue-Maß, sondern z. B. an $\mathbb{P}(A) = \int_0^1 \mathbb{1}_A(x)\rho(x)\mathrm{d}x$ mit $\rho(x) = 3x^2$. Dann rechne man nach, dass

$$\mathbb{P}\left(r_1^{-1}(0) \cap r_2^{-1}(0) \right) \neq \mathbb{P}(r_1^{-1}(0))\mathbb{P}(r_2^{-1}(0))$$

ist und

$$\mathbb{P}(r_k^{-1}(0)) \neq 1/2.$$

Dennoch erhalten wir eine zu (4.13) analoge Aussage mit Erwartungswert $\frac{1}{2}$ (was man nachrechnen kann, aber nicht ganz einfach ist)

$$\mathbb{P}\left(\left\{ x \in [0, 1] : \left| \rho_{\mathrm{emp}}^n(\{\delta\}, x) - \frac{1}{2} \right| > \varepsilon \right\} \right) \leq 3\frac{1}{4n\varepsilon^2},$$

denn (und jetzt gut nachgedacht) $\mathbb{P}(A) = \int_0^1 \mathbb{1}_A(x)3x^2\mathrm{d}x \leq 3\lambda(A)$.

Moral:

(i) Unabhängigkeit ist keine notwendige Voraussetzung, damit das Gesetz der großen Zahlen gilt (vgl. dazu Bemerkung 8.2, s. u.).

(ii) Die typischen relativen Häufigkeiten von Vergröberungen $(X_i)_i$ spiegeln nicht notwendigerweise das zugrunde liegende Maß $\mathbb{P}$ wider, z. B. wenn die $\mathbb{P}_{X_i}$ verschieden sind. In der Tat können verschiedene Maße zu gleichen typischen Häufigkeiten führen, wie die vorhergehende Rechnung zeigt, nämlich dann, wenn die Maße absolut stetig zueinander sind (das bedeutet, dass sie die gleichen Nullmengen besitzen). (Man erinnere sich auch an die Analyse des Galton-Bretts und Bemerkung 4.18.)

Natürlich gibt es auch Maße, die ganz anderes typisches Verhalten voraussagen:

Beispiel 8.1. Statt mit der Intervalllänge bewerten wir die Punkte x in $[0, 1]$ mit einem entarteten Maß (Punktmaß), das nur den Punkten $x = 1/2$ und $x = 1/4$ jeweils Gewicht $1/2$ gibt. Alle anderen Punkte haben Gewicht 0. Für diesen Inhalt existieren also nur diese zwei Punkte. Was würde in einer solchen Welt für den Münzwurf als Voraussage gemacht werden? Wie sieht das Gesetz der großen Zahlen aus, d. h., was wird typischerweise für die relativen Häufigkeiten gelten?

Bemerkung 8.2. Wir haben anhand des Beispiels gezeigt, dass die Voraussetzung der Unabhängigkeit im Gesetz der großen Zahlen mathematisch überzogen ist. Wenn man

$$\frac{1}{n^2} \sum_{i,j=1}^{n} \mathbb{E}\left(X_i X_j\right) \to 0 \quad \text{für } n \to \infty$$

hat, reicht das offenbar aus. Dazu brauchen wir natürlich enorm viel weniger als die Unabhängigkeit von X_i und X_j für $i \neq j$. Es genügt zum Beispiel, dass

$$\mathbb{E}\left(X_i X_j\right) = \mathcal{O}\left(\frac{1}{i-j}\right),$$

was man als *schwache Abhängigkeit* lesen kann. In der Tat braucht man nur noch *Ergodizität*, wie wir schon in Bemerkung 4.14 angedeutet haben.

Und nun stellen wir noch einmal die Frage:

Was ist Wahrscheinlichkeit?
Man ist geneigt, beim Bildmaß $\mathbb{P}_X$ von „Wahrscheinlichkeit" zu sprechen. Das würde bedeuten, dass Wahrscheinlichkeit ein Maß ist. Befriedigt das? Haben wir dadurch ein besseres Verständnis vom Begriff Wahrscheinlichkeit?

Um uns Verständnis zu verschaffen, müssen wir uns klar werden, was wir meinen, wenn wir sagen „$\mathbb{P}_X$ ist Wahrscheinlichkeit". Wenn wir beim Münzwurf die Gewichte $\frac{1}{2}$ „Wahrscheinlichkeit" nennen, denken wir eigentlich an die Münzwurfreihe, in der wir Unabhängigkeit der einzelnen Wurfergebnisse einfach modellmäßig einbringen. Im Grunde haben wir dann anstatt $\mathbb{P}_X$ ein Produkt von den $\mathbb{P}_{X_i}$ im Kopf und das entsprechende Produkt der Ω, den Produktraum. Jetzt haben wir aber im vorigen Abschnitt gesehen, dass die typischen relativen Häufigkeiten nicht notwendigerweise das zugrunde liegende Maß widerspiegeln, also $\mathbb{E}$ zahlenmäßig nicht unbedingt gleich ist wie $\mathbb{P}_X$. Soll man also lieber den *theoretischen Wert der relativen Häufigkeit* Wahrscheinlichkeit nennen? Das kann man machen, es entspricht der gängigen Praxis. Man muss nur aufpassen, dass man dann nicht den Frequentisten zugeordnet wird – als ob deren Begriff irgendetwas klären würde, denn nur die *typischen* relativen Häufigkeiten sind stabil. Der Name „Wahrscheinlichkeit" rechtfertigt sich nur durch das Auftreten von regulären relativen Häufigkeiten *in den meisten* der Folgen mit regellosen Einträgen! Und wenn wir an die fundamentale Struktur, den physikalischen Zustandsraum Ω und an die Vergröberungen denken, dann könnten wir, wenn wir unbedingt wollten, von „Wahrscheinlichkeit" reden, wenn die relativen Häufigkeiten der *regellosen* Wertefolge von einer Familie von vergröbernden Funktionen für *typische* $\omega \in \Omega$ dasselbe reguläre Verhalten zeigen. Dabei heißt typisch: Die Menge der „guten ω" hat großen Inhalt. Und typisch ist nun bezogen auf das *fundamentale Maß* $\mathbb{P}$, von dem wir nicht als „Wahrscheinlichkeit" denken sollten, weil es nicht mehr als relative Häufigkeit gedacht werden kann, denn: Dieser fundamentale Inhalt, das *Typizitätsmaß* $\mathbb{P}$, bewertet verschiedene mögliche physikalische Welten. Wir haben nur Zugang zu einer davon, nämlich nur zu der Welt, in der wir leben. Alles, was wir an Einsicht brauchen, ist, dass diese – unsere – Welt typisch ist.

In der Typizitätstheorie kann man das Wort „Wahrscheinlichkeit" ganz vermeiden, dann gibt es keinerlei Verwirrung. Aber das geht nicht, weil man manchmal an den gängigen Sprachgebrauch anknüpfen muss, sonst betreibt man nur übertriebene Pedanterie.

Der zentrale Grenzwertsatz

9

In diesem Kapitel wollen wir den „Einzugsbereich" des Gesetzes der großen Zahlen näher studieren, d. h., wir wollen genauer untersuchen, wie die typischen Wertefolgen der X_i genau aussehen. Für diese Wertefolgen ist $\frac{1}{n}\sum_{i=1}^{n} X_i$ für große n determiniert – es gibt keine Schwankungen, keine Streuung mehr:

$$\frac{1}{n}\sum_{i=1}^{n} X_i - \mathbb{E}(X) \approx 0.$$

Die Skalierung mit $1/n$ unterdrückt also Fluktuationen um den Mittelwert. Nun sagt das $\sqrt{n}$-Gesetz (z. B. in Form von Lemma 7.3), dass diese Fluktuationen im $\sqrt{n}$-Bereich liegen, also

$$\sum_{i=1}^{n}(X_i - \mathbb{E}(X)) \approx \sqrt{n}. \tag{9.1}$$

Und das gibt uns die Skala, auf der wir die Summe untersuchen müssen, um mehr über die typischen Folgen herauszubekommen. Denn skalieren wir (9.1) mit $\sqrt{n}$, erhalten wir

$$\frac{\bar{S}_n}{\sqrt{n}} := \frac{1}{\sqrt{n}}\left(\sum_{i=1}^{n}(X_i - \mathbb{E}(X))\right),$$

mit

$$\mathrm{Var}\left(\frac{\bar{S}_n}{\sqrt{n}}\right) \approx \mathcal{O}(1),$$

© Springer-Verlag Berlin Heidelberg 2017
D. Dürr et al., *Einführung in die Wahrscheinlichkeitstheorie als Theorie der Typizität*, DOI 10.1007/978-3-662-52961-4_9

d. h., $\frac{\tilde{S}_n}{\sqrt{n}}$ sieht auch für große n wie eine echte Zufallsgröße aus. Was können wir über die Verteilung von $\frac{\tilde{S}_n}{\sqrt{n}}$ im Allgemeinen sagen? Man sollte meinen: nicht viel. Aber das ist falsch! Um die Verteilung in den Griff zu bekommen, empfiehlt sich die charakteristische Funktion. Warum? Nun, wenn X_1 und X_2 unabhängig sind, dann ist

$$
\begin{aligned}
\phi_{X_1+X_2}(y) &= \mathbb{E}\left(e^{iy(X_1+X_2)}\right) = \mathbb{E}\left(e^{iyX_1}e^{iyX_2}\right) \\
&= \mathbb{E}\left(e^{iyX_1}\right)\mathbb{E}\left(e^{iyX_2}\right) = \phi_{X_1}(y)\phi_{X_2}(y). \tag{9.2}
\end{aligned}
$$

Ein überaus interessantes Ergebnis! Denn wenn X_1 Dichte ρ_1 und X_2 Dichte ρ_2 hat, dann ist

$$
\phi_{X_1}(y)\phi_{X_2}(y) = \int \rho_1(x)e^{iyx}dx \int \rho_2(x)e^{iyx}dx,
$$

und das ist nichts anderes als das Produkt der Fourier-Transformationen von $\rho_1(x)$ und $\rho_2(x)$, also ist

$$
\phi_{X_1}(y)\phi_{X_2}(y) = \int \rho_1(x)e^{iyx}dx \int \rho_2(x)e^{iyx}dx = \hat{\rho}_1(x)\hat{\rho}_2(x).
$$

Nun wissen wir, dass die Fourier-Transformation einer Faltung

$$
f(z) = g * h(z) = \int g(x)h(z-x)dx
$$

das Produkt der Fourier-Transformierten ergibt:

$$
\begin{aligned}
\hat{f}(y) &= \int e^{iyz}f(z)dz = \int\int e^{iyz}g(x)h(z-x)dxdz \\
&= \int\int e^{iy(u+x)}g(x)h(u)dxdu \\
&= \int e^{iyx}g(x)dx \int e^{iyu}h(u)du = \hat{g}(y)\hat{h}(y)
\end{aligned}
$$

Und deshalb können wir mit (9.2) rückschließen, dass $Z = X_1 + X_2$ die Dichte $\rho_1 * \rho_2(z)$ hat.

Speziell für identisch verteilte, unabhängige $(X_i)_i$ mit $\mathbb{E}(X) = 0$ und $\mathbb{E}(X^2) = \mathrm{Var}(X) = \sigma^2 < \infty$ gilt demnach:

$$\phi_n\left(\frac{y}{\sqrt{n}}\right) := \phi_{X_1+\ldots+X_n}\left(\frac{y}{\sqrt{n}}\right) = \mathbb{E}\left(\exp\left(iy\frac{S_n}{\sqrt{n}}\right)\right)$$

$$= \mathbb{E}\left(\exp\left(iy\frac{\sum_{i=1}^n X_i}{\sqrt{n}}\right)\right)$$

$$= \mathbb{E}\left(\prod_{i=1}^n \exp\left(iy\frac{X_i}{\sqrt{n}}\right)\right)$$

$$= \prod_{i=1}^n \mathbb{E}\left(\exp\left(iy\frac{X_i}{\sqrt{n}}\right)\right) = \phi_X\left(\frac{y}{\sqrt{n}}\right)^n.$$

Wir erinnern uns an Lemma 7.4 und sehen, dass

$$\phi_X\left(\frac{y}{\sqrt{n}}\right) = \mathbb{E}\left(\exp\left(iy\frac{X}{\sqrt{n}}\right)\right) = 1 + \frac{iy}{\sqrt{n}}\mathbb{E}(X) - \frac{y^2}{2n}\mathbb{E}\left(X^2\right) + o(1/n)$$

$$= 1 - \frac{y^2}{2n}\mathbb{E}\left(X^2\right) + o(1/n),$$

und damit ist es nun ein Leichtes, zu erkennen, dass (wenn man die Exponential-funktion gut verstanden hat) für jedes y

$$\lim_{n\to\infty}\phi_n\left(\frac{y}{\sqrt{n}}\right) = \lim_{n\to\infty}\left(1 - \frac{y^2}{2n}\mathbb{E}\left(X^2\right) + o(1/n)\right)^n = e^{-\frac{y^2}{2}\sigma^2} \qquad (9.3)$$

gilt. Was für ein Ergebnis! Denn wir wissen inzwischen sehr gut aus Beispiel 7.5: Die charakteristische Funktion einer Gauß-verteilten Vergröberung ist wieder eine Gauß-Funktion mit inverser Breite. Wenn wir jetzt noch zeigen können, dass von der Konvergenz der charakteristischen Funktionen auf die Konvergenz der Verteilung geschlossen werden kann, wissen wir, dass $\frac{S_n}{\sqrt{n}}$ für große n normalverteilt mit Breite $\mathrm{Var}(X)$ ist, ganz egal, welche Verteilung die $(X_i)_i$ haben! Das ist der berühmte *zentrale Grenzwertsatz*: Die *universale* Form der Limesverteilung ist die Normalverteilung! Nur das erste und das zweite Moment, also $\mathbb{E}(X)$ und $\mathbb{E}(X^2)$, spielen eine Rolle.

Da das alles sehr schnell ging, wollen wir das in einem Satz festhalten und den fehlenden Teil des Beweises liefern.

Satz 9.1. *Der zentrale Grenzwertsatz*
Seien $X_1, X_2, \ldots$ eine Familie von unabhängigen und identisch verteilten Zufalls-größen auf $(\Omega, \mathcal{F}, \mathbb{P})$ mit $\mathbb{E}(X) = 0$ (gilt ohne Einschränkung, denn Zentrieren kann man immer) und $0 < \sigma^2 = \mathbb{E}\left(X^2\right) < \infty$. Sei $S_n = \sum_{i=1}^n X_i$. Dann gilt für alle $-\infty < a < b < \infty$

$$\lim_{n \to \infty} \mathbb{P}\left(\left\{\omega : \frac{S_n(\omega)}{\sqrt{n}} \in [a, b]\right\}\right) = \int_a^b \frac{e^{-\frac{x^2}{2\sigma^2}}}{\sqrt{2\pi}\sigma} dx,$$

mit anderen Worten: Die Verteilung („the Law" $\mathcal{L}$) von $\frac{S_n}{\sqrt{n}}$ konvergiert gegen die Gauß-Verteilung mit Mittelwert 0 und Varianz σ^2:

$$\mathcal{L}\left(\frac{S_n}{\sqrt{n}}\right) \longrightarrow \mathcal{N}(0, \sigma^2) \quad \text{für } n \to \infty.$$

Beweis. Den Hauptteil haben wir schon geleistet. Was fehlt, ist der rigorose Schluss von der Konvergenz der charakteristischen Funktion auf die Konvergenz der Verteilung. Das geht ganz einfach, weil die Gauß-Funktion so schön ist: Zunächst ist ja

$$\mathbb{P}\left(\left\{\omega : \frac{S_n(\omega)}{\sqrt{n}} \in [a, b]\right\}\right) = \int \mathbb{1}_{[a,b]}\left(\frac{S_n(\omega)}{\sqrt{n}}\right) d\mathbb{P}(\omega).$$

Die Indikatorfunktion $\mathbb{1}_{[a,b]}$ lässt sich leicht zwischen glatten und abfallenden (schneller als jede inverse Potenz) Funktionen – sogenannte Funktionen im Schwartz-Raum $\mathcal{S}$ – einschließen:

$$f^- < \mathbb{1}_{[a,b]} < f^+, \quad f^-, f^+ \in \mathcal{S}.$$

Dann ist

$$\mathbb{E}\left(f^-\left(\frac{S_n}{\sqrt{n}}\right)\right) \leq \mathbb{P}\left(\frac{S_n}{\sqrt{n}} \in [a, b]\right) \leq \mathbb{E}\left(f^+\left(\frac{S_n}{\sqrt{n}}\right)\right). \tag{9.4}$$

Damit verschieben wir die Frage der Umkehrung der Fourier-Transformation von den Maßen auf Funktionen im Raum $\mathcal{S}$, und da wirkt die Fourier-Transformation bijektiv (was man ganz leicht sieht). Mit

$$f(x) = \int e^{iyx} \hat{f}(y) dy$$

und

$$\hat{f}(y) = \frac{1}{2\pi} \int e^{-iyx} f(x) dx$$

ist

$$\mathbb{E}\left(f\left(\frac{S_n}{\sqrt{n}}\right)\right) \quad = \quad \int f\left(\frac{S_n}{\sqrt{n}}(\omega)\right) d\mathbb{P}(\omega)$$

$$= \quad \int \int \exp\left(iy\frac{S_n}{\sqrt{n}}(\omega)\right) \hat{f}(y)dy d\mathbb{P}(\omega)$$

$$\overset{\text{Fubini (abs. int.)}}{=} \int \hat{f}(y)\phi_n\left(\frac{y}{\sqrt{n}}\right) dy.$$

Weiter mit dem *Satz der dominierten Konvergenz*. Mit (9.3) und $|\phi_n| \le 1$ geht das Ganze gegen

$$\int \hat{f}(y)e^{-\frac{y^2}{2}\sigma^2}dy = \frac{1}{2\pi} \int \int e^{-iyx} f(x)e^{-\frac{y^2}{2}\sigma^2}dy dx = \int f(x)\frac{e^{-\frac{x^2}{2\sigma^2}}}{\sqrt{2\pi}\sigma}dx.$$

Das benutzen wir für (9.4):

$$\int f^-(x)\frac{e^{-\frac{x^2}{2\sigma^2}}}{\sqrt{2\pi}\sigma}dx \le \lim_{n\to\infty} \mathbb{P}\left(\frac{S_n}{\sqrt{n}} \in [a,b]\right) \le \int f^+(x)\frac{e^{-\frac{x^2}{2\sigma^2}}}{\sqrt{2\pi}\sigma}dx,$$

und indem wir $f^\pm$ gegen $\mathbb{1}_{[a,b]}$ gehen lassen, sodass

$$\int dx \left|f^-(x) - f^+(x)\right| \to 0,$$

folgt schließlich

$$\lim_{n\to\infty} \mathbb{P}\left(\frac{S_n}{\sqrt{n}} \in [a,b]\right) = \int_a^b \frac{e^{-\frac{x^2}{2\sigma^2}}}{\sqrt{2\pi}\sigma}dx.$$

Wie wir bereits beim Gesetz der großen Zahlen betont haben, haben Limes-Aussagen wie diese keine empirische Bedeutung, solange die Qualität der Approximation nicht angegeben wird. Die ist beim zentralen Grenzwertsatz nicht ganz einfach in aller Allgemeinheit zu bekommen. Man ist sicher bereit, aus dem obigen Beweis (man denke an die Taylor-Entwicklung) an einen Fehler von der Größenordnung $\mathcal{O}\left(1/\sqrt{n}\right)$ zu glauben, aber wie man später an den Anwendungsbeispielen sieht, ist dabei die genaue Schranke wesentlich. Wir leiten deshalb den zentralen Grenzwertsatz noch einmal mit einer anderen, auf Jarl Waldemar Lindeberg (1876–1932) zurückgehende Methode ab, die auch wegen ihrer „stochastischen Methodik" besonders interessant ist.

Die Idee ist folgende: Wir zeigen, dass die Differenz

$$\left| \mathbb{E}\left(f\left(\frac{1}{\sigma\sqrt{n}} \sum_{i=1}^{n} X_i \right) \right) - \int_{-\infty}^{\infty} f(t) \frac{1}{\sqrt{2\pi}} e^{-t^2/2} \, dt \right| \tag{9.5}$$

für großes n klein wird, und zwar mit $\mathcal{O}(\frac{1}{\sqrt{n}})$, wobei $(X_i)_{i \in \mathbb{N}}$ unabhängige identisch verteilte Zufallsvariablen mit Mittelwert 0, endlicher Varianz $\sigma^2 = \mathbb{E}(X^2)$ und $\mathbb{E}(|X|^3) < \infty$ sind. Durch geeignete Abschätzung bekommen wir dann für allgemeines $f \in C^3(\mathbb{R})$ (mit beschränkten stetigen Ableitungen f', f'', f''') in der Tat eine Fehlerabschätzung mit $\mathcal{O}(\frac{1}{\sqrt{n}})$, wobei wir dann allerdings, um zum zentralen Grenzwertsatz (Satz 9.1) zu kommen, als Funktion die Indikatorfunktion brauchen, und um die Voraussetzungen für f zu erfüllen, auch ihre Glättung. Auf Letzteres gehen wir aber nicht näher ein, weil das dem Vorgehen aus (9.4) entspricht.

Die Abschätzung machen wir auf eine stochastische Weise, und zwar ersetzen wir in $S_n^* := \frac{1}{\sigma\sqrt{n}} \sum_{i=1}^{n} X_i$ nacheinander die X_i durch normalverteilte Zufallsvariablen und kontrollieren den dabei gemachten Fehler. Seien also $Y_1, Y_2, \ldots$ unabhängige standardnormalverteilte Zufallsvariablen, die auch unabhängig von den $(X_i)_{i \in \mathbb{N}}$ sind. In Analogie zu S_n^* sei

$$T_n^* = \frac{1}{\sigma\sqrt{n}} \sum_{i=1}^{n} (\sigma Y_i).$$

Da T_n^* standardnormalverteilt ist, ist

$$\mathbb{E}(f(T_n^*)) = \int_{-\infty}^{\infty} f(t) \frac{1}{\sqrt{2\pi}} e^{-t^2/2} \, dt.$$

Damit wird (9.5) mit

$$\tilde{X}_i = \frac{1}{\sigma\sqrt{n}} X_i \quad \text{und} \quad \tilde{Y}_i = \frac{1}{\sqrt{n}} Y_i \tag{9.6}$$

sowie

$$Z_{l,n} := \sum_{i=1}^{l-1} \tilde{X}_i + \sum_{i=l+1}^{n} \tilde{Y}_i$$

(für $l = 1$ bzw. $l = n$ interpretieren wir die erste bzw. die zweite Summe als 0) zu

$$\left| \mathbb{E}\big(f(S_n^*)\big) - \int_{-\infty}^{\infty} f(t) \frac{1}{\sqrt{2\pi}} e^{-t^2/2} \, dt \right| = \left| \mathbb{E}\big(f(S_n^*)\big) - \mathbb{E}\big(f(T_n^*)\big) \right|$$

$$= \left| \sum_{l=1}^{n} \big(\mathbb{E}\big(f(Z_{l,n} + \tilde{X}_l)\big) - \mathbb{E}\big(f(Z_{l,n} + \tilde{Y}_l)\big) \big) \right|$$

$$\leq \sum_{l=1}^{n} \left| \mathbb{E}\big(f(Z_{l,n} + \tilde{X}_l)\big) - \mathbb{E}\big(f(Z_{l,n} + \tilde{Y}_l)\big) \right|. \tag{9.7}$$

Für die zweite Gleichheit beachte man die Teleskopeigenschaft (Summanden heben sich wechselseitig auf).

Wir untersuchen jetzt jeden Term der Summe für festes l: Sei

$$R_l(t) := f(Z_{l,n} + t) - f(Z_{l,n}) - f'(Z_{l,n}) \cdot t - f''(Z_{l,n}) \cdot \frac{t^2}{2},$$

dann ist

$$\left| \mathbb{E}\big(f(Z_{l,n} + \tilde{X}_l)\big) - \mathbb{E}\big(f(Z_{l,n} + \tilde{Y}_l)\big) \right| = \left| \mathbb{E}\big(R_l(\tilde{X}_l)\big) - \mathbb{E}\big(R_l(\tilde{Y}_l)\big) \right|$$

$$\leq \left| \mathbb{E}\big(R_l(\tilde{X}_l)\big) \right| + \left| \mathbb{E}\big(R_l(\tilde{Y}_l)\big) \right|, \tag{9.8}$$

denn $\tilde{X}_l$ und $\tilde{Y}_l$ haben dasselbe erste und zweite Moment,

$$\mathbb{E}\big(\tilde{X}_l\big) = 0 = \mathbb{E}\big(\tilde{Y}_l\big) \quad \text{und} \quad \mathbb{E}\big(\tilde{X}_l^2\big) = \mathbb{E}\big(\tilde{Y}_l^2\big) = \frac{1}{n},$$

und mit der Unabhängigkeit folgt zudem

$$\mathbb{E}\big(f'(Z_{l,n})\tilde{X}_l\big) = \mathbb{E}\big(f'(Z_{l,n})\big) \cdot \mathbb{E}\big(\tilde{X}_l\big) = 0$$

$$= \mathbb{E}\big(f'(Z_{l,n})\big)\mathbb{E}\big(\tilde{Y}_l\big) = \mathbb{E}\big(f'(Z_{l,n})\tilde{Y}_l\big)$$

sowie

$$\mathbb{E}\big(f''(Z_{l,n})\tilde{X}_l^2\big) = \mathbb{E}\big(f''(Z_{l,n})\big)\mathbb{E}\big(\tilde{X}_l^2\big)$$

$$= \mathbb{E}\big(f''(Z_{l,n})\big)\mathbb{E}\big(\tilde{Y}_l^2\big) = \mathbb{E}\big(f''(Z_{l,n})\tilde{Y}_l^2\big).$$

Mit (9.8) kann man (9.7) weiter abschätzen, wobei wir das Taylorsche Restglied

$$|R_l(t)| \leq \frac{t^3}{6} \cdot \sup_{r \in \mathbb{R}} |f'''(r)|$$

verwenden. Wir spalten die Summe auf und erhalten unter Beachtung von (9.6) einerseits

$$\sum_{l=1}^{n} \left| \mathbb{E}\big(R_l(\tilde{X}_l)\big) \right| \leq \sum_{l=1}^{n} \mathbb{E}\big(|R_l(\tilde{X}_l)|\big)$$

$$\leq \sum_{l=1}^{n} \frac{\sup |f'''(r)|}{6\sigma^3 n^{3/2}} \mathbb{E}\big(|X_l|^3\big) = \frac{\sup |f'''(r)|}{6\sigma^3 \sqrt{n}} \mathbb{E}\big(|X|^3\big)$$

sowie andererseits

$$\sum_{l=1}^{n} \left| \mathbb{E}\big(R_l(\tilde{Y}_l)\big) \right| \leq \frac{\sup |f'''(r)|}{6\sqrt{n}} \mathbb{E}\big(|Y|^3\big),$$

also gilt insgesamt:

$$\left| \mathbb{E}\big(f(S_n^*)\big) - \int_{-\infty}^{\infty} f(t) \frac{1}{\sqrt{2\pi}} e^{-t^2/2} \, \mathrm{d}t \right| \leq$$

$$\leq 2 \max \left\{ \frac{\sup |f'''(r)|}{6\sigma^3 \sqrt{n}} \mathbb{E}\big(|X|^3\big), \frac{\sup |f'''(r)|}{6\sqrt{n}} \mathbb{E}\big(|Y|^3\big) \right\} \qquad (9.9)$$

Bemerkung 9.1. Da $\lim_{n\to\infty} |\mathbb{E}(f(S_n^*)) - \int_{-\infty}^{\infty} f(t) \frac{1}{\sqrt{2\pi}} e^{-t^2/2} \, \mathrm{d}t| = 0$, erhalten wir dann mit $f = \mathbb{1}_A$ den zentralen Grenzwertsatz wie oben, allerdings mit Verlust der Konvergenzrate, weil wir erst den Limes $n \to \infty$ ausführen, sodass die Ableitungsterme von f verschwinden und anschließend f gegen die Indikatorfunktion gehen lassen.

Die Abschätzung (9.9) ist etwas unbefriedigend, da sie von der Supremumsnorm der dritten Ableitung von f abhängt. Um ein einfaches Argument für die Größenordnung der Konstante, die $\frac{1}{\sqrt{n}}$ begleitet, geben zu können, kehren wir zum zentralen Grenzwertsatz in der üblichen Version zurück und betrachten den Fall von unabhängigen Zufallsvariablen $(X_i)_{i\in\mathbb{N}}$ mit $\mathbb{P}(X_i = \pm 1) = 1/2$. Die Zufallsvariablen $X_1, X_2, \ldots$ haben alle eine symmetrische Verteilung und damit auch $S_n = \sum_{i=1}^{n} X_i, n \in \mathbb{N}$. Es gilt

$$\mathbb{P}\big(S_{2n} \leq 0\big) = 1 - \mathbb{P}\big(S_{2n} > 0\big) = 1 - \mathbb{P}\big(S_{2n} \geq 0\big) + \mathbb{P}\big(S_{2n} = 0\big)$$

$$= 1 - \mathbb{P}\big(S_{2n} \leq 0\big) + \mathbb{P}\big(S_{2n} = 0\big).$$

Wir erhalten also

$$\mathbb{P}\big(S_{2n} \leq 0\big) = \frac{1}{2} + \frac{1}{2}\mathbb{P}\big(S_{2n} = 0\big) = \frac{1}{2} + \frac{1}{2} \binom{2n}{n} \cdot \left(\frac{1}{2}\right)^{2n}.$$

Hieraus ergibt sich mithilfe der Stirling-Formel (3.1):

$$\mathbb{P}(S_{2n} \le 0) - \int_{-\infty}^{0} \frac{1}{\sqrt{2\pi}} e^{-\frac{t^2}{2}}\, dt = \mathbb{P}(S_{2n} \le 0) - \frac{1}{2} = \frac{1}{2}\binom{2n}{n}\cdot\left(\frac{1}{2}\right)^{2n}$$

$$= \frac{1}{2\sqrt{\pi n}}\left(1 + \mathcal{O}\left(\frac{1}{n}\right)\right). \tag{9.10}$$

Weil die Fehlerabschätzung so bedeutend ist, zitieren wir nun auch das beste Resultat, was aus dem obigen schon zu vermuten war[1]:

Satz 9.2. *Satz von Berry-Esseen*
Es sei $(X_n)_{n\in\mathbb{N}}$ eine Folge unabhängiger und identisch verteilter Zufallsvariablen mit $\mathbb{E}(X) = 0$, $\mathbb{E}(X^2) = \sigma^2$ und $\mathbb{E}(|X|^3) = \gamma^3 < \infty$. Ist $\Phi(x)$ die Verteilungsfunktion einer standardnormalverteilten Zufallsvariablen, dann existiert eine Konstante c, sodass

$$\left|\mathbb{P}(S_n^* < x) - \Phi(x)\right| \le \frac{c}{\sqrt{n}}\left(\frac{\gamma}{\sigma}\right)^3, \forall x \in \mathbb{R}.$$

Bemerkung 9.2. Die Konstante c wurde seit der Arbeit von Esseen aus dem Jahr 1944[2] immer weiter verbessert. Man weiß heute, dass $c < 0,48$.

9.1   Zur Anwendung des zentralen Grenzwertsatzes

Der zentrale Grenzwertsatz sagt also über eine Summe von unabhängigen und identisch verteilten Zufallsvariablen $(X_i)_i$, dass

$$\mathbb{P}\left(\frac{\sum_{i=1}^{n} X_i - n\mathbb{E}(X)}{\sqrt{n\mathrm{Var}(X)}} < a\right) = \Phi(a) + \mathcal{O}\left(\frac{1}{\sqrt{n}}\right). \tag{9.11}$$

Das kann man leicht umformen zu (man führe die Umformung durch)

$$\mathbb{P}\left(\sum_{i=1}^{n} X_i < b\right) = \Phi\left(\frac{b - n\mathbb{E}(X)}{\sqrt{n\mathrm{Var}(X)}}\right) + \mathcal{O}\left(\frac{1}{\sqrt{n}}\right) \tag{9.12}$$

---

[1] Für einen Beweis und weitere interessante Aussagen verweisen wir auf Chow, Y./ Teicher, H. *Probability theory: Independence, interchangeability, martingales.* Springer Science & Business Media, 2012.

[2] Esseen, C.-G.: *Fourier analysis of distribution functions. A mathematical study of the Laplace-Gaussian law.* Dissertation. In: Acta mathematica 77, 1944.

mit $b = a\sqrt{n\mathrm{Var}(X)} + n\mathbb{E}(X)$, und es ist diese Form, wie der Satz Anwendung findet:

In der *Natur* sind viele Merkmale, wie z. B. Körpergrößen (eines Geschlechts) oder die Länge der Blätter an einem Baum, annähernd normalverteilt. Nun kann man fragen, wieso das so ist, und man könnte versuchen, so zu argumentieren: Der menschliche Körper oder die Länge eines Blattes setzt sich zusammen aus einer sehr großen Anzahl an „Einzelteilen", deren Länge von – man nehme an – unabhängigen Faktoren beeinflusst wird. Der zentrale Grenzwertsatz sagt dann, dass deren Summe, also die Körpergröße bzw. die Gesamtlänge des Blattes, annähernd normalverteilt ist.

Die Approximation der Verteilung einer Summe von unabhängigen Zufallsgrößen durch die Normalverteilung kann auch einfach *rechnerisch von Vorteil* sein. Die Standardaufgaben dazu sind oft von folgendem Typ. Im Studienfach Physik gibt es 150 freie Plätze. Erfahrungsgemäß kommen nur 30 % der zugesagten Bewerber. Darum gibt man 480 Studierenden eine Zusage. Man nimmt dabei in Kauf, dass vielleicht weniger (aber vertretbar weniger) als 150 tatsächlich kommen. Dann will man wissen, wie groß die Wahrscheinlichkeit ist, dass mehr als 150 Studierende kommen, denn das wäre problematisch. Bevor wir anfangen zu rechnen, wollen wir das Ganze noch abstrakt sagen, um zu sehen, welche Gedanken eigentlich hinter dem Beispiel stecken und warum man gerade 480 Studierenden eine Zusage gibt. Man betrachtet eine Menge von identisch verteilten unabhängigen Zufallsgrößen $X_1, \ldots, X_N$ (das sind die Studierenden, bei denen man davon ausgeht, dass sie sich unabhängig voneinander entscheiden) mit Werten in $\{0, 1\}$ (Ab- bzw. Zusage). Gegeben ist eine Prozentzahl p der X_i, die den Wert 1 annehmen (im Beispiel $p = 30\%$). Nun soll eine gewisse maximale Anzahl n der N Zufallsgrößen den Wert 1 mit großer Sicherheit annehmen (150 der N Studierenden sollen zusagen). Also: n und p sind gegeben, gefragt wird bei der Konzeption der Aufgabe erst mal nach N, sodass die Wahrscheinlichkeit für $S_N := \sum_{i=1}^{N} X_i > n$ klein ist, aber die Wahrscheinlichkeit für $S_N \approx n$ zugleich groß. Was ist zu tun?

Erste Transferleistung: Man lese, gestützt auf das Gesetz der großen Zahlen, p als Wahrscheinlichkeit für $X_i = 1$, also

$$\mathbb{P}(X_i = 1) = p \text{ für alle } i.$$

Zweite Transferleistung: Gemäß dem Gesetz der großen Zahlen könnte man $N = n/p$ ansetzen, aber die Schwankungen sind nach dem $\sqrt{n}$-Gesetz von der Größenordnung $\sqrt{N}$, also könnte man nach der Wahrscheinlichkeit fragen, dass z. B. $S_N > n$ für $N \approx \frac{n}{p} - x\sqrt{\frac{n}{p}}$, wobei x in der Aufgabe spezifiziert werden wird (deswegen in der Beispielaufgabe also $N = 480$ mit $x \approx 1$). Man könnte auch den Wert von x optimieren. Die relevante Wahrscheinlichkeit ist in jedem Falle

$$\mathbb{P}(S_N > n) = 1 - \mathbb{P}(S_N < n + 1) \tag{9.13}$$

$$= 1 - \sum_{k=1}^{n} \mathbb{P}(S_N = k). \tag{9.14}$$

Dritte Transferleistung (und die betrifft das Rechnen): Da uns die Berechnung der einzelnen Summanden von (9.14) zu mühselig ist (die sind in diesem Falle binomialverteilte Zufallsgrößen, die wir später noch besprechen werden) und es sich bei S_N um eine Summe unabhängiger und identisch verteilter Zufallsgrößen handelt, können wir approximativ die Normalverteilung benutzen. Im Wesentlichen ist es dieselbe $\binom{n}{k}$-Analyse. Wir benutzen (9.12) und bekommen für (9.13)

$$\mathbb{P}\left(S_N > n\right) \approx 1 - \Phi\left(\frac{n + 1 - N \cdot \mathbb{E}(X)}{\sqrt{N \operatorname{Var}(X)}}\right). \tag{9.15}$$

Nun kann man noch die vermutete Zahl $N \approx \frac{n}{p} - x \sqrt{\frac{n}{p}}$ einsetzen und schauen, was man bekommt.

Also ist in unserem Beispiel mit $N = 480$, $n = 150$, $\mathbb{E}(X) = p = 0,3$ und $\operatorname{Var}(X) = p(1 - p) = 0,3 \cdot 0,7$

$$\mathbb{P}(S_{480} > 150) \approx 1 - \Phi\left(\frac{151 - 480 \cdot 0,3}{\sqrt{480 \cdot 0,3 \cdot 0,7}}\right) \approx 1 - \Phi(0,70) \approx 0,26. \tag{9.16}$$

Bemerkung 9.3. Damit man die letzte Zahl angeben kann, gab es in vielen Lehrbüchern über Wahrscheinlichkeitstheorie Tabellen, in denen Φ tabelliert ist. Heute benutzt man zur Berechnung z. B. Wolfram|Alpha.

Natürlich ist der Fehler, den man bei der Approximation macht, ausschlaggebend dafür, ob das Ergebnis brauchbar ist. In diesem Beispiel ist der Fehler nach dem Satz von Berry-Esseen (Satz 9.2) mit $\delta = 1$, $\mathbb{E}(|X_i - p|^2) = p(1 - p) = 0,21$, $\mathbb{E}(|X_i - p|^3) = p(1 - p)(p^2 + (1 - p)^2) \approx 0,12$ und $c_\delta \approx 0,5$ kleiner als

$$\frac{c_\delta}{\sqrt{N}} \frac{\mathbb{E}(|X_i - p|^3)}{\mathbb{E}(|X_i - p|^2)\sqrt{\mathbb{E}(|X_i - p|^2)}} \approx \frac{0,5}{\sqrt{480}} \frac{0,12}{0,21\sqrt{0,21}} \approx 0,03.$$

Das bedeutet, dass mit (9.16) die Wahrscheinlichkeit $\mathbb{P}(S_{480} > 150)$ zwischen 0,23 und 0,29 ist, wobei letztere die relevante Zahl ist, d. h., mit der Beachtung des Fehlers steigt das Risiko der Überbuchung von grob 1/4 auf 1/3. Übrigens wäre der Fehler bei 470 Zulassungen in etwa gleich. Nun muss man sich überlegen, ob man dieses Risiko bei der Überbuchung eingehen will.

Der zentrale Grenzwertsatz taucht auch als *Fehlergesetz* auf. Man misst die Strecke l Erde – Mond einige Male und geht davon aus, dass die Einzelmessung l_i von einer Summe *vieler* unabhängiger Faktoren ξ_j verfälscht wird, die alle Erwartungswert 0 haben, also ist $l_i = l + \sum_{j=1}^n \xi_j$. Nach dem zentralen Grenzwertsatz ist die Summe der Fehler und damit auch die Messungen $(l_i)_i$ normalverteilt. Das führt uns zu einer berühmten, von Gauß begründeten Anwendung, nämlich zur *Methode der kleinsten Quadrate*, einer Fehlerrechnung bei Messreihen.

9.2   Fehlerrechnung

Wir messen nun die Strecke l Erde – Mond n-mal und erhalten die Resultate $l_1, l_2, \ldots, l_n$. Dann bildet man das empirische Mittel $\bar{l} = \frac{1}{n} \sum_{i=1}^{n} l_i$ und sagt, dass $\bar{l}$ der gemessene Wert sei. Warum? Man könnte zunächst an das Gesetz der großen Zahlen denken, aber bekommt man in der Anzahl der Messungen die großen Zahlen hin, die für eine qualitativ hochwertige Aussage gut sind? Was ist, wenn man nur ein paar Messwerte hat? Hier ist ein anderes, auf dem zentralen Grenzwertsatz beruhendes Argument. Geht man wie im vorherigen Abschnitt davon aus, dass die Einzelmessung von einer Summe vieler unabhängiger Faktoren verfälscht wird, d. h. $l_i = l + \sum_{j=1}^{n} \xi_j$, wissen wir vom zentralen Grenzwertsatz, dass $\sum \xi_j$ ungefähr $\mathcal{N}(0, n\sigma^2)$-verteilt ist, wobei $\sigma^2 := \mathrm{Var}(\xi_j)$. Das Ergebnis l_i einer Messung kann man dann als $\mathcal{N}(l, n\sigma^2)$-verteilte Zufallsgröße ansehen. Für unsere Längenmessung bedeutet das, dass

$$\mathbb{P}(l_i \in \mathrm{d}l_i) \sim \exp\left(-\frac{(l_i - l)^2}{2n\sigma^2}\right)$$

und dies für jede Messung. Also ist bei n unabhängigen Messungen

$$\mathbb{P}(l_1, \ldots, l_n \in \mathrm{d}l_1 \ldots \mathrm{d}l_n) \sim \exp\left(-\sum_{i=1}^{n} \frac{(l_i - l)^2}{2n\sigma^2}\right).$$

Beachte: Die Größen l und σ kennen wir nicht! Aber wir sollten annehmen, dass die gemessenen Werte $l_1, \ldots, l_n$ *unter den gegebenen Umständen* die *typischen* sind. Das gibt uns einen *Schätzwert* $l(n)$ für l. Er wird so gewählt, dass obige Wahrscheinlichkeit maximal wird, die gemessenen Werte sind dann typisch. Also

$$\exp\left(-\sum_{i=1}^{n} \frac{(l_i - l(n))^2}{2n\sigma^2}\right) = \mathrm{Max} \quad \Leftrightarrow \quad \sum_{i=1}^{n}(l_i - l(n))^2 = \mathrm{Min} \quad \Leftrightarrow$$

$$\sum_{i=1}^{n}(l_i - l(n)) = 0 \quad \Leftrightarrow \quad l(n) = \frac{1}{n} \sum_{i=1}^{n} l_i.$$

Man nennt dies auch aus gutem Grund eine *Maximum-Likelihood-Schätzung*. Wichtiger als das Ergebnis ist, sich klarzumachen, was in die Argumentation einfließt – kann man dem trauen?

Nun kommen wir zu den „Fehlerbalken" – die Fehlerschranke, mit der wir den Schätzwert $l(n)$ angeben. σ^2 ist ein gutes Maß für den Fehler, denn bei der Normalverteilung ist

$$\mathbb{P}(|X - \mathbb{E}(X)| > a\sigma) = 2 \int_{a\sigma}^{\infty} \frac{\mathrm{e}^{-\frac{x^2}{2\sigma^2}}}{\sqrt{2\pi}\sigma} \mathrm{d}x = 2 \int_{a}^{\infty} \frac{\mathrm{e}^{-\frac{x^2}{2}}}{\sqrt{2\pi}} \mathrm{d}x,$$

und damit unabhängig von σ, was verschiedene Normalverteilungen vergleichbar macht. σ ist also die passende Einheit. Was ist ein guter Schätzwert für σ^2? Eine vernünftige Wahl wäre sicher

$$\sigma_n^2 = \frac{1}{n} \sum_{i=1}^{n} (l_i - l(n))^2,$$

aber

$$\mathbb{E}(\sigma_n^2) = \frac{1}{n} \sum_{i=1}^{n} \mathbb{E}\left((l_i - l(n))^2\right)$$

$$= \mathbb{E}\left((l_1 - l(n))^2\right) = \mathbb{E}\left(((l_1 - l) - (l(n) - l))^2\right)$$

$$= \sigma^2 - \frac{2}{n}\sigma^2 + \frac{1}{n}\sigma^2 = \frac{n-1}{n}\sigma^2.$$

Der Erwartungswert der geschätzten Breite ist also kleiner als die wahre Varianz, was daran liegt, dass $l(n)$ den Messwerten besser angepasst ist als das wahre l. Man sollte dies wohl als Hinweis dafür nehmen, dass die Angabe von σ_n in einer Versuchsreihe zu klein ausfallen wird. Darum sind die besseren Fehlerbalken, die um den Faktor $\frac{n}{n-1}$ vergrößerten. Also ist

$$\sigma_n^2 = \frac{1}{n-1} \sum_{i=1}^{n} (l_i - l(n))^2 \tag{9.17}$$

eine ehrwürdige Fehlerschranke.

Die Binomialverteilung und ihre Approximationen

10

Wir besprechen jetzt verschiedene Typizitätsmaße auf dem Bildraum. Oft werden diese Typizitätsmaße *Wahrscheinlichkeitsmodelle* genannt. „Modell" deswegen, weil die Wahrheit so unerträglich fern liegt – zu fern, als dass man darüber reden könnte oder wollte. Da wir auf dem Bildraum einsteigen, knüpfen wir automatisch an die Jedermanns-Wahrscheinlichkeit an, auch sprachlich. Wir verwenden den Begriff der Wahrscheinlichkeit synonym zum Maß $\mathbb{P}$, ohne aber mehr mit dem Begriff verknüpfen zu wollen.

10.1 Die Binomialverteilung

In Jedermanns-Wahrscheinlichkeitsaufgaben fragt man oft nach der „Anzahl von Treffern" in einem Zufallsexperiment. Es gibt viele Arten der Formulierung. Hier ist eine davon.

Definition 10.1. Sei X auf $(\Omega, \mathcal{F}, \mathbb{P})$ mit $X \in \{0, 1\}$ und

$$\mathbb{P}_X(1) = p, \ \mathbb{P}_X(0) = 1 - p,$$

dann ist X *Bernoulli-verteilt*.

Lemma 10.1. *Die Vergröberung*

$$S_n := \sum_{k=1}^{n} X_k(\omega) : \Omega \to \mathbb{N}$$

© Springer-Verlag Berlin Heidelberg 2017
D. Dürr et al., *Einführung in die Wahrscheinlichkeitstheorie als Theorie der Typizität*, DOI 10.1007/978-3-662-52961-4_10

mit unabhängigen, Bernoulli-verteilten X_k hat dann die Verteilungsdichte

$$\mathbb{P}_{S_n}(k) = \binom{n}{k} p^k (1-p)^{n-k}.$$

Das zu zeigen, ist eine leichte formale Übung, bei der wir benutzen, dass $\binom{n}{k}$ die Anzahl von 0-1-Folgen der Länge n ist und dass das Bildmaß faktorisiert. Gerne aber sagt man es auch so: $X_k = 1$ bedeutet, dass im k-ten Versuch ein Treffer erzielt wird, $X_k = 0$ steht für eine Niete. Man berechnet zunächst die Wahrscheinlichkeit, dass in einer Versuchsreihe der Länge n an k bestimmten Malen ein Treffer erzielt wird und sonst nur Nieten gezogen werden. Die Ausgänge der Versuche sind unabhängig und ein Treffer hat die Wahrscheinlichkeit p. Das liefert den Faktor $p^k(1-p)^{n-k}$, und das ist mit der Anzahl aller Möglichkeiten zu multiplizieren, bei denen an k bestimmten Malen Treffer erzielt werden.

Definition 10.2. Für $k = 0, 1, \ldots, n$ heißt

$$\mathrm{b}(k; n, p) := \binom{n}{k} p^k (1-p)^{n-k}$$

die *Binomialverteilung* mit Trefferwahrscheinlichkeit p und Versuchslänge n. Eine Zufallsgröße X mit

$$\mathbb{P}_X(k) = \mathrm{b}(k; n, p)$$

heißt *binomialverteilt*.

Bemerkung 10.1. Die relative Anzahl der 0-1-Folgen der Länge n mit genau k Einsen, die wir in Kap. 3 ausführlich besprochen haben, ist $\mathrm{b}(k; n, 1/2)$.

Der Erwartungswert ist

$$\mathbb{E}(X) = \sum_{k=1}^{n} k\,\mathrm{b}(k; n, p) = np$$

und die Varianz ist

$$\mathrm{Var}(X) = np.$$

Beides kann man gemäß der Definition des Erwartungswertes ausrechnen (unerfreulich), oder aber, was viel einfacher geht (wenn man Lemma 10.1 im Kopf behält): Wenn S_n binomialverteilt ist, kann S_n als Summe von Bernoulli-verteilten X_i geschrieben werden, also

$$S_n = \sum_{i=1}^{n} X_i, \quad \text{und es folgt sofort}$$

$$\mathbb{E}(S_n) = \sum_{i=1}^{n} \mathbb{E}(X_i) = \sum_{i=1}^{n} p \cdot 1 + (1-p) \cdot 0 = np.$$

Desgleichen für die Varianz:

$$\mathbb{E}\left((S_n - \mathbb{E}(S_n))^2\right) = \mathbb{E}\left(\left(\sum_{i=1}^{n}(X_i - p)\right)^2\right) = \sum_{i=1}^{n} \mathbb{E}\left((X_i - p)^2\right) = np(1-p).$$

Aufgaben zur Binomialverteilung gibt es in Hülle und Fülle. Meistens solche, die „aus dem Leben gegriffen" sind. Die taugen zumindest dafür, um Zahlenbeispiele zu haben. Deswegen hier ein solches Beispiel.

Beispiel 10.1. Im Casino wettet eine Spielerin auf eine Zahl von 1 bis 6. Drei Würfel werden geworfen und wenn davon einer, zwei oder alle drei die gewettete Zahl zeigen, erhält die Spielerin einen, zwei bzw. drei Chips. Wenn keiner der Würfel die gewettete Zahl zeigt, muss die Spielerin einen Chip abgeben. Ist dies ein faires Spiel? Was bedeutet hier fair? Man denke darüber nach. Natürlich gehen wir davon aus, dass die Würfel fair und die Ausgänge unabhängig sind. In der Sprache von oben haben wir drei Plätze, auf die mit Wahrscheinlichkeit $\frac{1}{6}$ die gewettete Zahl gesetzt wird. Also ist der Gewinn (oder Verlust) der Spielerin eine $b\left(k; 3, \frac{1}{6}\right)$-verteilte Zufallsgröße $X \in \{0, 1, 2, 3\}$, wobei $X = 0$ „Verlust eines Chips" bedeutet. Also

$$\mathbb{P}(0) = b\left(0; 3, \frac{1}{6}\right) = \binom{3}{0}\left(\frac{1}{6}\right)^0 \left(\frac{5}{6}\right)^3 = \frac{125}{216}$$

und

$$\mathbb{P}(1) = b\left(1; 3, \frac{1}{6}\right) = \binom{3}{1}\left(\frac{1}{6}\right)^1 \left(\frac{5}{6}\right)^2 = \frac{75}{216}$$

und analog

$$\mathbb{P}(2) = \frac{15}{216}, \quad \mathbb{P}(3) = \frac{1}{216}.$$

Das ist das Typizitätsmaß. Wieder die Frage: Ist das Spiel fair? Eine Möglichkeit der Antwort ist: Was passiert nach vielen Wetten? Wir denken dabei an das Gesetz der großen Zahlen. Das führt uns auf die Frage nach dem Erwartungswert. Nun ist 216 eine große Zahl: In 216 Wettspielen verliert sie ungefähr 125 Chips, gewinnt ungefähr 75 · 1 Chip, 15 · 2 Chips und 3 · 1 Chip, also 108 Chips. Sie verliert also in 216 Läufen 17 Chips. Das ist nicht fair.

Wir gehen nun zu ernsthafteren Dingen über, nämlich zu physikalischen Sichtweisen. Die noch zu besprechende Brownsche Bewegung, die Teilchendiffusion oder die Wärmeleitung lassen sich mithilfe der Binomialverteilung beschreiben: Dazu stelle man sich zunächst ein eindimensionales Gitter mit Gitterplätzen $1, 2, \ldots, n$ vor. Man verteile Teilchen auf die Gitterplätze, und zwar setze man unabhängig und pro Gitterplatz ein Teilchen mit Wahrscheinlichkeit p und keines mit Wahrscheinlichkeit $1 - p$. Was bedeutet das? Wir wollen das in der Münzwurfsprache sagen, weil wir die gut verstehen. Bei jedem Gitterplatz werfe man eine Münze, die unfair sein darf. Kopf kommt mit Wahrscheinlichkeit p, und wenn Kopf erscheint, setzt man das Teilchen, bei Zahl nicht. Wie groß ist die Wahrscheinlichkeit, genau k Teilchen zu haben? Nach Lemma 10.1 ist das

$$\mathbb{P}(S_n = k) = \binom{n}{k} p^k (1 - p)^{n-k}.$$

Man kann sich die Gitterplätze auch als diskrete Zeitpunkte, zu denen ein Teilchen mit Wahrscheinlichkeit p um 1 springt und mit Wahrscheinlichkeit $1 - p$ ruht, vorstellen. Dann beschreibt

$$S_t = \sum_{i=1}^{t} X_i$$

den Ort des Teilchens zur Zeit t, wobei

$$X_i = \begin{cases} 1 & \text{mit Wahrscheinlichkeit } p \\ 0 & \text{mit Wahrscheinlichkeit } 1 - p. \end{cases}$$

Wir haben hier einen *Sprungprozess* und wieder nach Lemma 10.1

$$\mathbb{P}(S_t = k) = \binom{t}{k} p^k (1 - p)^{t-k}.$$

Wir bleiben beim Bild des hüpfenden Teilchens, aber besprechen die verwandte Verteilung, die sich für eine *Irrfahrt (random walk)* ergibt, bei der $X_i = \pm v$ mit Gewichten p und $1 - p$ ist und der Ort zur Zeit t durch

$$S_t = \sum_{i=1}^{t} X_i \in \{-tv, \ldots, 0, \ldots, tv\} \tag{10.1}$$

beschrieben wird. Dessen Verteilung ist

$$\mathbb{P}(S_t = kv) = \binom{t}{\frac{t+k}{2}} p^{\frac{t+k}{2}} (1-p)^{\frac{t-k}{2}}, \tag{10.2}$$

denn

$$S_t = kv \Leftrightarrow (t-l)\text{-mal}\,,-1``; l\text{-mal}\,,1`` \text{ und } -(t-l)+l = k \Leftrightarrow l = \frac{k+t}{2}.$$

Ein besonderer Fall ist die *symmetrische Irrfahrt,* wenn also $p = \frac{1}{2}$. Womit wir wieder in der Situation des Galton-Bretts wären, bei dem $\mathbb{E}(S_t) = 0$ und $\mathbb{E}(S_t^2) \sim t$ ist. Wir haben dann ein sogenanntes *diffusives* Verhalten vorliegen, das dadurch gekennzeichnet ist, dass der Ort S_t in der Zeit t typischerweise wie $\sqrt{t}$ wächst. Dieses Verhalten begegnet uns in vielen Naturereignissen wie anfangs angekündigt, z. B. bei der Brownschen Bewegung, der Teilchendiffusion und der Wärmeleitung.

Bemerkung 10.2. Bei der *allgemeinen Irrfahrt* ist $p \neq 1/2$ und $\mathbb{E}(S_t) = tv(2p-1)$. S_t hat also einen linear wachsenden Anteil mit t, den man *Drift* nennt.

10.1.1 Approximation nach de Moivre und Laplace

Wie bereits bemerkt, sind die Anzahlen der 0-1-Folgen aus Kap. 3 eine Realisierung der Binomialverteilung. Insbesondere wurde deren Gaußsche Approximation für $n \to \infty$ in (3.4) allein aus der Stirling-Formel abgeleitet, was auf de Moivre und Laplace zurückgeht. Man kann diese Approximation ebenfalls als ein Beispiel des zentralen Grenzwertsatzes ansehen. Deswegen heißt die Anwendung des zentralen Grenzwertsatzes auf die allgemeine Binomialverteilung auch *Grenzwertsatz von de Moivre-Laplace.* Die Anwendung davon haben wir schon in (9.15) benutzt. Nochmal zur Erinnerung:

Satz 10.1. *Der Satz von Moivre-Laplace*
Sei S_n eine binomialverteilte Zufallsvariable mit den Parametern n, k und p, dann ist

$$\lim_{n \to \infty} \mathbb{P}(S_n < a) = \Phi\left(\frac{a-np}{\sqrt{np(1-p)}}\right).$$

Die Qualität der Approximation wird durch Satz 9.2 beschrieben.

10.1.2 Approximation: Die Poisson-Verteilung

In einer Situation, in der es mit Wahrscheinlichkeit p einen Treffer oder mit Wahrscheinlichkeit $1 - p$ eine Niete gibt, haben wir nach n unabhängigen Versuchen eine binomialverteilte Zufallsgröße X mit Parametern n und p vorliegen. Der Erwartungswert ist np. Wenn nun die Wahrscheinlichkeit eines Erfolges sehr klein ist und n entsprechend groß gewählt wird, nämlich so, dass der Erwartungswert konstant bleibt, erhalten wir approximativ die *Poisson-Verteilung*.

Wir setzen das gleich in ein physikalisches Bild um. Wir betrachten ein Intervall der Länge L und unterteilen es durch Gitterpunkte, die einen Abstand d haben. Also $L/d = n \in \mathbb{N}$. Auf jeden Gitterpunkt setze man unabhängig von allen anderen ein Teilchen mit Wahrscheinlichkeit p. Die mittlere Anzahl ist dann np und die Verteilung der Anzahl von gesetzten Teilchen ist $b(k; n, p)$. Man betrachte nun die Dichte

$$\rho := \frac{np}{L}.$$

Wir gehen jetzt zum Kontinuum über, und zwar genau so, dass die mittlere Anzahl $\rho L = np$ von Teilchen fest bleibt. Wir lassen also $n \to \infty$ gehen, und das heißt für $p = \frac{\rho L}{n} \to 0$. Mit der Folgendefinition der Exponentialfunktion ist

$$\lim_{n \to \infty, np = \rho L} b(k; n, p) = \lim_{n \to \infty} b\left(k; n, \frac{\rho L}{n}\right)$$

$$= \lim_{n \to \infty} \frac{n!}{(n-k)! k!} \left(\frac{\rho L}{n}\right)^k \left(1 - \frac{\rho L}{n}\right)^{n-k}$$

$$= \frac{(\rho L)^k}{k!} \lim_{n \to \infty} \frac{n!}{(n-k)!} \frac{1}{n^k} \left(1 - \frac{\rho L}{n}\right)^n \left(1 - \frac{\rho L}{n}\right)^{-k}$$

$$= \frac{1}{k!} (\rho L)^k e^{-\rho L} \lim_{n \to \infty} \frac{n!}{(n-k)! n^k} \left(1 - \frac{\rho L}{n}\right)^{-k}.$$

Und da

$$\lim_{n \to \infty} \frac{n(n-1)\ldots(n-k+1)}{\underbrace{n \cdot n \ldots n}_{k-\text{mal}}} \left(1 - \frac{\rho L}{n}\right)^{-k} = 1, \quad \text{bleibt nur noch}$$

$$\lim_{n \to \infty, np = \rho L} b(k; n, p) = \frac{1}{k!} (\rho L)^k e^{-\rho L} =: \mathbb{P}_{\rho L}(N = k).$$

Man beachte, dass

$$\sum_{k=0}^{\infty} \mathbb{P}_{\rho L}(N = k) = 1.$$

Um zur Definition zu kommen, die losgelöst vom obigen physikalischen Bild ist, schreibt man für $\rho L =: \lambda$.

Definition 10.3. Sei $\lambda > 0$. Die Verteilung $\mathbb{P}_\lambda$ auf $\Omega = \mathbb{N}$, gegeben durch

$$\mathbb{P}_\lambda(N = k) = e^{-\lambda} \frac{1}{k!} \lambda^k, \tag{10.3}$$

heißt *Poisson-Verteilung* mit Parameter λ. Eine Zufallsgröße N_λ mit Bildmaß $\mathbb{P}_\lambda$ heißt *Poisson-Variable*.

Zwei Sachen sind klar, ohne rechnen zu müssen:

$$\mathbb{E}(N_\lambda) = \lambda \quad \text{und} \quad \text{Var}(N_\lambda) = \lambda,$$

was beides aus der Binomialverteilung folgt. Zum Beispiel für die Varianz:

$$np(1 - p) = \lambda \left(1 - \frac{\lambda}{n} \right) \to \lambda$$

Bemerkung 10.3. Falls man doch gemäß der Definition des Erwartungswertes rechnen möchte:

$$\mathbb{E}(N_\lambda) = \sum_{k=0}^{\infty} k e^{-\lambda} \frac{1}{k!} \lambda^k = \sum_{k=1}^{\infty} k e^{-\lambda} \frac{1}{k!} \lambda^k$$

$$= \lambda e^{-\lambda} \sum_{k=1}^{\infty} \frac{1}{(k-1)!} \lambda^{k-1} = \lambda e^{-\lambda} \sum_{k=0}^{\infty} \frac{1}{k!} \lambda^k = \lambda.$$

Aus unserer Konstruktion der Poisson-Verteilung folgt, dass bei Unterteilung des Intervalls $[0, L]$ in zwei disjunkte Teilintervalle $[0, a) \cup [a, L]$ die Anzahlen von Teilchen in $[0, a)$ und $[a, L]$ unabhängig und Poisson-verteilt mit Poisson-Variablen $N_{\rho a}$ und $N_{\rho(L-a)}$ sind. Und auch andersrum: Seien $N_{\rho a}$ und $N_{\rho(L-a)}$ unabhängige, Poisson-verteilte Zufallsgrößen, dann ist ihre Summe die Poisson-verteilte Zufallsgröße $N_{\rho L}$.

Wichtiger Hinweis: Bevor wir das technisch Notwendige dazu erledigen, wollen wir noch folgende, immer wiederkehrende Frage anhand eines Beispiels stellen. Die Anzahl von Druckfehlern in einem Buch ist Poisson-verteilt mit Erwartungswert λ, die Anzahl von falsch gewählten Telefonnummern in einer Stadt ist Poisson-verteilt mit Erwartungswert μ. Außer Frage sind N_λ und N_μ unabhängig. Aber was berechtigt, über $N_\lambda + N_\mu$ zu reden? Dazu müssen die beiden Zufallsgrößen – die wir jetzt ja nur sprachlich definiert haben – erst auf einem gemeinsamen Wahrscheinlichkeit sraum $(\Omega, \mathcal{F}, \mathbb{P})$ dargestellt werden. (Wir erinnern dabei an Abschn. 2.5.2): Wir haben zwei Größen, die *nichts* miteinander zu tun haben – deswegen empfinden wir sie als unabhängigUm dies aber mathematisch zu präzisieren, müssen wir die Größen auf einem gemeinsamen Raum darstellen. Welche vernünftige Erklärung gibt es dafür? Welche Einsicht steckt dahinter? Um der Definition zu genügen? Das wäre eine lächerliche Erklärung! Hier ist die wahre: Offenbar sind die Fehler in einem Buch und die falsch gewählten Telefonnummern tatsächlich Teil eines gemeinsamen Ganzen. Unsere Welt!

Das sieht man aber in den meisten Fällen nicht mehr, denn: Ganz oft liegt eine Situation vor, in der eine Zufallsgröße nur verbal gegeben ist, und meistens interessiert nur deren Verteilung – eine Realisierung der Zufallsgröße auf einem Ω-Raum ist ohne Interesse. Die ist dann, wenn einmal die Verteilung bekannt ist, sowieso meistens die auf dem Bildraum, also die *triviale* (in der folgenden Rechnung ist das $N_\lambda(n) = n$, $n \in \mathbb{N}$ auf dem Raum $(\mathbb{N}, \mathcal{P}(\mathbb{N}), \mathbb{P}_\lambda)$). Und genau deswegen verliert man die Frage aus den Augen, was hinter den ganzen „Statistiken" steckt.

Nun zum Technischen: N_λ und N_μ müssen gemeinsam dargestellt werden, und das geht trivialerweise so: N_λ sei auf $\Omega_\lambda = \mathbb{N}$ definiert mit $\mathbb{P}_\lambda(k) = \frac{\lambda^k}{k!}\mathrm{e}^{-\lambda}$, N_μ sei auf $\Omega_\mu = \mathbb{N}$ definiert mit $\mathbb{P}_\mu(k) = \frac{\mu^k}{k!}\mathrm{e}^{-\mu}$. Man bilde nun den Produktraum $\Omega := \Omega_\lambda \times \Omega_\mu = \mathbb{N} \times \mathbb{N}$ und $\mathbb{P} := \mathbb{P}_\lambda \times \mathbb{P}_\mu = \mathbb{P}_\lambda \mathbb{P}_\mu$ und definiere N_λ und N_μ neu auf Ω (mit Missbrauch der Notation): $N_\lambda(\omega) = N_\lambda(\omega_\lambda, \omega_\mu) = N_\lambda(\omega_\lambda) = \omega_\lambda$ und $N_\mu(\omega) = N_\mu(\omega_\lambda, \omega_\mu) = N_\mu(\omega_\mu) = \omega_\mu$ und

$$
\begin{aligned}
\mathbb{P}\left(N_\lambda = k, N_\mu = l\right) &= \mathbb{P}\left(\{\omega : N_\lambda(\omega) = k\} \cap \{\omega : N_\mu(\omega) = l\}\right) \\
&= \mathbb{P}(k, l) \\
&= \mathbb{P}_\lambda(k)\,\mathbb{P}_\mu(l) \\
&= \frac{\lambda^k}{k!}\mathrm{e}^{-\lambda}\frac{\mu^k}{k!}\mathrm{e}^{-\mu}.
\end{aligned}
$$

Nun können wir $N = N_\lambda + N_\mu$ bilden und

$$
\begin{aligned}
\mathbb{P}(N = k) &= \mathbb{P}\left(\bigcup_{l=0}^{k}\{N_\lambda = l\} \cap \{N_\mu = k - l\}\right) \\
&= \sum_{l=0}^{k}\mathbb{P}\left(\{N_\lambda = l\} \cap \{N_\mu = k - l\}\right) \\
&= \sum_{l=0}^{k}\mathbb{P}_\lambda(l)\,\mathbb{P}_\mu(k - l) \\
&= \sum_{l=0}^{k}\frac{\lambda^l}{l!}\mathrm{e}^{-\lambda}\frac{\mu^{k-l}}{(k-l)!}\mathrm{e}^{-\mu} = \sum_{l=0}^{k}\mathrm{e}^{-\lambda-\mu}\frac{1}{k!}\binom{k}{l}\lambda^l\mu^{k-l} \\
&= \frac{\mathrm{e}^{-(\lambda+\mu)}}{k!}(\lambda + \mu)^k.
\end{aligned}
$$

Und das ist genau das Ergebnis, das wir erwartet haben. N ist eine Poisson-verteilte Zufallsgröße $N_{\lambda+\mu}$.

Diese Summe von unabhängigen Zufallsgrößen ist natürlich etwas für die charakteristischen Funktionen, das wissen wir schon, deswegen das Ergebnis gleich noch einmal auf diese Art abgeleitet.

Bemerkung 10.4. Die charakteristische Funktion der Poisson-Verteilung ist

$$\phi_{N_\lambda}(y) = \mathbb{E}\left(e^{iyN_\lambda}\right) = \sum_{k=0}^{\infty} e^{iyk} \frac{\lambda^k}{k!} e^{-\lambda}$$

$$= \sum_{k=0}^{\infty} \frac{\left(e^{iy}\lambda\right)^k}{k!} e^{-\lambda} = e^{-\lambda} \exp\left(e^{iy}\lambda\right) = \exp\left(\lambda\left(e^{iy} - 1\right)\right).$$

Also mit Unabhängigkeit:

$$\phi_{N_\lambda + N_\mu}(y) = \phi_{N_\lambda}(y)\phi_{N_\mu}(y) = \exp\left(\lambda\left(e^{iy} - 1\right)\right)\exp\left(\mu\left(e^{iy} - 1\right)\right)$$

$$= \exp\left((\lambda + \mu)\left(e^{iy} - 1\right)\right) = \phi_{N_{\lambda+\mu}}(y)$$

und fertig.

Wie immer auch hier noch ein Beispiel aus der Jedermanns-Wahrscheinlichkeit.

Beispiel 10.2. Die Fehlerquote bei der Herstellung eines Produktes sei $p = 0,1$. Wie groß ist die Wahrscheinlichkeit, dass von 10 Produkten nicht mehr als eines fehlerhaft ist? Das geht einmal mit $b(0; 10, 0, 1) + b(1; 10, 0, 1)$ oder schneller mit Poisson und Parameter $\lambda = 0, 1 \cdot 10 = 1$:

$$\mathbb{P}_1(N_1 = 0 \vee N_1 = 1) = e^{-1} + e^{-1} = 0, 76.$$

10.2 Der Poisson-Prozess

Nun kehren wir zu unserer ursprünglichen Konstruktion der Poisson-Verteilung zurück und nehmen die Teilchenbelegung von Orten ernst, d. h., wir stellen uns die reelle Achse mit einer Gitterzerlegung mit Gitterkonstante d und einer Teilchenbelegung wie oben beschrieben vor, so dass in einem beliebigen Intervall der Länge L die mittlere Anzahl von Teilchen ρL ist. Dann nehmen wir den Kontinuumslimes mit konstanter Dichte. Als Elementarereignisse schauen wir Tupel mit unendlich vielen Einträgen an, nämlich die Ortskonfigurationen $(q_i)_{i\in\mathbb{Z}}$. Also setzen wir

$$\Omega = \mathbb{R}^\mathbb{Z} := \{\omega : \omega = (\ldots, q_{-n}, \ldots, q_1, q_2, \ldots, q_n, \ldots), q_i \in \mathbb{R}\}$$

und betrachten die Anzahl von Teilchen in irgendeiner Teilmenge $A \in \mathcal{B}(\mathbb{R})$:

$$N_A(\omega) := \sum_{q_i \in \omega} \mathbb{1}_A(q_i).$$

Die mittlere Teilchenanzahl ist dann $\lambda(A)\rho$. Wir sehen A als variabel an, d. h., N ist als Funktion von A und ω zu denken. Wir können uns das auch als stochastischen Prozess, der mit A indiziert wird, vorstellen: also statt $(X_n(\omega))_{n\in\mathbb{N}}$ jetzt $(N_A(\omega))_{A\in\mathcal{B}(\mathbb{R})}$. Wir erinnern an die Bemerkung in Anhang 6.4 und setzen $\mathcal{F}$ als die von N_A, $A \in \mathcal{B}(\mathbb{R})$, erzeugte σ-Algebra auf Ω. Außerdem haben wir oben gesagt, dass N_A und N_B unabhängig sind, wenn A und B disjunkt sind. Damit erhalten wir den sogenannten Poissonschen Punktprozess.

Definition 10.4. Sei $\rho > 0$. Die Familie $(N_A)_{A\in\mathcal{B}(\mathbb{R})}$ heißt *Poissonscher Punktprozess* mit Dichte ρ von Punkten in $\mathbb{R}$, wenn

(a) für jedes $A \in \mathcal{B}(\mathbb{R})$ und $k \in \mathbb{N}$: $\mathbb{P}(N_A = k) = \frac{e^{-\rho\lambda(A)}}{k!}(\rho\lambda(A))^k$ und
(b) für $A \cap B = \emptyset$ N_A und N_B unabhängig sind, das heißt für alle $k, l \in \mathbb{N}$ gilt:
$\mathbb{P}(N_A = k, N_B = l) = \mathbb{P}(N_A = k)\mathbb{P}(N_B = l)$.

Hier sind nun der Verallgemeinerung keine Schranken gesetzt. Wir können statt $\mathbb{R}$ auch $\mathbb{R}^n$ nehmen und statt einer konstanten Dichte ρ eine variable Dichte $\rho(x)$. Darüber reden wir nachher. Zunächst bleiben wir bei $\mathbb{R}$, aber anstatt an Orte denken wir an Zeiten $(t_i)_{i\in\mathbb{Z}}$, zu denen irgendetwas passiert (zum Beispiel Erdbeben, deren zeitliches Auftreten in der Tat durch einen Poissonschen Punktprozess beschrieben wird). Man nennt die $(t_i)_{i\in\mathbb{Z}}$ auch Sprungzeiten. Sei $A = [0, t]$, dann setze man $N_t := N_{[0,t]}$ und wir haben den Sprungprozess direkt vor Augen (siehe Abb. 10.1).

Insbesondere ist die Verteilung von N_t gleich der Verteilung von $N_{[s,s+t]}$ für $s \in \mathbb{R}$ und die Sprungzahlen von disjunkten Intervallen sind unabhängig. Weiter ist für $t \geq s$ der Zuwachs $N_t - N_s$ in Verteilung gleich zu N_{t-s} und $N_t - N_s$ ist unabhängig

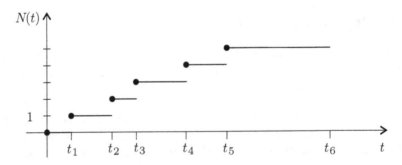

Abb. 10.1 Sprungprozess, hier rechtsseitig stetig mit linksseitigen Limiten (die fetten Punkte)

von der Vorgeschichte des Prozesses bis zur Zeit s. Man sagt, der Prozess habe „unabhängige Zuwächse".

Bemerkung 10.5. Man benutzt die unabhängigen Zuwächse z. B. zur Berechnung von

$$\mathbb{E}(N_t N_s) = \mathbb{E}((N_t - N_s + N_s)N_s) = \mathbb{E}(N_t - N_s)\mathbb{E}(N_s) + \mathbb{E}(N_s^2)$$
$$= \rho^2(t - s)s + \rho s + \rho^2 s^2 = \rho^2 ts + \rho s,$$

wobei wieder $t \geq s$ angenommen wurde.

Für $N_{\Delta t} = N_{[t, t + \Delta t]}$ ist $\mathbb{E}(N_{\Delta t}) = \rho \Delta t$, d. h., die erwartete Anzahl von Sprüngen pro Zeiteinheit ist ρ. Man nennt ρ die *Sprungrate*.

Bemerkung 10.6. Für kleine Δt ist auch $\mathbb{P}(N_{\Delta t} = 1) \approx \rho \Delta t (1 - \rho \Delta t) \approx \rho \Delta t$, das heißt, die Wahrscheinlichkeit, dass pro Zeitintervall Δt ein Sprung stattfindet, ist ebenfalls ρ. Der Poissonsche Punktprozess ist durch die lokale Charakterisierung „Sprungrate λ" und $\mathbb{P}(N_{\Delta t} > 1) = \mathcal{O}(\Delta t^2)$ sowie die Unabhängigkeit der Sprünge in disjunkten Intervallen bestimmt. Das nehmen wir nur nebenbei zur Kenntnis.

10.2.1 Exponentielle Wartezeit

Die Wartezeit τ von einem Sprung zum nächsten liefert ebenfalls eine häufig auftretende Verteilung. Man erhält sie aus folgender Überlegung. Uns interessiert ein Ereignis der folgenden Art:

$$\text{ein Sprung in } [s - \frac{\varepsilon}{2}, s + \frac{\varepsilon}{2}],$$

$$\text{kein Sprung in } [s + \frac{\varepsilon}{2}, s + t - \frac{\varepsilon}{2}]$$

$$\text{und ein Sprung in } [s + t - \frac{\varepsilon}{2}, s + t + \frac{\varepsilon}{2}].$$

Dafür ist das Poisson-Maß (oder die Wahrscheinlichkeit) wegen Definition 10.4(b) $\approx \lambda \varepsilon e^{-\lambda(t - \varepsilon)} \lambda \varepsilon$, für kleines ε und Intensität λ. Nun müssen wir daran denken, was wir wirklich wollen, nämlich die Distanz von einem Sprung (der stattgefunden hat) zum nächsten. Das heißt aber, dass wir auf die bedingte Wahrscheinlichkeit aus sind, dass im obigen Ereignis der nächste Sprung in $[s + t - \frac{\varepsilon}{2}, s + t + \frac{\varepsilon}{2}]$ ist, wenn der vorherige in $[s - \frac{\varepsilon}{2}, s + \frac{\varepsilon}{2}]$ stattgefunden hat. Das gibt (durch Division mit $\lambda \varepsilon$)

$$e^{-\lambda(t - \varepsilon)} \lambda \varepsilon \approx e^{-\lambda t} \lambda \varepsilon + o(\varepsilon).$$

Daraus lesen wir sofort die Dichte der Wartezeit ab, wobei wir $\varepsilon = \Delta t$ gesetzt haben:

$$\mathbb{P}(\tau \in [t, t + \Delta t]) = e^{-\lambda t} \lambda \Delta t$$

Also

$$\mathbb{P}(\tau > t) = \int_t^\infty \lambda e^{-\lambda t} dt = e^{-\lambda t}$$

und man sieht, dass

$$\mathbb{P}(\tau > t) = \mathbb{P}(N_{[s,s+t]}(\omega) = 0),$$

wobei s beliebig sein kann, denn das Maß auf der rechten Seite ist unabhängig von s.

Definition 10.5. Die Verteilung mit Dichte $\lambda e^{-\lambda t}$ heißt *Exponentialverteilung* zum Parameter $\lambda > 0$. Der Erwartungswert ist $\frac{1}{\lambda}$.

Sie bestimmt die Verteilung für das erste Ereignis nach einem gegebenen Zeitpunkt und gibt die Wartezeit verteilung bei unabhängigen (raren) Ereignissen an. Das Witzige an der Verteilung ist, dass man durch Warten nichts lernen kann: Wenn wir bedingen, dass bis zur Zeit s nichts passiert ist, und wir nach der Wahrscheinlichkeit

$$\mathbb{P}(\tau > t + s \mid \tau > s)$$

fragen, dann ist dies gleich

$$\frac{e^{-\lambda(t+s)}}{e^{-\lambda s}} = e^{-\lambda t} = \mathbb{P}(\tau > t).$$

Bemerkung 10.7. Die exponentielle Verteilung kann ebenfalls gemäß der Konstruktion als Approximation der diskreten Wartezeit auf den ersten Erfolg bei der Bernoulli-Kette mit $X = 1$ (Erfolg) mit Wahrscheinlichkeit p und $X = 0$ (Misserfolg) mit Wahrscheinlichkeit $1 - p$ gesehen werden. Wenn Y die Anzahl der Versuche bis zum ersten Erfolg zählt, haben wir (ohne große Überlegung) für die diskrete Wartezeit

$$\mathbb{P}(Y = n) = (1 - p)^{n-1} p,$$

das ist die *geometrische Verteilung*. Auch die Wartezeit zwischen Treffern im Bernoulli-Prozess hat diese Eigentümlichkeit, dass, nachdem einige Zeit vergangen und noch kein Treffer eingetreten ist, die Wartezeit auf den nächsten Treffer unabhängig von der bereits vergangenen Zeit ist.

Wir können nun die Sache einmal umdrehen und aus der Wartezeit den Poisson-Punktprozess über $\mathbb{R}$ aufbauen. Diese Konstruktion ist wegen der einmaligen Ordnungsstruktur des linearen Kontinuums $\mathbb{R}$ möglich. Die Distanzen zwischen den aufstrebend geordneten Zeiten $(t_i)_{i \in \mathbb{Z}}$ sind exponentialverteilt und unabhängig, das heißt, wir haben im Zeitintervall $[0, t]$ z. B. für k Sprünge die Verteilung

$$\underbrace{e^{-\lambda t_1} \lambda dt_1}_{\text{1. Sprung in } dt_1} \; \mathbb{1}_{\{(t_1, t]\}}(t_2) \underbrace{e^{-\lambda(t_2 - t_1)} \lambda dt_2}_{\text{2. Sprung in } dt_2} \cdots$$

$$\cdots \mathbb{1}_{\{(t_{k-1}, t]\}}(t_k) e^{-\lambda(t_k - t_{k-1})} \lambda dt_k \underbrace{e^{-\lambda(t - t_k)}}_{\text{kein Sprung in } [t_k, t]}$$

$$= e^{-\lambda t} \lambda^k \mathbb{1}_{\{(t_1, t]\}}(t_2) \mathbb{1}_{\{(t_2, t]\}}(t_3 \cdots \mathbb{1}_{\{(t_{k-1}, t]\}}(t_k) dt_1 dt_2 \ldots dt_k.$$

Durch Integration entsteht

$$\mathbb{P}(N_t = k) = e^{-\lambda t} \lambda^k \int_0^t \int_{t_1}^t \cdots \int_{t_{k-1}}^t dt_k \ldots dt_2 dt_1 = e^{-\lambda t} \lambda^k \frac{t^k}{k!}.$$

Bemerkung 10.8. Der Divisor $k!$ kommt beim Nacheinander-Integrieren automatisch heraus. Aber müssen wir überhaupt nacheinander integrieren? Nein, denn es gibt $k!$ Permutationen σ von geordneten disjunkten Mengen

$$\{(t_1, t_2, \ldots, t_k) \in [0, t]^k : 0 < t_{\sigma(1)} < t_{\sigma(2)} < \ldots < t_{\sigma(n)}\},$$

deren Vereinigung offenbar $[0, t]^k$ ist. Wenn wir also die Inhalte der Mengen addieren, kommt t^k heraus; um den Inhalt von einer Menge zu bekommen, müssen wir mit $k!$ dividieren. Dies gilt so in einer Dimension. Für höhere Dimensionen haben wir ein relevantes Beispiel aus der Physik:

10.2.2 Beispiel: Das ideale Gas

Als *ideales Gas* bezeichnet man ein Molekülgas ohne Wechselwirkung (besser: mit vernachlässigbarer Wechselwirkung) von identischen Gasteilchen. Der Zustand eines Gasmoleküls ist ein Punkt im Ein-Teilchen-Phasenraum $\Gamma = \mathbb{R}^3 \times \mathbb{R}^3$ (Ort und Geschwindigkeit). Beim Gas mit unendlich vielen Teilchen im Phasenraum haben wir Punkte in $\Gamma^{\mathbb{N}}$: $(q_i, v_i)_{i \in \mathbb{N}}$, $q_i \in \mathbb{R}^3$, $v_i \in \mathbb{R}^3$. Ω ist hier also $\Gamma^{\mathbb{N}}$, der Phasenraum des Gases. Wir lassen zunächst die Geschwindigkeiten der Gasteilchen außer Acht und betrachten die anschauliche Situation von N Teilchen, die gleichförmig in einem Volumen $V \subset \mathbb{R}^3$ verteilt sind. Die Gleichförmigkeit resultiert dabei aus der Wechselwirkungsfreiheit der Gasmoleküle. Es wird dann als Ortsverteilung die *uniforme Verteilung* vorliegen, das heißt, bei N Teilchen ist die Verteilung „ein Teilchen in $d^3 q_1$, eins in $d^3 q_2$ und so weiter" durch

$$\mathbb{P}(d^3q_1, \ldots, d^3q_N) = \frac{d^3q_1 \ldots d^3q_N}{V^N}$$

gegeben, wobei wir mit V das räumliche Volumen und dessen Volumeninhalt bezeichnen. Da ist nichts weiter zu sagen. Aber nun betrachten wir ein kleines Teilvolumen $V_1 \subset V$ und Teilchenanzahl N und wir suchen die Wahrscheinlichkeit, dass genau k Teilchen in V_1 sind. Es gibt $\binom{N}{k}$ mögliche Realisierungen von k Teilchen in V_1. Jede Realisierung ist genau eine Auswahl an Koordinaten $q_{i_1}, \ldots, q_{i_k}$. Das Maß der zugehörigen Menge ist offenbar (ohne Einschränkung nehmen wir $q_1, \ldots, q_k$):

$$\frac{1}{V^k} \int_{V_1} d^3q_1 \ldots \int_{V_1} d^3q_k \frac{1}{V^{N-k}} \int_{V \setminus V_1} d^3q_{k+1} \ldots \int_{V \setminus V_1} d^3q_N$$

$$= \left(\frac{V_1}{V}\right)^k \left(\frac{V - V_1}{V}\right)^{N-k}.$$

So kommt mit der uniformen Verteilung und der Multiplikation mit der Anzahl aller Realisierungen von k Teilchen in V_1

$$\mathbb{P}(k \text{ Teilchen in } V_1) = \binom{N}{k} \left(\frac{V_1}{V}\right)^k \left(\frac{V - V_1}{V}\right)^{N-k}. \tag{10.4}$$

Wenn $\frac{N}{V} = \rho$ als Dichte gesetzt und $N \to \infty$ mit $\rho =$ konstant geführt wird, erhalten wir mit einfacher Rechnung, die man zur Übung durchführen sollte (man erinnere sich an die Argumentation bei der Poisson-Approximation in Abschn. 10.1.2):

$$\lim_{N \to \infty, V \to \infty, \frac{N}{V} = \rho} \mathbb{P}(k \text{ Teilchen in } V_1) = \mathbb{P}_\rho (N_{V_1} = k) = e^{-\rho V_1} \frac{(\rho V_1)^k}{k!}.$$

Man nennt die rechts stehende Poisson-Verteilung in der statistischen Physik die *großkanonische Gesamtheit* des idealen Gases. In ihr ist die Teilchenzahl im Volumen V_1 eine variable Zahl. Dagegen entspricht (10.4), also die Ausgangssituation mit N Teilchen in V, der sogenannten *mikrokanonischen Verteilung* bzw. *kanonischen Verteilung*, in der die Teilchenzahl eine feste Größe ist. Diese Verteilungen sind fundamental in der statistischen Physik, und im *thermodynamischen Limes*, den wir hier betrachtet haben, nämlich $N \to \infty$, $V \to \infty$, $\frac{N}{V} = \rho =$ konstant, geben beide „lokal", d. h. bezogen auf die Teilchenzahl in einem Teilvolumen, die gleichen Verteilungen. Dieses Zusammentreffen ist ein Beispiel für die sogenannte „Äquivalenz der Ensembles" im thermodynamischen Limes.

Nun ist das leicht zu verallgemeinern. Wir nehmen die Geschwindigkeiten mit hinzu und beschreiben das unendliche ideale Gas im Phasenraum $\Gamma = \mathbb{R}^3 \times \mathbb{R}^3$.

Definition 10.6. Das ideale Gas wird durch einen Poissonschen Punktprozess mit dem *Intensitätsmaß*

$$d\mu = \rho d^3 q f(v) d^3 v \quad \text{mit} \quad \int_{\mathbb{R}^3} f(v) d^3 v = 1, \quad \text{das heißt}$$

$$\mathbb{P}_\mu \left(N_{d^3 q d^3 v} = 1 \right) = d\mu = \mathbb{E} \left(N_{d^3 q d^3 v} \right),$$

beschrieben. Die Verteilung der Anzahl von Teilchen in einem Phasenraumgebiet $A \subseteq \Gamma$ ist

$$\mathbb{P}_\mu \left(N_A = k \right) = e^{-\mu(A)} \frac{(\mu(A))^k}{k!} \quad \text{mit} \tag{10.5}$$

$$\mu(A) = \int_A \rho d^3 q f(v) d^3 v.$$

Die mittlere räumliche Dichte (oder einfach nur die räumliche Dichte) der Gasmoleküle ist ρ, und das ergibt nicht nur von unserem obigen thermodynamischen Limes her Sinn: Eine *typische* Realisierung $\omega = (q_i, v_i)_{i \in \mathbb{N}}$, also eine Realisierung unseres idealen Gases (alle Orte und Geschwindigkeiten), zeigt im empirischen Mittel ρ als Dichte. Denn wenn wir die Anzahl der Teilchen in verschiedenen (disjunkten), aber gleich großen Raumgebieten $(V_i)_{i=1,\ldots,m}$, also $\lambda(V_i) = V$, ausmessen, erhalten wir mit $(N_{V_i}(\omega))_{i=1,\ldots,m}$ ein *empirisches Ensemble* und wegen dem Gesetz der großen Zahlen haben wir (beachte die Unabhängigkeit der N_{V_i})

$$\frac{1}{m} \sum_{i=1}^m N_{V_i}(\omega) \approx \mathbb{E}(N_{V_i}) = \rho V,$$

also ist ρ die Dichte. Dabei benutzen wir, dass $N_{V_i} := N_{V_i \times \mathbb{R}^3}$ und

$$\mathbb{E}\left(N_{V_i \times \mathbb{R}^3} \right) = \int_{V_i} \rho d^3 q \int_{\mathbb{R}^3} f(v) d^3 v = \rho V$$

ist.

Wenn man nun ein endliches räumliches Volumen betrachtet, dann ist N_V eine Poisson-verteilte Zufallsgröße, das heißt, die Teilchenzahl in V ist zufällig. Wir haben gerade schon eine Interpretation dieser Zufälligkeit gegeben: Wenn man V „umherschiebt", spiegeln die Teilchenzahlen in den verschiedenen V die Poisson-Verteilung wider. Oder man denkt an die Dynamik: Die Gasteilchen fliegen umher und die Teilchen, die zur Zeit t in V sind, sind zu einer späteren Zeit t' woanders, und neue Teilchen sind zur Zeit t' in V. Und die Abfolge von Teilchenzahlen in V zu verschiedenen Zeiten ist ebenfalls Poisson-verteilt. Das kann man sogar ohne großen Aufwand zeigen, aber das machen wir jetzt nicht – wir geben uns mit dem Bild zufrieden.

Für $f(v)$ wird oft die *Maxwellsche Geschwindigkeitsverteilung*

$$f_M(v)\mathrm{d}^3v = \frac{\exp\left(-\frac{\beta}{2}mv^2\right)}{\left(\sqrt{\frac{2\pi}{m\beta}}\right)^3} \tag{10.6}$$

angenommen, also eine Gauß-Verteilung (vgl. auch (12.12)). Hierbei ist m die Masse eines Gasteilchens und $\beta = 1/k_B T$, mit der Boltzmann-Konstanten k_B und der absoluten Temperatur T.

Bemerkung 10.9. Die Identifikation von β mit der inversen Temperatur ist natürlich eine interessante Verknüpfung. Sie verbindet die mechanische Theorie der Welt mit der thermodynamischen Beschreibung, indem sie die Temperatur mikroskopisch durch die mittlere kinetische Energie der Gasteilchen definiert! Das werden wir in Kap. 12 noch einmal aufgreifen.

Warum die Konstanten so auftauchen, wird später in den Kapiteln zur Physik klarer. Warum die Verteilung eine Gauß-Verteilung ist, besprechen wir jetzt.

Die Maxwellsche Geschwindigkeitsverteilung

Woher kommt die berühmte Maxwellsche Geschwindigkeitsverteilung? Steckt ein zentraler Grenzwertsatz dahinter, weil die Verteilung eine Normalverteilung ist? Das ist schwer zu sagen, auf jeden Fall kommt hier nichts von Unabhängigkeit vor. Hier entsteht die Normalverteilung allein aus der Geometrie einer Kugelfläche in sehr hohen Dimensionen.

Sie ist ebenfalls eine Äquivalenz-der-Ensembles-Aussage zwischen mikrokanonischer und großkanonischer Gesamtheit, also im Grunde analog zur obigen Beziehung, nur betrifft es diesmal die Energie des Systems. Einmal ist sie fest im Großen (mikrokanonisch) und einmal ist sie variabel im Teilsystem (kanonisch).

Beim idealen Gas wechselwirken die Gasmoleküle nicht miteinander. Für ein N-Teilchen-Gas ist daher die Energie aller Teilchen allein die kinetische Energie der Teilchen, die sich im Laufe der Zeit nicht ändert. Sie ist eine sogenannte *Erhaltungsgröße*. Mit den Geschwindigkeiten $(v_1, \ldots, v_N) \in \mathbb{R}^{3N}$ (i. A. $N \approx 10^{24}$) ist sie

$$E = \frac{1}{2}\sum_{i=1}^{N} mv_i^2.$$

Wir absorbieren die Massen in die v_i und erhalten

$$E = \sum_{i=1}^{N} v_i^2.$$

Das heißt, die v_i-Werte müssen alle auf der $(3N - 1)$-dimensionalen Kugeloberfläche vom Radius $R = \sqrt{E}$ liegen. Das ist i. A. eine Kugelfläche einer Kugel in einer enorm hohen Dimension, die mit der Anzahl der Teilchen wächst. Der zugrunde liegende Zustandsraum ist also

$$\Omega = \{v = (v_1, \ldots, v_N) \in \mathbb{R}^{3N} : \sum_{i=1}^{N} v_i^2 = E\}.$$

Bemerkung 10.10. Wir haben hier die Orte außer Acht gelassen, das heißt, wir haben eine vergröberte Sichtweise vorliegen.

Nun fehlt noch ein natürliches Maß $\mathbb{P}$. „Natürlich" (vom mathematischen Standpunkt aus) ist das Lebesgue-Maß auf Ω, und später werden wir sehen, dass es auch physikalisch ausgezeichnet ist. Also nehmen wir einfach das Volumen auf der Kugeloberfläche, welches wir mit $|B|$ notieren, das heißt, für $B \subseteq \Omega$ bekommen wir das normierte Maß

$$\mathbb{P}(B) = \frac{|B|}{|\Omega|}. \tag{10.7}$$

Man nennt diese Verteilung auf der Energiefläche die *mikrokanonische Gesamtheit*, und was wir zeigen werden ist, dass sich aus ihr die *kanonische Verteilung*, das ist die Maxwell-Verteilung, für lokale Größen (was das bedeutet, sehen wir gleich) ergibt.

Zuerst aber die Frage: Wie sieht das Volumenmaß $|d\Omega|$ auf Ω überhaupt aus? Das ist eine instruktive Überlegung im hochdimensionalen Raum. Die der Kugeloberfläche angepassten Koordinaten kommen aus den $3N$-dimensionalen Kugelkoordinaten $r, \phi, \vartheta_1, \ldots, \vartheta_{n-2}$, $n = 3N$, $r > 0$, $\phi \in [0, 2\pi)$, $\vartheta_i \in [0, \pi]$, und die kartesischen Koordinaten $x_1, \ldots, x_n$ ergeben sich aus

$$\begin{aligned}
x_1 &= r \cos\phi \sin\vartheta_1 \sin\vartheta_2 \cdots \sin\vartheta_{n-2} \\
x_2 &= r \sin\phi \sin\vartheta_1 \ldots \\
x_3 &= \qquad r \cos\vartheta_1 \sin\vartheta_2 \ldots \\
&\quad\vdots \\
x_{n-1} &= \qquad r \cos\vartheta_{n-3} \sin\vartheta_{n-2} \\
x_n &= \qquad r \cos\vartheta_{n-2}.
\end{aligned}$$

Man prüfe zur Übung, dass $\sum_{k=1}^{n} x_k^2 = r^2$. Die Koordinaten der Kugeloberfläche erhalten wir für $r = R$. Hieraus erhalten wir das Lebesgue-Maß auf der Kugeloberfläche (und wir meinen damit überhaupt das Folgende) wie folgt. Wir betrachten das Kugelschalenvolumen zwischen den Radien R und $R + \Delta R$:

$$|K_{R,R+\Delta R}| = \int_{K_{R,R+\Delta R}} dx_1 \ldots dx_n = \int_R^{R+\Delta R} dr \int_{\text{alleWinkel}} d\Omega(r).$$

Dadurch ist $d\Omega(R)$, das Oberflächenmaß auf der Kugelfläche vom Radius R, definiert: Das differentielle Volumen in Kugelkoordinaten ist (Erinnerung an mehrdimensionale Analysis)

$$\det\left(\frac{\partial x}{\partial(r,\phi,\vartheta_1,\ldots,\vartheta_{n-2})}\right) dr d\phi d\vartheta_1 \ldots d\vartheta_{n-2} =$$

$$= r^{n-1} \sin\vartheta_1 \sin^2\vartheta_2 \ldots \sin^{n-2}\vartheta_{n-2} dr d\phi d\vartheta_1 \ldots d\vartheta_{n-2}$$

und daraus ergibt sich (durch Weglassen von dr)

$$d\Omega(R) = R^{n-1} \sin\vartheta_1 \sin^2\vartheta_2 \ldots \sin^{n-2}\vartheta_{n-2} d\phi d\vartheta_1 \ldots d\vartheta_{n-2}.$$

Auch das ist zur Übung nachzurechnen (die Determinante kann man leicht ausrechnen, weil die Jacobi-Matrix fast Dreiecksgestalt hat).

Uns interessiert nun das Maß von einer *lokalen* Menge B, damit meinen wir eine Zylindermenge, die nur von wenigen Geschwindigkeiten bestimmt wird, sagen wir $v_{1,x}$ und $v_{2,x}$, also die x-Komponenten der Geschwindigkeiten von Teilchen 1 und 2 liegen in den eindimensionalen Intervallen I_1, I_2

$$B = \{v_{1,x} \in I_1 \text{ und } v_{2,x} \in I_2\} \subseteq \Omega.$$

Wir wählen der Einfachheit halber unser Koordinatensystem passend zur Fragestellung, und zwar $v_{1,x} = x_{n-1} =: x$ und $v_{2,x} = x_n =: y$. Damit wird (wir unterdrücken R in der Notation)

$$|B| = \int_B d\Omega$$

$$= \int_0^{2\pi} d\phi \int_0^\pi d\vartheta_1 \ldots \int_0^\pi d\vartheta_{n-4} \cdot$$

$$\cdot \int_{x\in I_1, y\in I_2} R^{n-1} \sin\vartheta_1 \sin^2\vartheta_2 \ldots \sin^{n-2}\vartheta_{n-2} d\vartheta_{n-3} d\vartheta_{n-2}.$$

Die freien Integrationen geben eine von n abhängige Konstante $C(n)$ und es bleibt

$$|B| = C(n) R^{n-1} \int_{x\in I_1, y\in I_2} \sin^{n-3}\vartheta_{n-3} \sin^{n-2}\vartheta_{n-2} d\vartheta_{n-3} d\vartheta_{n-2}. \tag{10.8}$$

Um dies zu berechnen, fügen wir x und y als Variable wieder ein:

$$x = R\cos\vartheta_{n-3}\sin\vartheta_{n-2}, \quad y = R\cos\vartheta_{n-2}. \tag{10.9}$$

Hierfür ist die Determinante der Jacobi-Matrix

$$\begin{vmatrix} -R\sin\vartheta_{n-3}\sin\vartheta_{n-2} & R\cos\vartheta_{n-3}\cos\vartheta_{n-2} \\ 0 & -R\sin\vartheta_{n-2} \end{vmatrix} = R^2\sin\vartheta_{n-3}\sin^2\vartheta_{n-2},$$

also

$$\mathrm{d}x\mathrm{d}y = R^2\sin\vartheta_{n-3}\sin^2\vartheta_{n-2}\mathrm{d}\vartheta_{n-3}\mathrm{d}\vartheta_{n-2}.$$

Weiter ist nach (10.9)

$$\sin\vartheta_{n-2} = \sqrt{1 - \frac{y^2}{R^2}} \quad \text{und} \quad \sin\vartheta_{n-3} = \sqrt{1 - \frac{x^2}{R^2}\left(1 - \frac{y^2}{R^2}\right)^{-1}}.$$

Mit der Substitution (10.9) erhalten wir also für (10.8)

$$|B| = C(n)R^{n-1}\int_{I_1}\int_{I_2}\mathrm{d}x\mathrm{d}y\frac{1}{R^2}\sqrt{1 - \frac{y^2}{R^2}}^{\,n-4}\sqrt{1 - \frac{x^2}{R^2}\left(1 - \frac{y^2}{R^2}\right)^{-1}}^{\,n-4}$$

$$= C(n)R^{n-3}\int_{I_1}\int_{I_2}\mathrm{d}x\mathrm{d}y\sqrt{1 - \frac{y^2}{R^2} - \frac{x^2}{R^2}}^{\,n-4}.$$

Nun zurück zu (10.7), da fallen wegen der Normierung glücklicherweise $C(n)$ und R^{n-3} heraus und übrig bleibt

$$\mathbb{P}(B) = \frac{1}{\mathcal{N}}\int_{I_1}\int_{I_2}\mathrm{d}x\mathrm{d}y\sqrt{1 - \frac{y^2}{R^2} - \frac{x^2}{R^2}}^{\,n-4}$$

mit

$$\mathcal{N} = \int\int_{R^2 \geq x^2 + y^2}\mathrm{d}x\mathrm{d}y\sqrt{1 - \frac{y^2}{R^2} - \frac{x^2}{R^2}}^{\,n-4}. \tag{10.10}$$

Bemerkung 10.11. Für das Integrationsgebiet bei 10.10 beachte man, dass mit (10.9) $x^2 + y^2 = R^2(\cos(\vartheta_{n-3})^2\sin(\vartheta_{n-2})^2 + \cos(\vartheta_{n-2})^2)$ gilt. Also ist $0 \leq x^2 + y^2 \leq R^2$, wie man sich leicht überlegen kann.

Nun weiter mit dem thermodynamischen Limes, in dem $\mathbb{P}(B)$ eine einfache Form annimmt. Wir lassen die Teilchenzahl N gegen ∞ gehen und proportional dazu die Gesamtenergie E, d. h., wir betrachten eine Situation, in der

$$\frac{E}{N} = \frac{R^2}{N} = \text{konstant bleibt und} \quad N \to \infty$$

geht, und aus rechentechnischen Gründen wählen wir

$$R^2 = E = \frac{3}{2}\frac{1}{\beta}N,$$

mit $\beta > 0$, und da $n = 3N$, ist

$$R^2 = \frac{1}{\beta}\frac{n}{2}.$$

Für die Normierung $\mathcal{N}$ (10.10) ergibt sich damit

$$\mathcal{N}(n) = \int\int_{\frac{1}{\beta}\frac{n}{2}\geq x^2+y^2} \mathrm{d}x\mathrm{d}y \left(1 - \frac{\beta y^2}{\frac{n}{2}} - \frac{\beta x^2}{\frac{n}{2}}\right)^{\frac{n}{2}-2},$$

also

$$\mathbb{P}(B) = \frac{\int_{I_1}\int_{I_2} \mathrm{d}x\mathrm{d}y \left(1 - \frac{\beta y^2}{\frac{n}{2}} - \frac{\beta x^2}{\frac{n}{2}}\right)^{\frac{n}{2}-2}}{\int\int_{\frac{1}{\beta}\frac{n}{2}\geq x^2+y^2} \mathrm{d}x\mathrm{d}y \left(1 - \frac{\beta y^2}{\frac{n}{2}} - \frac{\beta x^2}{\frac{n}{2}}\right)^{\frac{n}{2}-2}}. \tag{10.11}$$

Formal liefert der Limes $n \to \infty$ sofort

$$\lim_{n\to\infty} \mathbb{P}(B) = \frac{\beta}{\pi}\int_{I_1}\int_{I_2} \mathrm{d}x\mathrm{d}y \exp\left(-\beta(x^2+y^2)\right),$$

denn

$$\mathcal{N}(\infty) = \int_{\mathbb{R}}\int_{\mathbb{R}} \mathrm{d}x\mathrm{d}y e^{-\beta(x^2+y^2)} = \frac{\pi}{\beta}.$$

Bemerkung 10.12. Für das rigorose Argument kann man den *Satz von der dominierten Konvergenz* verwenden. Die selbstständige Durchführung ist eine gute Übung.

Um von (10.11) zur Maxwellschen Geschwindigkeitsverteilung (10.6) zu kommen, müssen wir nur noch auf die physikalischen Größen zurücktransformieren:

$$x^2 = \frac{1}{2}m_1 v_{1,x}^2, \quad y^2 = \frac{1}{2}m_2 v_{2,x}^2,$$

und wir erhalten im thermodynamischen Limes die Verteilung

$$\mathbb{P}(v_{1,x} \in dv_{1,x}, v_{2,x} \in dv_{2,x}) = \frac{\exp\left(-\frac{\beta}{2}(m_1 v_{1,x}^2 + m_2 v_{2,x}^2)\right)}{C(\beta, m_1, m_2)} dv_{1,x} dv_{2,x}$$

mit der Normierung

$$C(\beta, m_1, m_2) = \frac{2\pi}{\beta \sqrt{m_1 m_2}}.$$

Was wir hier für die x-Komponenten der Geschwindigkeiten von zwei Teilchen gerechnet haben, geht natürlich für alle Komponenten von M Teilchen, wobei natürlich $M \ll N$ gelten muss. Also ist allgemein die Dichte

$$\frac{\exp\left(-\beta\left(\frac{1}{2}\sum_{i=1}^{M} m_i v_i^2\right)\right)}{C(\beta, m_1, \ldots, m_M)}.$$

Das ist eine Normalverteilung in Produktform, d. h., die Geschwindigkeitskomponenten aller Teilchen sind unabhängig! Wer hätte das ahnen können?

Bemerkung 10.13. Wenn man aus Vorlesungen zur statistischen Mechanik die kanonische Verteilung (vgl. (12.12)) kennt, dann sieht man hier, wie diese Verteilung aus der mikrokanonischen Verteilung entsteht. In unserem Falle des idealen Gases ist dies allein aus der sehr hohen Dimension der Kugelfläche entstanden, aber man kann sich vorstellen, dass die Analogie weiter trägt: Ein Untersystem (hier die betrachteten Gasteilchen), das in schwacher Wechselwirkung (hier gar keine) mit einer Umgebung (einem Wärmebad) steht, ist kanonisch verteilt, wenn das Gesamtsystem durch eine mikrokanonische Verteilung beschrieben wird. In der mathematischen statistischen Mechanik, in der ein solcher Zusammenhang rigoros bewiesen wird, nennt man das *Äquivalenz der Ensembles.*

Mehrdimensionale Gauß-Verteilung

Was wir gerade betrachtet haben, ist im Grunde die Normalverteilung im $\mathbb{R}^n$. Das ist klarerweise etwas, worüber zu reden ist: mehrere Gaußsche Zufallsgrößen.

Definition 10.7. Es sei C eine symmetrische, positive $n \times n$-Matrix und $a \in \mathbb{R}^n$ (mit Skalarprodukt $\langle \cdot, \cdot \rangle$). Die n-dimensionale *Normal-* oder *Gauß-Verteilung* mit *Kovarianzmatrix* C und Mittelwert a ist durch die Dichte

$$\frac{1}{\sqrt{2\pi}^n \sqrt{\det C}} \exp\left(-\frac{1}{2}\langle x - a, C^{-1}(x - a)\rangle\right)$$

gegeben.

Das bedeutet, der $\mathcal{N}_n(a, C)$-verteilte Zufallsvektor $X = (X_1, \ldots, X_n)$: $\Omega \longrightarrow \mathbb{R}^n$ hat das Bildmaß

$$\mathbb{P}_X(A_1, \ldots, A_n) =$$

$$\int_{A_1} dx_1 \ldots \int_{A_n} dx_n \frac{1}{\sqrt{2\pi}^n \sqrt{\det C}} \exp\left(-\frac{1}{2}\langle x - a, C^{-1}(x - a)\rangle\right).$$

Bemerkung 10.14. Die Positivität (alle Eigenwerte sind positiv) der symmetrischen Matrix C sorgt für die Invertierbarkeit.

Zuerst wollen wir zeigen, dass die *Normierung* $N = \sqrt{2\pi}^n \sqrt{\det C}$ ist:

$$N = \int \ldots \int \exp\left(-\frac{1}{2}\langle x - a, C^{-1}(x - a)\rangle\right) d^n x$$

$$\overset{x-a \to x}{=} \int \ldots \int \exp\left(-\frac{1}{2}\langle x, C^{-1}x\rangle\right) d^n x.$$

Das Integral wird mit einer weiteren Substitution berechnet. Wegen der Symmetrie von C (und auch $C^{\frac{1}{2}}$) ist

$$\langle x, C^{-1}x\rangle = \langle C^{-\frac{1}{2}}x, C^{-\frac{1}{2}}x\rangle,$$

also setze man $y := C^{-\frac{1}{2}}x$. Das Volumenelement ändert sich dabei um $|\det C^{-\frac{1}{2}}| = \sqrt{|\det C^{-1}|} = \sqrt{\det C^{-1}}$ (letzteres wegen der Positivität von C). Also

$$d^n y = \sqrt{\det C^{-1}} d^n x = \sqrt{\det C}^{-1} d^n x$$

und somit

$$N = \sqrt{\det C} \int \ldots \int \exp\left(-\frac{1}{2}\langle y, y\rangle\right) d^n y$$

$$= \sqrt{\det C} \int \ldots \int \exp\left(-\frac{1}{2}|y|^2\right) dy_1 \ldots dy_n$$

$$= \sqrt{\det C} \int \ldots \int \exp\left(-\frac{1}{2}\sum_{i=1}^{n} y_i^2\right) dy_1 \ldots dy_n$$

$$= \sqrt{\det C} \left(\int e^{-\frac{1}{2}y^2} dy\right)^n = \sqrt{2\pi}^n \sqrt{\det C}.$$

Jetzt zum *Mittelwert* und zur *Kovarianz* vom Zufallsvektor $X = (X_1, \ldots, X_n)$. Der Mittwelwert ist

$$\mathbb{E}(X) = \int \ldots \int x \frac{1}{N} \exp\left(-\frac{1}{2}\langle x - a, C^{-1}(x - a)\rangle\right) d^n x$$

$$= a + \int \ldots \int (x - a) \frac{1}{N} \exp\left(-\frac{1}{2}\langle x - a, C^{-1}(x - a)\rangle\right) d^n x = a,$$

denn das Integral ist null wegen der Symmetrie.

Die *Kovarianz* der Zufallsgrößen X_i, X_j ist der Erwartungswert $\mathbb{E}((X_i - a_i)(X_j - a_j))$. Um also die *Kovarianzmatrix* zu bekommen, müssen wir den Erwartungswert der Matrix $(X - a)(X^t - a^t)$ ausrechnen.

Bemerkung 10.15. t steht für „transponieren", also ist x^t ein Zeilenvektor.

Man hat dann (mit einer simplen Substitution)

$$\mathbb{E}((X - a)(X^t - a^t)) = \int \ldots \int x x^t \frac{1}{N} \exp\left(-\frac{1}{2}\langle x, C^{-1}x\rangle\right) d^n x$$

zu berechnen, wobei natürlich $d^n x = dx_1 dx_2 \ldots dx_n$ ist.

Oder wir können (und sollten) insbesondere für höhere Momente (wie beispielsweise die Kovarianz) zum Trick mit der momenterzeugenden bzw. charakteristischen Funktion greifen. Also

$$\phi_X(y) = \frac{1}{N} \int \ldots \int \exp(i\langle y, x\rangle) \exp\left(-\frac{1}{2}\langle x, C^{-1}x\rangle\right) d^n x$$

$$= \exp\left(-\frac{1}{2}\langle y, Cy\rangle\right),$$

wobei wir uns der Einfachheit halber auf $a = 0$ beschränkt haben. Man sieht das Ergebnis ganz analog zum Fall des $\mathbb{R}$. Quadratische Ergänzung liefert:

$$\langle x, C^{-1}x\rangle - 2i\langle y, x\rangle = \langle C^{-\frac{1}{2}}x, C^{-\frac{1}{2}}x\rangle - 2i\langle y, x\rangle + \langle iC^{\frac{1}{2}}y, iC^{\frac{1}{2}}y\rangle + \langle y, Cy\rangle$$

und wegen der Symmetrie von C (und $C^{\frac{1}{2}}$)

$$= \left|C^{-\frac{1}{2}}x + iC^{\frac{1}{2}}y\right|^2 + \langle y, Cy\rangle.$$

Jetzt führe man

$$z = C^{-\frac{1}{2}}x + iC^{\frac{1}{2}}y$$

als neue (komplexe) Variable ein, das führt auf (man beachte die obige Berechnung der Normierung)

$$\phi_X(y) = \exp\left(-\frac{1}{2}\langle y, Cy \rangle\right) \int \cdots \int \frac{1}{\sqrt{2\pi}^n} e^{-|z|^2} d^n z$$

$$= \exp\left(-\frac{1}{2}\langle y, Cy \rangle\right) = \exp\left(-\frac{1}{2}\sum_{i,j} C_{ij} y_i y_j\right).$$

Damit können wir alle Momente berechnen (die Vertauschung von Differentiation mit Erwartungswertbildung haben wir ja schon in Bemerkung 7.11 besprochen):

$$\mathbb{E}(X) = i\nabla_y \phi_X(y)\big|_{y=0} \quad (= 0 \text{ für } a = 0),$$

$$\mathbb{E}(X_l X_k) = -\frac{\partial}{\partial y_l} \frac{\partial}{\partial y_k} \phi_X(y)\bigg|_{y=0} = C_{kl},$$

und was ganz wichtig ist: Alle höheren Momente sind durch die Kovarianzmatrix bestimmt. Alle ungeraden Momente sind null (für $a = 0$) und alle geraden Momente sind Produkte aus C – was natürlich wegen der Form der Gauß-Verteilung völlig klar ist. Sie ist eindeutig durch Erwartungswert und Kovarianzmatrix gegeben.

Bemerkung 10.16. In einem Gaußschen Zufallsvektor $(X_1, \ldots, X_n)$ können die Komponenten X_i und X_j durchaus *korreliert* sein, d. h., sie brauchen nicht unabhängig zu sein. Das ist eben dann der Fall, wenn die Kovarianzmatrix keine Diagonalmatrix ist.

Brownsche Bewegung

11

Wir kehren nun zur Irrfahrt (10.1) und (10.2) zurück und diskutieren ein schönes und relevantes Beispiel, das uns zur berühmten *Brownschen Bewegung* führt und zum physikalischen Phänomen der *Diffusion*. In der Tat diskutieren wir hier ein einfaches Modell der erratischen Bewegung eines unter dem Mikroskop noch sichtbaren Teilchens in einer Flüssigkeit, wobei die Bewegung aufgrund der Kollisionen mit den umgebenden Flüssigkeitsmolekülen zustande kommt – die *Brownsche Bewegung*. Das Phänomen ist seit der Erfindung des Mikroskops, also seit etwa 1650 bekannt und um 1850 von dem Biologen Robert Brown (1773–1858) näher studiert worden. Im Jahr 1905 wurde es von Albert Einstein (1879–1955), eigentlich in Unkenntnis des Phänomens, theoretisch beschrieben. Die von Einstein vorhergesagte diffusive Bewegung wurde 1907 von Jean-Baptiste Perrin (1870–1942) quantitativ im Experiment bestätigt, wofür er den Nobelpreis erhielt. Durch die Einsteinsche Vorhersage feierte der Atomismus seinen siegreichen Wiedereinzug in die Physik, nachdem er in der vorsokratischen Physik bereits die notwendige Erklärung für das Verhalten von den Elementen gewesen war. Eigentlich wurde aber der Atomismus zuvor schon durch Ludwig Boltzmann, von dessen Leistungen später noch die Rede sein wird, wieder eingeführt. Einstein stand also auf den Schultern von Boltzmann, sodass er weiter schauen konnte als seine Kollegen, die dem Atomismus sehr feindselig gegenüberstanden. Und noch eine Person muss genannt werden: Marian von Smoluchowski, der zeitgleich mit Einstein die Brownsche Bewegung auf den Atomismus zurückgeführt hatte. Unser modellhafte Zugang ist näher an der Weise, in der Smoluchowski dachte und arbeitete, wohingegen Einstein mit schon fast unverschämter Genialität nur das mikroskopische Bild der Stöße im Kopf hatte, ohne diese aber in seiner Abhandlung detailliert zu beschreiben. Die Einsteinsche Arbeit[1] ist nicht nur in ihrem Einfluss hervorzuheben, sondern auch in ihrem Stil.

---

[1]Einstein, A. *Untersuchungen über die Theorie der „Brownschen Bewegung"*. Mit Anmerkungen herausgegeben von R. Fürth, Leipzig, Akademische Verlaganstalt, 1922.

© Springer-Verlag Berlin Heidelberg 2017
D. Dürr et al., *Einführung in die Wahrscheinlichkeitstheorie als Theorie der Typizität*, DOI 10.1007/978-3-662-52961-4_11

Es sollte ebenfalls gesagt werden, dass die Physiker sogar ein Gegenargument zur Sichtweise Smoluchowskis und Einsteins parat hatten. Das ist ein interessanter Einwand, der auf dem Gesetz der großen Zahlen beruht, aber zeigt, dass diese Kritiker die Typizität wohl nicht verstanden hatten. Wir werden das gleich sehen.

Wir betrachten ein ideales Gas von Atomen mit gleicher Masse in einer Dimension, das heißt

$$\Omega = \{(q_i, v_i)_{i \in \mathbb{Z}} : q_i \in \mathbb{R}, v_i \in \{-\mathsf{v}, +\mathsf{v}\}, \mathsf{v} > 0\},$$

wobei wir die möglichen Geschwindigkeiten auf die Werte $\pm\mathsf{v}$ eingeschränkt haben.

Bemerkung 11.1. Dass diese Einschränkung eine der ganz relevanten Einsichten sein wird und warum das einen wichtigen Unterschied zu etwa Maxwellschen Geschwindigkeiten macht, erklären wir in Abschn. 11.3.

Das ideale Gas ist nun durch einen Poissonschen Prozess beschrieben, mit örtlicher Dichte ρ und Geschwindigkeitsverteilung $\frac{1}{2}, \frac{1}{2}$ auf $\{-\mathsf{v}, +\mathsf{v}\}$. Das Intensitätsmaß ist also

$$\mathrm{d}\mu = \rho \mathrm{d}q \left(\frac{1}{2}\delta(v - \mathsf{v}) + \frac{1}{2}\delta(v + \mathsf{v}) \right) \mathrm{d}v. \tag{11.1}$$

Eine Realisierungsmöglichkeit ist, die Punkte $(q_i)_i$ wie in Abschn. 10.2 beschrieben zu setzen und dann jedem Punkt q_i gemäß einem Münzwurf $-\mathsf{v}$ oder $+\mathsf{v}$ zuzuschreiben. Nun setze man auf $q = 0$ ein Teilchen mit gleicher Masse und Geschwindigkeit $\pm\mathsf{v}$. Das soll die Situation zur Anfangszeit $t = 0$ sein, und es ist die Bahn $X(t)$ von diesem Teilchen auf $q = 0$, dem sogenannten *Brownschen Teilchen*, die wir verfolgen wollen.

Bemerkung 11.2. Eine Warnung: Unser Modell enthält gewisse allgemeine Züge, die für das Verständnis des Phänomens relevant sind, aber es ist kein wirkliches Modell, denn in der Brownschen Bewegung ist dieses Teilchen sehr viel massiver als die Flüssigkeitsmoleküle, und nur die Stöße von *sehr vielen* Molekülen haben einen Effekt. Ein einzelner Molekülstoß verrichtet (fast) nichts. Warum das wichtig ist, erklären wir am Ende.

Nun betrachten wir die zeitliche (Newtonsche) Entwicklung dieses Systems, wobei wir elastische Kollisionen der Massen annehmen, d. h., die Teilchen wechseln beim Zusammentreffen einfach nur ihre Geschwindigkeiten. Dies ist aber nur relevant für die Kollision mit dem Brownschen Teilchen. Bei den Übrigen können wir annehmen, dass sie einander durchdringen. In der Raum-Zeit-Skizze 11.1 ist die Bahn $X(t)$ des Brownschen Teilchens in einem ω aufgemalt. Es führt eine Irrfahrt aus.

Sei $N(t)$ die Anzahl der Kollisionen des Brownschen Teilchens bis zur Zeit t. (Ganz offenbar ist das eine Vergröberung von Ω und eine Zufallsgröße. Wem das nicht offenbar ist, der muss sich das klarmachen). Dann ist der Ort

$$X(t) = \sum_{i=0}^{N(t)} V_i \Delta t_i, \tag{11.2}$$

wobei $(V_i)_i$ ein Bernoulli-Prozess mit $V_i \in \{-\mathsf{v}, +\mathsf{v}\}$, $p = \frac{1}{2}$ und $V_0 = \mathsf{v}$ ist und Δt_i die Zeiten zwischen den Stößen (wobei es eine leichte notationsmäßige Schwierigkeit gibt: Das letzte Δt ist die Zeit zwischen dem letzten Stoß und t). Die Verteilung von Δt können wir leicht finden. Wenn wir die Weltlinien verfolgen und die Durchstoßungspunkte der $(t = t_0)$-Geraden zu einer Zeit t_0 betrachten, dann sind diese Punkte mit ihren Geschwindigkeiten wieder Realisierungen des gleichen Poissonschen Punktprozesses.

Bemerkung 11.3. Davon überzeugt man sich sofort, denn das Intensitätsmaß $d\mu$ aus (11.1) bleibt bei der Bewegung unverändert. Sei A ein Phasenraumvolumen, also beispielsweise die Teilmenge $A = \Delta \times \{\mathsf{v}\}$ von Ω (vgl. Abb. 11.2), und sei A_{-t_0} das Phasenraumvolumen, das sich gemäß der Dynamik zu A hin entwickelt, also $A_{-t_0} = (\Delta - \mathsf{v}t_0) \times \{\mathsf{v}\}$. Da aber hier die Dynamik trivial ist, nämlich eben alles entlang gerader Bahnen läuft und deshalb Δ nur verschoben wird, was den Inhalt nicht ändert, folgt sofort

$$\mu(A_{-t_0}) = \mu((\Delta - \mathsf{v}t_0) \times \{\mathsf{v}\}) = \mu(\Delta \times \{\mathsf{v}\}) = \mu(A) = \rho|\Delta|\frac{1}{2}.$$

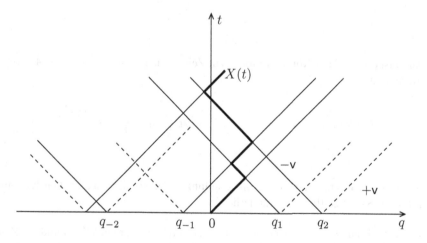

Abb. 11.1 Ein mikroskopisches Modell für Brownsche Bewegung

Abb. 11.2 Drei Teilchen zur
Zeit t_0 in
$A = \Delta \times \{-v\} \cup \Delta \times \{v\}$

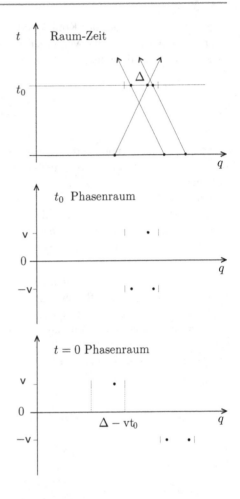

Damit ist das Maß der Konfigurationen zur Zeit t_0, die genau k Teilchen in A haben,
invariant, d. h.

$$\mathbb{P}_{t_0}(N_A = k) := \mathbb{P}(N_{A_{-t_0}} = k) = \exp\left(-\rho|\Delta|\frac{1}{2}\right)\frac{\left(-\rho|\Delta|\frac{1}{2}\right)^k}{k!}$$

$$= \mathbb{P}(N_A = k). \tag{11.3}$$

Mit anderen Worten: Die Poisson-Verteilung ist unter der idealen Gasdynamik
stationär. Sie ist zeitlich unveränderlich.

Nehmen wir an, dass das Brownsche Teilchen gerade nach rechts fliegt und zur Zeit
t_0 bei $X(t_0)$ ist. Die Wahrscheinlichkeit dafür, dass im Intervall $[t_0, t_0 + \tau]$ kein
Stoß stattfindet, ist also gegeben durch die Wahrscheinlichkeit, dass im räumlichen
Intervall $[X(t_0), X(t_0)+2v\tau]$ auf der t_0-Geraden kein Teilchen mit Geschwindigkeit

−v sitzt. Nämlich: Wenn dort eines wäre, dann fände zu einer Zeit kleiner als $t + \tau$ eine Kollision statt. Bedenke dabei, dass das Brownsche Teilchen die Gasatome mit Geschwindigkeit 2v heranfliegen sieht! Nun sind wir fertig: Obwohl die Randpunkte des Intervalls $[X(t_0), X(t_0) + 2v\tau]$ durch $X(t_0)$ zufällig sind, beeinflusst dies nicht die Wahrscheinlichkeit, mit der sich Teilchen im relevanten Intervall befinden – weil $X(t_0)$ nur von Gasteilchen bestimmt wurde, die sich in Bereichen disjunkt zu $[X(t_0), X(t_0) + 2v\tau]$ befinden, und die Punkte in disjunkten Intervallen sind unabhängig.

Bemerkung 11.4. In der Tat können wir für die Dynamik des Brownschen Teilchens alle Teilchen rechts von ihm mit Geschwindigkeit +v vergessen und genauso alle Teilchen links von ihm, die Geschwindigkeit −v haben. Dadurch ist für das Brownsche Teilchen nur ein Poissonscher Punktprozess mit kleinerer Dichte $\frac{\varrho}{2}$ relevant. Genau das ist der Inhalt von (11.3).

Die Wahrscheinlichkeit dafür, dass sich in diesem Intervall also kein Teilchen mit Geschwindigkeit −v befindet, ist einfach die (Zeit null) Poisson-Wahrscheinlichkeit. Damit ist das Maß der Konfigurationen, für die die Zeit Δt zwischen zwei Stößen größer als τ ist, gegeben durch

$$\mathbb{P}(\Delta t > \tau) = \mathbb{P}\left(N_{2v\tau \times \{-v\}} = 0\right) = \exp\left(-\rho 2v\tau \frac{1}{2}\right) = \exp\left(-\rho v\tau\right). \tag{11.4}$$

Anders gesagt: Die Kollisionsrate, das heißt die erwartete Anzahl von Stößen pro Zeiteinheit des Brownschen Teilchens mit Gasteilchen, ist

$$\rho v = 2v\rho \frac{1}{2} = \rho \int |v - v| \frac{1}{2} \left(\delta(v - v) + \delta(v + v)\right) dv.$$

Bemerkung 11.5. Wir haben die rechte Seite so fortgeführt, weil man daran sehen kann, was allgemein herauskäme, wenn man eine beliebige Geschwindigkeitsverteilung $f(v)$ hätte, nämlich:

$$\rho \int |v - v| f(v) dv.$$

Man nennt $\int |v - v| f(v) dv d\tau$ den *Boltzmannschen Stoßzylinder*. Er ist das Volumen, in dem sich ein Teilchen befinden muss, damit in der Zeit $d\tau$ ein Stoß stattfindet. Man mache sich das zeichnerisch klar. Der Stoßzylinder ist die halbe Miete in der statistischen Physik des Nichtgleichgewichts.

Was können wir über die Zuwächse $Y_i := V_i \Delta t_i$ sagen? Die Unabhängigkeit der Poisson-Teilchen sorgt dafür, dass die Zuwächse $Y_i = V_i \Delta t_i$ unabhängig und identisch verteilt sind. Die V_i sind ±v mit jeweils Wahrscheinlichkeit $\frac{1}{2}$ und die Δt_i haben gemäß der Überlegung (11.4) die Dichte $\rho v e^{-\rho v t}$. Die Momente von Y_i sind

$$\mathbb{E}(Y_i) = \mathbb{E}(V_i)\mathbb{E}(\Delta t_i)$$

$$= \left(\frac{1}{2}\mathsf{v} + \frac{1}{2}(-\mathsf{v})\right)\mathbb{E}(\Delta t_i) = 0 \qquad (11.5)$$

und

$$\mathbb{E}(Y_i^2) = \mathbb{E}(V_i^2)\mathbb{E}(\Delta t_i^2)$$

$$= \frac{1}{2}\left(\mathsf{v}^2 + \mathsf{v}^2\right)\int_0^\infty \rho \mathsf{v} e^{-\rho \mathsf{v} t}t^2\mathrm{d}t$$

$$= \mathsf{v}^2 \frac{1}{(\rho \mathsf{v})^2}\int_0^\infty u^2 e^{-u}\mathrm{d}u = \frac{2}{\rho^2}. \qquad (11.6)$$

Nun kommt einer der wichtigsten Schritte, der uns erklärt, warum wir denken, dass Atome existieren, obwohl sie für uns unsichtbar sind: Ihre Wirkung ist offenbar. Wir sehen keine Gasmoleküle – sie entwischen unseren groben Sinnen. Aber nun denke man an das Brownsche Teilchen, das man sehen kann (in Wahrheit ist es ein massives Teilchen, das unter dem Mikroskop noch gerade sichtbar ist). Und die zufällig erscheinende Bewegung des Brownschen Teilchens wird durch die für uns unsichtbare mikroskopische elementare Welt gesteuert. Laplace hätte sich gefreut zu erfahren, dass es in der Tat eine theoretische Physik dieser elementaren Ebene gibt, die deterministisch ist, und hätte sich bestätigt gefühlt.

Wie kommen wir von der mikroskopischen Welt zu unserer makroskopischen? Durch Skalierung. Wie sieht die Bewegung von $X(t)$ auf der *makroskopischen Skala* aus, also der Skala, auf der wir mit unseren groben Sinnen wahrnehmen können (auch wenn wir dazu auf ein Mikroskop angewiesen sind)? Das ist eine Skala, auf der die einzelnen Stöße nicht mehr aufgelöst werden. Dies ist die Skala der *Brownschen Bewegung*.

Um die Skalen zu erklären, müssen wir etwas in die Notation eintauchen. Wenn wir $X(t)$ schreiben und t die Zeit ist, dann ergibt der Ausdruck nicht viel Sinn, denn in der Funktion $X(\cdot)$ muss eine dimensionslose Variable stehen. Das bedeutet, wenn wir t mit der Dimension [Zeit] versehen, dann müssen wir diese Dimension mit einer durch die Physik gegebenen Zeiteinheit herausdividieren. Die durch die Physik gegebene Zeitskala ist zunächst die mikroskopische Zeitskala, die in unserem Fall durch die mittlere Zeitdauer zwischen zwei Stößen definiert ist. Die ist gemäß (11.4) $1/\rho\mathsf{v}$, also hat $\rho\mathsf{v}$ die Dimension $[\frac{1}{\text{Zeit}}]$. Diese Größe ist für Wassermoleküle, die einen Pollen als Brownsches Teilchen stoßen, ungefähr 10^8/sec. Das bedeutet, dass das Brownsche Teilchen in einer Sekunde ungefähr 10^8 Stöße erleidet. Wir betrachten also anstatt (11.2) nun

$$\tilde{X}(t/\sec) := X(\rho\mathsf{v}t) = \sum_{i=0}^{N(\rho\mathsf{v}t)} V_i \Delta t_i = \sum_{i=0}^{N(\rho\mathsf{v}t)} Y_i,$$

wobei t nun unsere makroskopische Zeit sei, gemessen in Sekunden. Wenn wir uns jetzt an (11.2) und Abb. 11.2 erinnern, sehen wir (indem wir $N(t)$ durch $\rho v t$ ersetzen), dass $\tilde{X}(t/\text{sec})$ eine Summe von ungefähr $\rho v t$ unabhängigen Zufallsgrößen ist, mit Erwartungswert 0 und Varianz $\rho v t 2/\rho^2 = 2tv/\rho$ gemäß (11.6). In anderen Worten: Die Schwankung von $\tilde{X}(t/\text{sec})$ wächst wie $\sqrt{2tv/\rho}$, d. h., das Teilchen bewegt sich in der Zeit t nach unendlich wie $\sqrt{2tv/\rho}$. Das nennt man *diffusives* Verhalten mit der *Diffusionskonstanten* $D := \frac{2v}{\rho}$. Das ist kennzeichnend für Brownsche Bewegung. Im Hinblick auf den zentralen Grenzwertsatz in Form von (9.12) können wir sogar die makroskopische Bewegung genauer quantifizieren, nämlich

$$\mathcal{L}\left(\tilde{X}(t/\text{sec})\right) \approx \mathcal{N}\left(0, \frac{2v}{\rho}t\right). \tag{11.7}$$

Bemerkung 11.6. Zur Erinnerung: „$\mathcal{L}$" steht für „Law", also für die Verteilung der Zufallsgröße.

Die Kritiker von Smoluchowski und Einstein hatten die Diffusion übersehen und sagten: Angenommen das Bild von umherfliegenden Atomen ist richtig, dann stoßen doch in einer Zeiteinheit gleich viele von links und von rechts, das Teilchen bewegt sich also nicht. Das ist im Mittel auch korrekt, aber die Fluktuationen, die das Wurzel-t-Verhalten verursachen, wurden glatt vergessen!

Kehren wir zur Mathematik zurück. Wir wollen (11.7) als ein mathematisches Theorem mit einer Limes-Aussage formulieren und beweisen. Dazu werden wir am Ende eine unendliche Anzahl von Stößen zu betrachten haben, und um das formulieren zu können, führen wir einen dimensionslosen Parameter a ein und skalieren. Die Beschreibung (11.2) des Ortes wird also zu

$$X_a(t) := \frac{X(at)}{\sqrt{a}} = \frac{1}{\sqrt{a}}\sum_{i=0}^{N(at)} V_i \Delta t_i = \frac{1}{\sqrt{a}}\sum_{i=0}^{N(at)} Y_i, \tag{11.8}$$

und die wollen wir für $a \to \infty$ untersuchen. Die Skalierung ist genau so, dass die Varianz von $X_a(t)$ von der Ordnung t bleibt. Man nennt diese die *diffusive Skalierung*, wobei t als makroskopische Zeit anzusehen ist.

Wie viele Terme hat die Summe $X_a(t)$, d. h., wie groß ist $N(at)$? Die Kollisionszeiten $(\Delta t_i)_i$ bilden einen Poisson-Prozess mit Dichte ρv, das heißt, die Anzahl $N(at)$ von Kollisionen in der Zeit at ist Poisson-verteilt mit

$$\mathbb{E}(N(at)) = \rho v a t,$$

und mit Chebyshev ist

$$\lim_{t \to \infty} \mathbb{P}\left(\left|\frac{N(at)}{at} - \rho v\right| > \varepsilon\right) = 0. \tag{11.9}$$

Bemerkung 11.7. Falls das unklar sein sollte, zur Erinnerung:

$$\mathbb{P}\left(\left|\frac{N(at)}{at} - \rho v\right| > \varepsilon\right) < \frac{1}{\varepsilon^2 (at)^2} \mathbb{E}((N(at) - \rho vat)^2) = \frac{1}{\varepsilon^2 at} \rho v.$$

Also haben wir etwa $\lfloor \rho vat \rfloor$ $(=$ größte ganze Zahl kleiner oder gleich ρvat) Terme in der Summe. Da $N(at)$ aber eben eine Zufallsgröße ist, können wir die Verteilung der Summe (11.8) auf direktem Wege nicht weiter in den Griff bekommen. Wir haben dagegen sofort mit dem zentralen Grenzwertsatz die asymptotische Verteilung von

$$\hat{X}_a(t) = \frac{1}{\sqrt{a}} \sum_{i=1}^{\lfloor \rho vat \rfloor} Y_i.$$

Denn da mit (11.5) und (11.6) (man benutze, dass $\lim_{a \to \infty} \frac{\lfloor ax \rfloor}{a} = x$)

$$\lim_{a \to \infty} \mathbb{E}\left(\hat{X}_a(t)^2\right) = \rho vt \frac{2}{\rho^2} = \frac{2vt}{\rho},$$

bekommen wir mit dem zentralen Grenzwertsatz

$$\mathcal{L}\left(\hat{X}_a(t)\right) \to \mathcal{N}\left(0, \frac{2v}{\rho} t\right) \quad \text{für} \quad a \to \infty. \tag{11.10}$$

Nun wollen wir das Resultat aber für $X_a(t)$ haben. Deshalb betrachten wir die Differenz $D_a(t) = X_a(t) - \hat{X}_a(t)$. Die ist

$$D_a(t) = \frac{1}{\sqrt{a}} \sum_{i=\mathbb{E}(N(at))}^{N(at)} Y_i.$$

Wir zeigen zuerst, dass die Differenz im Maß klein ist: Mit $\delta > 0$ schreiben wir:

$$\mathbb{P}(|D_a(t)| > \varepsilon)$$
$$= \mathbb{P}(\{|D_a(t)| > \varepsilon\} \cap \{|N(at) - \mathbb{E}(N(at))| > \delta at\})$$
$$+ \mathbb{P}(\{|D_a(t)| > \varepsilon\} \cap \{|N(at) - \mathbb{E}(N(at))| \le \delta at\})$$
$$\le \mathbb{P}(|N(at) - \mathbb{E}(N(at))| > \delta at) + \mathbb{P}(\max_{k \le \delta at} |\frac{1}{\sqrt{a}} \sum_{i=1}^{k} Y_i| > \varepsilon). \tag{11.11}$$

Bemerkung 11.8. Hierbei ist die Abschätzung, die für den ersten Term verantwortlich ist, eine einfache Inklusion: die für den zweiten Term zwar auch, aber über die muss man etwas nachdenken. Wir hätten z. B. nicht auf das „max" verzichten können. Im zweiten Term haben wir zusätzlich benutzt, dass die Y_i i.i.d. sind, und konnten dadurch die Summengrenzen einfach von 1 bis $\delta a t$ laufen lassen, denn es kommt nur auf die Anzahl der Terme an.

Wir schätzen nun (11.11) weiter ab und benutzen Chebyshev wie in (11.9), wobei der „max"-Term nicht mit der üblichen Chebyshevschen Ungleichung abgeschätzt wird, sondern mit einer verfeinerten Version davon: Die heißt

Lemma 11.1. *Kolmogorovsche Ungleichung*
Sei $S_n = \sum_{i=1}^{n} X_i$, mit X_i i. i. d. Zufallsgrößen und $\mathbb{E}(X_i) = 0$, dann gilt

$$\mathbb{P}\left(\max_{k \leq n} |S_k| > \varepsilon\right) \leq \frac{1}{\varepsilon^2}\mathbb{E}(S_n^2).$$

Bemerkung 11.9. Den Beweis zu Lemma 11.1 findet man im Anhang 11.4.

Wir bekommen damit die Abschätzung

$$(11.11) \leq \frac{\rho v}{\delta^2 a t} + \frac{1}{\varepsilon^2 a}\mathbb{E}\left(\left(\sum_{i=1}^{\delta a t} Y_i\right)^2\right).$$

Mit obiger Momentenberechnung von Y_i (11.5) und (11.6) ist dann insgesamt

$$\mathbb{P}(|D_a(t)| > \varepsilon) \leq \frac{\rho v}{\delta^2 a t} + \frac{1}{\varepsilon^2 a}\delta a t \frac{2}{\rho^2} = \frac{\rho v}{\delta^2 a t} + \frac{2\delta t}{\varepsilon^2 \rho^2}.$$

Jetzt lassen wir erst $a \to \infty$ gehen und dann $\delta \to 0$. Das liefert uns für alle $\varepsilon > 0$

$$\lim_{a \to \infty} \mathbb{P}(|D_a(t)| > \varepsilon) = 0. \tag{11.12}$$

Nun müssen wir sehen, dass dies ausreicht, um die Konvergenz der Verteilung von $X_a(t)$ zu bekommen. Das machen wir sofort und betrachten wie üblich die charakteristische Funktion

$$\mathbb{E}\left(e^{iX_a(t)y}\right) = \mathbb{E}\left(e^{i\hat{X}_a(t)y + iD_a(t)y}\right)$$

$$= \mathbb{E}\left(e^{i\hat{X}_a(t)y}\right) + \mathbb{E}\left(e^{iy\hat{X}_a(t)}\left(e^{iD_a(t)y} - 1\right)\right).$$

Es ist

$$\left|\mathbb{E}\left(e^{iy\hat{X}_a(t)}\left(e^{iD_a(t)y} - 1\right)\right)\right| = \left|\mathbb{E}\left(e^{iy\hat{X}_a(t)}\left(e^{iD_a(t)y} - 1\right)\mathbb{1}_{\{|D_a(t)|>\varepsilon\}}(t)\right)\right.$$

$$\left. + \mathbb{E}\left(e^{iy\hat{X}_a(t)}\left(e^{iD_a(t)y} - 1\right)\mathbb{1}_{\{|D_a(t)|\leq\varepsilon\}}(t)\right)\right|.$$

Wie geht das weiter? Der erste Summand ist einfach abschätzbar durch

$$2\mathbb{P}(|D_a(t)| > \varepsilon).$$

Der zweite ist etwas unangenehmer: Wir entwickeln die Exponentialfunktion in erster Ordnung als Funktion von y mit einem Mittelwert $\tilde{y}$

$$e^{iD_a(t)y} - 1 = iD_a(t)e^{iD_a(t)\tilde{y}}.$$

Damit ist mit der Dreiecksungleichung

$$\left| \mathbb{E}\left(e^{iy\hat{X}_a(t)} \left(e^{iD_a(t)} - 1 \right) \mathbb{1}_{\{|D_a(t)|\leq\varepsilon\}}(t) \right) \right| \leq \mathbb{E}(|D_a(t)|\mathbb{1}_{\{|D_a(t)|\leq\varepsilon\}}(t)) \leq \varepsilon.$$

Insgesamt also

$$\left| \mathbb{E}\left(e^{iX_a(t)y} \right) - \mathbb{E}\left(e^{i\hat{X}_a(t)y} \right) \right| \leq 2\mathbb{P}(|D_a(t)| > \varepsilon) + \varepsilon.$$

Nun lasse man im Hinblick auf (11.12) erst $a \to \infty$ gehen und dann $\varepsilon \to 0$. Aus der asymptotischen Gleichheit der charakteristischen Funktionen können wir wie beim Beweis des zentralen Grenzwertsatzes mit Verweis auf (11.10) auf

$$\mathcal{L}(X_a(t)) \to \mathcal{N}\left(0, \frac{2\nu}{\rho}t \right) \quad \text{für} \quad a \to \infty \tag{11.13}$$

schließen und damit haben wir die heuristische Aussage (11.7) mathematisch bewiesen, welche vom Charakter her das Resultat von Einstein und Smoluchowski zur Brownschen Bewegung ist!

Es ist dieses diffusive Verhalten, das Perrin nachgemessen hat. In der wahren Brownschen Bewegung hat Einstein die Diffusionskonstante für eine Flüssigkeit bestimmt, und zwar

$$D = \frac{k_B T}{6\pi\eta a}, \quad k_B = \text{Boltzmann-Konstante},$$

für ein Teilchen mit Radius a in einer Flüssigkeit der Temperatur T und Viskosität η. Diese Formel für D drückt den Zusammenhang zwischen *Dissipation* (Energieverlust durch Reibung) und *Fluktuation* aus, wobei die mittlere kinetische Energie eines jeden Flüssigkeitsteilchens proportional zu $k_B T$ ist. Der Ursprung dieses Dissipation-Fluktuation-Zusammenhangs ist klar: Die Flüssigkeitsteilchen verursachen zwei Effekte, die gleichen Ursprungs sind. Einerseits treiben sie das Brownsche Teilchen durch Stöße an ($\sim k_B T$), andererseits bremsen sie das Brownsche Teilchen ab ($\sim 6\pi\eta a$). Letzteres ist der berühmte *Stokessche Reibungskoeffizient*.

Aus der Messung der Diffusionskonstanten ergibt sich eine Bestimmung der Boltzmann-Konstanten k_B, die wiederum über die messbare universelle Gaskonstante R umgekehrt proportional zur Avogadro-Konstante ist, der Anzahl der Moleküle in einem Mol. Josef Loschmidt (1821–1895), ein Freund Boltzmanns, hatte die Zahl theoretisch bereits abgeschätzt. Man kann also anhand der Brownschen Bewegung die Loschmidtsche Zahl überprüfen. Das hat 1931 Eugen Kappler (1905–1977) in einem Drehspiegelversuch (ein an einem sehr dünnen Faden aufgehängter Drehspiegel führt eine Brownsche Bewegung aus und man kann die Fluktuationen durch Lichtreflexion des Drehspiegels auf eine weit entfernte Wand sehen) durchgeführt und für lange Zeit den genauesten Wert der Avogadro-Konstanten geliefert.

Das alles können wir natürlich in unserem einfachen mathematischen Modell nicht ablesen, insbesondere sehen wir in unserem Modell keine Reibung – von der würde man erst sprechen, wenn das Brownsche Teilchen sehr viel schwerer als die Gasteilchen wäre. Wir können aber zumindest zwei Dinge sehen, die Sinn ergeben: Unser D ist $2v/\rho$, das heißt, wenn wir die Dichte erhöhen, ist die Diffusion geringer, das Teilchen wandert „langsamer" nach unendlich; wenn wir v erhöhen, wandert das Teilchen schneller. Wir können v als Maß für die Temperatur lesen und die Dichte ρ als Maß für die Viskosität.

11.1 Der Brownsche Prozess

Wir bezeichnen die $\mathcal{N}\left(0, \frac{2v}{\rho}t\right)$-verteilte Zufallsgröße aus (11.13) mit B_t, also

$$\mathbb{E}(B_t) = 0 \quad \text{und} \quad \mathbb{E}\left(B_t^2\right) = \frac{2v}{\rho}t.$$

Wir haben dann für jedes feste t den zentralen Grenzwertsatz und die zugehörige Zufallsgröße B_t. Was wir nicht gezeigt haben, aber durchaus erahnen können, ist, dass wir den gesamten Pfad $(X_a(t))_{t\in[0,T]}$ des Brownschen Teilchens betrachten können, sodass wir im Pfadraum einen zentralen Grenzwertsatz haben, letztlich also einen stochastischen Prozess $(B_t)_{t\in[0,T]}$ bekommen, der *stetige* Pfade hat. Der stochastische Prozess ist hier eine (überabzählbare) Familie von Zufallsgrößen B_t, $t \in [0, T]$, und jedes B_t ist $\mathcal{N}(0, Dt)$-verteilt mit $D = 2v/\rho$. Was wir noch mit Leichtigkeit herleiten können, ist die gemeinsame Verteilung von $B_{t_1}, B_{t_2}, \ldots, B_{t_n}$.

Zunächst können wir uns an unserem Modell leicht davon überzeugen, dass $(B_t)_{t\in[0,T]}$ unabhängige *Zuwächse* hat: $B_{t_n}-B_{t_{n-1}}$ ist unabhängig von $B_{t_{n-1}}, B_{t_{n-2}}$, ... und normalverteilt. Außerdem hat $B_{t_2} - B_{t_1}$ die gleiche Verteilung wie $B_{t_2-t_1}$, denn wenn unser Brownsches Teilchen von $X_a(t_1)$ aus startet, dann sieht die Verteilung der Moleküle, die mit dem Brownschen Teilchen kollidieren, nicht anders aus als im ursprünglichen Fall, in dem das Teilchen bei null startete. Also

$$\mathcal{L}(B_{t_2} - B_{t_1}) = \mathcal{L}(B_{t_2-t_1})$$

und daher

$$\mathbb{E}(B_{t_2} - B_{t_1})^2 = D(t_2 - t_1). \tag{11.14}$$

Wie kann man daraus die gemeinsame Verteilung von B_s und B_t, also die Verteilung des Vektors (B_s, B_t) bekommen? Ganz einfach: Wir suchen ja

$$\mathcal{L}(B_s, B_t) = \mathcal{L}(B_s, B_t - B_s + B_s),$$

und mit der Funktion $F(x, y) = (x, y + x)$ ist

$$(B_s, B_t) = F(B_s, B_t - B_s).$$

Die gemeinsame Verteilung von $(B_s, B_t - B_s)$ kennen wir, die ist

$$\mathcal{N}(0, Ds)\,\mathcal{N}(0, D(t - s))$$

wegen der Unabhängigkeit. Also hat $(B_s, B_t - B_s)$ die Dichte

$$\rho(x, y) = \frac{\exp\left(-\frac{x^2}{2Ds}\right)}{\sqrt{2\pi Ds}}\,\frac{\exp\left(-\frac{y^2}{2D(t-s)}\right)}{\sqrt{2\pi D(t-s)}}.$$

Nun nehmen wir die Funktion $F(x, y) = (x, y + x) = (x, z)$ mit hinzu und bemerken, dass

$$F' = \begin{pmatrix} 1 & 0 \\ 1 & 1 \end{pmatrix}, \quad \text{also} \quad |F'| = 1.$$

Folglich hat (B_s, B_t) nach Bemerkung 7.2 die Dichte

$$\tilde{\rho}(x, z) = \rho\left(F^{-1}(x, z)\right)\frac{1}{|F'|} = \rho(x, z - x)$$

$$= \frac{\exp\left(-\frac{x^2}{2Ds}\right)}{\sqrt{2\pi Ds}}\,\frac{\exp\left(-\frac{(z-x)^2}{2D(t-s)}\right)}{\sqrt{2\pi D(t-s)}}, \tag{11.15}$$

und das können wir nun fortführen.

Bevor wir aber die allgemeine Formel für die Dichte von $(B_{t_1}, B_{t_2}, \ldots, B_{t_n})$ hinschreiben, bemerken wir noch den folgenden anschaulichen Weg, um zu (11.15) zu kommen: $B_0 = 0$ und B_{t_1} ist $\mathcal{N}(0, Dt_1)$-verteilt, d. h., wir können die Dichte

$$p(x_1, t_1; 0) = \frac{\exp\left(-\frac{x_1^2}{2Dt_1}\right)}{\sqrt{2\pi Dt_1}} \tag{11.16}$$

als *Übergangswahrscheinlichkeit* lesen, also als Wahrscheinlichkeit, dass das Teilchen in der Zeit t_1 von 0 nach x_1 wandert. Wenn das Teilchen zur Zeit t_1 bei x_1 ist, dann ist die bedingte Wahrscheinlichkeit, also die Übergangsdichte, dass sich das Teilchen in der Zeit $t_2 - t_1$ nach x_2 bewegt hat:

$$p(x_2, t_2; x_1, t_1) = \frac{\exp\left(-\frac{(x_2 - x_1)^2}{2D(t_2 - t_1)}\right)}{\sqrt{2\pi D(t_2 - t_1)}}. \tag{11.17}$$

Bemerkung 11.10. Wir wenden die Produktregel $\mathbb{P}(A|B)\mathbb{P}(B) = \mathbb{P}(A \cap B)$ an, wobei wir dies hier mit Dichten machen, was etwas Sorgfalt erfordern würde, aber das ist nicht unser Punkt.

Man kann sich das leicht an unserem Modell veranschaulichen. Das Produkt von (11.16) und (11.17) gibt (11.15).

Das verallgemeinern wir nun, um die gemeinsame Verteilung der $(B_{t_1}, B_{t_2}, \ldots, B_{t_n})$ anzugeben. Wenn wir die Übergangsdichten multiplizieren, bekommen wir die gemeinsame Dichte:

$$\mathbb{P}_0\left(B_{t_1} \in dx_1, B_{t_2} \in dx_2, \ldots, B_{t_n} \in dx_n\right)$$

$$= p_n(x_1, t_1, x_2, t_2, \ldots, x_n, t_n)dx_1 \ldots dx_n$$

$$= p(x_1, t_1; 0)p(x_2, t_2; x_1, t_1) \ldots p(x_n, t_n; x_{n-1}, t_{n-1})dx_1 \ldots dx_n \tag{11.18}$$

$$= \frac{\exp\left(-\frac{x_1^2}{2Dt_1}\right)}{\sqrt{2\pi Dt_1}} \frac{\exp\left(-\frac{(x_2 - x_1)^2}{2D(t_2 - t_1)}\right)}{\sqrt{2\pi D(t_2 - t_1)}} \cdots \frac{\exp\left(-\frac{(x_n - x_{n-1})^2}{2D(t_n - t_{n-1})}\right)}{\sqrt{2\pi D(t_n - t_{n-1})}}dx_1 \ldots dx_n.$$

Bemerkung 11.11. Gl. (11.18) drückt die Markov-Eigenschaft aus, die wir in Abschn. 11.3 besprechen, und wir werden daraus (11.18) nochmals ableiten.

Dies ist die Dichte einer n-dimensionalen Gauß- bzw. Normalverteilung, die wir in Abschn. 10.2.2 ausführlich besprochen haben. Uns interessiert nun die Kovarianzmatrix C dieser Verteilung. Dazu brauchen wir nur

$$C_{ij} = \mathbb{E}\left(B_{t_i} B_{t_j}\right)$$

zu bestimmen. Falls $t_j > t_i$, gilt:

$$\mathbb{E}\left(B_{t_i} B_{t_j}\right) = \mathbb{E}\left((B_{t_j} - B_{t_i}) B_{t_i} + B_{t_i}^2\right)$$

$$= \mathbb{E}\left(B_{t_i}^2\right) + \mathbb{E}\left((B_{t_j} - B_{t_i}) B_{t_i}\right)$$

$$= Dt_i + \underbrace{\mathbb{E}\left(B_{t_j} - B_{t_i}\right)}_{=0} \underbrace{\mathbb{E}\left(B_{t_i}\right)}_{=0}.$$

Die letzte Gleichheit gilt wegen der Unabhängigkeit der Zuwächse. Somit sehen wir, dass

$$C_{ij} = D \min(t_i, t_j).$$

Das führt uns auf folgende Definition:

Definition 11.1. Die bei null startende *Brownsche Bewegung* $(B_t)_{t \geq 0}$ oder auch der nach Norbert Wiener benannte *Wiener-Prozess* mit Diffusionskonstante D ist ein Gaußscher Prozess mit stetigen Pfaden und Erwartungswert 0 und Kovarianz $C(t, s) = D \min(t, s)$.

Bemerkung 11.12. Wir können natürlich auch die Brownsche Bewegung mit Start in x_0 haben, nämlich $B_t + x_0$. Das x_0 selbst kann zufällig sein, muss dann aber unabhängig von der Brownschen Bewegung gewählt werden.

Die Brownsche Bewegung hat stetige (was heuristisch an unserem Modell einsehbar ist), aber nirgendwo differenzierbare Pfade: Da wir hier wieder alles auf der Bildebene beschreiben, denken wir an keinen fundamentalen Ω-Raum; wir nehmen die Menge der Pfade des Prozesses als Ω-Raum. Wir können den als Raum der stetigen Funktionen nehmen, wie folgendes heuristisches Argument zeigt. Wir berechnen

$$\lim_{t \to s} \mathbb{E}\left(\left(\frac{B_t - B_s}{t - s}\right)^2\right).$$

Wenn der Grenzwert existiert, würde man wie üblich versuchen, den Limes in den Erwartungswert zu ziehen, um auf Differenzierbarkeit zu kommen. Aber mit (11.14) ist

$$\mathbb{E}\left((B_t - B_s)^2\right) = D(t - s), \quad \text{das heißt}$$

$$\mathbb{E}\left(\left(\frac{B_t - B_s}{t - s}\right)^2\right) = \frac{D}{(t - s)},$$

und der Limes existiert nicht! Heuristisch ist also

$$B_t(\omega) - B_s(\omega) \sim \sqrt{t - s},$$

sodass die Pfade *Hölder-stetig* vom Grad $\frac{1}{2}$ sind.

Die Brownsche Bewegung (Wiener-Prozess) ist der Prototyp der *Diffusion*. Diffusives Verhalten findet man häufig, zum Beispiel bei der Wärmeleitung (das ist das *Fouriersche Gesetz*) oder beim Dichteausgleich von Gasen (*Ficksches Gesetz*). Temperatur- und Dichteausgleich gehorchen einer berühmten partiellen Differentialgleichung, die wir als Nächstes besprechen.

11.2 Wärmeleitungsgleichung

Die partielle Differentialgleichung, die die zeitliche Entwicklung der Dichte der Brownschen Bewegung beschreibt, ist folgende:

$$\frac{\partial p(x,t)}{\partial t} = \frac{1}{2} D \frac{\partial^2}{\partial x^2} p(x,t) \tag{11.19}$$

Bemerkung 11.13. Die Diffusionsgleichung (11.19) ist eine phänomenologische Gleichung. Sie ist eine aus einer zugrunde liegenden mikroskopischen Theorie abgeleitete Gleichung. Zum Beispiel beschreibt sie in unserem Fall die typische „Newtonsche Bewegung des Brownschen Teilchens" in einem idealen Gas (manchmal auch Wärmebad genannt) auf der makroskopischen Skala, auf der die einzelnen Stöße nicht mehr sichtbar sind.

Die Übergangsdichte $p(x,t;x_0,t_0)$ (vgl. (11.17)) ist Lösung dieser Gleichung, was man einfach durch partielles Ableiten verifizieren kann und auch tun sollte. Außerdem beachte man, dass $p(x,t;x_0,t_0)$ die Brownsche Bewegung festlegt (vgl. (11.18)), d. h. (11.19) kann ebenfalls als definierende Gleichung für die Brownsche Bewegung gesehen werden. Dabei ist (11.16) eine ganz spezielle Lösung dieser Gleichung, denn

$$\lim_{t \to 0} \frac{\exp\left(-\frac{x^2}{2Dt}\right)}{\sqrt{2\pi Dt}} = \delta(x).$$

In unserem Beispiel ist p eine Wahrscheinlichkeitsdichte, die zur Zeit null bei $x = 0$ konzentriert ist und sich dann „diffusiv" verbreitert, was der Anfangsbedingung „der Prozess startet bei $x = 0$" Rechnung trägt. Am besten sieht man das mit Fourier-Transformation: Sei $f \in \mathcal{S}$, dann ist

$$\int f(x) \frac{\exp\left(-\frac{x^2}{2Dt}\right)}{\sqrt{2\pi Dt}} dx$$

$$= \int \int \hat{f}(k) e^{ikx} \frac{\exp\left(-\frac{x^2}{2Dt}\right)}{\sqrt{2\pi Dt}} dx\, dk$$

$$= \int \hat{f}(k) \exp\left(-\frac{k^2}{2} Dt\right) dk$$

und der $\lim_{t \to 0}$ bringt

$$\int \hat{f}(k) dk = f(0).$$

Man kann nun auch die Brownsche Bewegung mit einer beliebigen Anfangsdichte $\rho(x_0)$ starten lassen. Die zeitliche Entwicklung ist dann durch die Übergangsdichte (11.17) mit $x_1 = x_0; t_1 = 0$ bestimmt:

$$\rho(x,t) = \int \rho(x_0) p(x,t;x_0,0) dx_0 . \qquad (11.20)$$

Auch davon überzeuge man sich. Man nennt die Übergangsdichte (11.17) auch den *Wärmeleitungskern* der Wärmeleitungsgleichung. Er bestimmt den zeitlichen Verlauf. In der Wärmeleitung hat man $T(x,t)$ statt $p(x,t)$, die Temperatur am Ort x zur Zeit t. Zur Zeit $t = 0$ ist ein Punkt (zum Beispiel der Ursprung) stark erhitzt. Die Hitze verteilt sich diffusiv, d. h. die Temperatur verändert sich gemäß Gl. (11.19).

Wichtiger Hinweis: Die Diffusionsgleichung hat einen wesentlichen Charakterzug, der sie von fundamentalen Gesetzen der Physik unterscheidet: Sie ist *nicht invariant* unter *Zeitumkehr*. Wenn t durch $-t$ ersetzt wird, dann bekommt eine Seite der Gleichung ein Minuszeichen, die Gleichung wird eine andere. Derartige Gleichungen beschreiben *irreversible* Prozesse. Das sind Prozesse, die nur in einer Richtung ablaufen: Wärme geht vom Warmen zum Kälteren, Gasmoleküle wandern aus dicht besiedelten Regionen in die dünner besiedelten und so weiter. Man könnte meinen, dass solche *irreversiblen* Gleichungen nicht aus den reversiblen (das heißt zeitumkehrinvarianten) Gesetzen der Physik (z. B. Newtonsche Mechanik) „abgeleitet" werden können, weil die Zeitsymmetrie eine diskrete ist. Und wie sollte sich durch einen Grenzprozess, den wir ja bei der Ableitung im Kopf haben, etwas *sprunghaft* ändern? Das geht aber offenbar, wir haben es ja gerade durchgeführt. Aber natürlich auch dabei etwas geschummelt. Wie, das erklären wir später in den Physikkapiteln, aber so viel sei schon mal gesagt: Das Argumentieren mit unendlich hält immer einen Deckmantel bereit.

11.3 Der Markovsche Prozess

Wir kehren noch einmal zu unserer Abb. 11.1 und zur Argumentation (11.18) zurück, in der wir die Brownsche Bewegung und die Bahnen der Gasteilchen dargestellt haben. Wir möchten noch erklären, warum unser Modell mit den Geschwindigkeiten $\pm v$ sehr speziell und günstig gewählt war. Was hätten wir zu einem Modell mit einer Maxwellschen Geschwindigkeit sagen können? Nichts. Wir hätten vermuten können, dass ebenfalls Diffusion herauskommt, aber mathematisch rigoros ist das Modell (in mehr als einer Dimension) bis heute unbeherrschbar. Woran liegt das? Was ändert sich, wenn wir statt $\pm v$ Geschwindigkeiten gemäß einer komplizierten Verteilung wählen? Was passiert, sind *Rekollisionen*! In Abb. 11.3 ist eine Situation dargestellt, in der das Brownsche Teilchen nach vier Stößen mit Teilchen 2 rekollidiert, das bei q_2 gestartet war, und nach dem Stoß mit dem Brownschen Teilchen auf der Anfangsweltlinie des Teilchens -1 weiterläuft. Die Rekollision passiert, weil Teilchen -2 die Geschwindigkeit $2v$ hatte. Das kann in

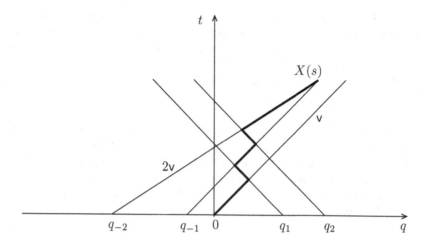

Abb. 11.3 Rekollision des Brownschen Teilchens mit einem Gasteilchen

unserem einfachen Modell nicht passieren. Aber was ist so schlimm daran? Nehmen wir an, das Brownsche Teilchen ist bei $X(s)$. Was passiert als Nächstes? Wenn wir die Vergangenheit, das heißt den Pfad $X(u)$, $0 < u < s$, kennen, dann wissen wir, dass bei t_2 ein Stoß von links kam, das heißt, wir wissen, dass es eine Weltlinie von q_{-1} mit Steigung v gibt, und das Teilchen auf dieser Weltlinie fängt das schnelle Brownsche Teilchen (Geschwindigkeit 2v) in der *Rekollision* nun ab. Das bedeutet, dass zukünftige Stöße von der Geschichte des Brownschen Teilchens abhängen, genau das, was wir in (11.18) ausgeschlossen haben. Es ist also nicht mehr so, dass die Zuwächse unabhängig sind, wie es vorher offenbar der Fall war. Im Maß ausgedrückt ist also (wenn wir einfach mal „formal" bedingen)

$$\mathbb{P}(X(s + t) \in A | X(u), u \le s) \neq \mathbb{P}(X(s + t) \in A | X(s)). \tag{11.21}$$

Die Bewegung ist *nicht Markovsch*. Die Markov-Eigenschaft ist eine Art Unabhängigkeit seigenschaft: Ein stochastischer Prozess heißt *Markovsch*, wenn in (11.21) das Gleichheitszeichen gilt, d. h. wenn für die zukünftige Entwicklung nur der jetzige Moment entscheidend ist und nicht, was in der Vergangenheit geschah. Markovsche Prozesse tragen keine Erinnerungen an Vergangenes mit sich und es ist intuitiv klar, dass man auf der makroskopischen Ebene kaum eine vernünftige und effektive Beschreibung erwarten kann, wenn die Vergangenheit eine wesentliche Rolle spielt. Wenn also das makroskopische Bild einen nicht-Markovschen Prozess liefert, hat man hart zu arbeiten, um zu einer effektiven Beschreibung zu kommen, die insbesondere Markovsch ist. Deswegen ist die Herleitung der Diffusion eines Brownschen Teilchens in einem idealen Gas in mehr als einer Dimension (das Brownsche Teilchen muss dann ausgedehnt sein) ein bis heute ungelöstes mathematisches Problem.

Beispiel 11.1. Die primitivsten Beispiele von Markov-Prozessen sind Lösungen von Differentialgleichungen. Bei gegebenem „Anfangswert" ist der Orbit – die Lösung der Differentialgleichung – bestimmt. Es spielt keine Rolle, wo der Orbit, der durch den „Anfangswert" geht, vorher war.

Außerdem wissen wir bereits aus (11.18), dass die Brownsche Bewegung $(B_t)_{t \geq 0}$ ein Markov-Prozess ist.

Um einen Markov-Prozess $(X_t)_t$ in der Hand zu haben, braucht man nur die Übergangswahrscheinlichkeitsdichte $p(x, t; x_0, t_0)$ zu kennen. Damit bekommt man die n-dimensionalen Dichten p_n wie in (11.18) durch Aneinandermultiplizieren.

Wir können aber auch andersherum vorgehen, indem wir mit der n-dimensionalen Dichte $p_n(x_1, t_1, x_2, t_2, \ldots, x_n, t_n)$ starten. Indem wir nun unter $X_{t_1}, \ldots, X_{t_{n-1}}$ bedingen

$$p_n(x_1, t_1, x_2, t_2, \ldots, x_n, t_n) =$$
$$p(x_n, t_n | X_{t_1} = x_1, \ldots, X_{t_{n-1}} = x_{n-1}) p_{n-1}(x_1, t_1, x_2, t_2, \ldots, x_{n-1}, t_{n-1}),$$

und dann die Markov-Eigenschaft benutzten, nämlich

$$p(x_n, t_n | X_{t_1} = x_1, \ldots, X_{t_{n-1}} = x_{n-1}) = p(x_n, t_n; x_{n-1}, t_{n-1}),$$

erhalten wir durch Wiederholung dieses Schrittes (11.18).

11.4   Anhang

Beweis von Lemma 11.1

Zu zeigen ist: Sei $S_n = \sum_{i=1}^n X_i$, wobei die X_i unabhängige und identisch verteilte Zufallsgrößen sind mit $\mathbb{E}(X_i) = 0$, dann gilt

$$\mathbb{P}\left(\max_{k \leq n} |S_k| > \varepsilon\right) \leq \frac{1}{\varepsilon^2} \mathbb{E}(S_n^2).$$

Um dies zu sehen, führt man am einfachsten die Ereignisse A_j ein:

$$A_j = \{ j \leq n \text{ ist der kleinste Index, für den } |S_j| > \varepsilon \text{ ist}\}$$

Dann ist

$$\left\{\max_{k \leq n} |S_k| > \varepsilon\right\} = \bigcup_{j=1}^n A_j \quad \text{und}$$

$$\mathbb{P}\left(\bigcup_{j=1}^n A_j\right) = \sum_{j=1}^n \mathbb{P}(A_j) = \sum_{j=1}^n \mathbb{E}\left(\mathbb{1}_{A_j}\right) \leq \sum_{j=1}^n \frac{1}{\varepsilon^2} \mathbb{E}\left(S_j^2 \mathbb{1}_{A_j}\right).$$

Weiter ist

$$S_n^2 = \left(S_n - S_j + S_j\right)^2 = \left(S_n - S_j\right)^2 + S_j^2 + 2S_j\left(S_n - S_j\right)$$
$$\geq S_j^2 - 2S_j\left(S_n - S_j\right)$$

und so ist

$$\mathbb{E}\left(S_j^2 \mathbb{1}_{A_j}\right) \leq \mathbb{E}\left(S_n^2 \mathbb{1}_{A_j}\right) + 2\mathbb{E}\left((S_n - S_j)S_j \mathbb{1}_{A_j}\right).$$

Nun ist aber

$$S_n - S_j = \sum_{k=j+1}^{n} X_k$$

unabhängig von den X_l für $l < j + 1$ und damit unabhängig von $S_j \mathbb{1}_{A_j}$. Also

$$\mathbb{E}\left((S_n - S_j)S_j \mathbb{1}_{A_j}\right) = \mathbb{E}\left(S_n - S_j\right)\mathbb{E}\left(S_j \mathbb{1}_{A_j}\right) = 0.$$

Also bleibt

$$\mathbb{P}\left(\bigcup_{j=1}^{n} A_j\right) \leq \frac{1}{\varepsilon^2}\mathbb{E}\left(S_n^2\left(\sum_{j=1}^{n} \mathbb{1}_{A_j}\right)\right) \leq \frac{1}{\varepsilon^2}\mathbb{E}\left(S_n^2\right).$$

Und das wollten wir ja zeigen.

Hamiltonsche Mechanik und Typizität 12

Um ein vollständiges Bild der Typizität zu entwickeln, müssen wir zum Anfang des Buches zu Bemerkung 4.15 zurückkehren und am Beispiel der erfolgreichsten physikalischen Theorie, nämlich der Newtonschen Mechanik, erklären, wie das physikalische Gesetz das Typizitätsmaß bestimmen kann. Denn wer oder was könnte sonst das Typizitätsmaß bestimmen? Auf keinen Fall wir, denn dann würde die typische Münzwurffolge entweder nicht im Einklang mit unserer Erfahrung sein oder, wenn sie es sein sollte, hätten wir keine Erklärung für diese Übereinstimmung.

12.1 Dynamische Systeme und Stationarität

Unser Bild von Typizität ist eng mit dem Wirken von Ludwig Boltzmann verbunden, denn im Wesentlichen erklären wir seine Sichtweise. Als physikalische Theorie nehmen wir die Newtonsche Mechanik, wobei das, was wir hier zu sagen haben, (in angepasster Form) für *jede* physikalische Theorie gilt, und die wird ein *dynamisches System* $(\Omega, \mathcal{B}(\Omega), T, \mathbb{P})$ sein. Ein dynamisches System beinhaltet den Typizitätsraum $(\Omega, \mathcal{B}(\Omega), \mathbb{P})$ und eine Abbildung $T : \Omega \mapsto \Omega$, die maßerhaltend ist, d. h., $\mathbb{P}$ ist stationär bzgl. T. Wir haben diese Eigenschaft schon in Definition 4.5 gegeben und wiederholen: Gegeben sei ein Maß $\mathbb{P}$ und eine Abbildung T, die uns durch Hintereinanderausführung eine „Zeitentwicklung" $T^n := T \circ T \circ T \dots, (n \in \mathbb{N})$ definiert, dann ist (logischerweise) das von T *transportierte Maß* nach einem Zeitschritt

$$\mathbb{P}_1(A) := \mathbb{P}(T^{-1}(A)).$$

Nun kann man nach einem speziellen Maß suchen, nämlich nach einem *stationären* Maß, das heißt, einem Maß, das sich unter dem Transport von T nicht ändert, also $\mathbb{P}_1(A) = \mathbb{P}(A)$ und damit $\mathbb{P}(A) = \mathbb{P}(T^{-1}(A))$ für alle (messbaren) A ist. Das hat

© Springer-Verlag Berlin Heidelberg 2017
D. Dürr et al., *Einführung in die Wahrscheinlichkeitstheorie als Theorie der Typizität*, DOI 10.1007/978-3-662-52961-4_12

dann zur Folge, dass Typizität zu jeder Zeit (wenn man T^n als zeitliche Entwicklung deutet) mit demselben Maß definiert wird. Der Begriff der Typizität ist dann zeitlos. Diese Eigenschaft ist für die physikalische Typizität von elementarer Bedeutung, ohne sie wäre eine statistische Physik nicht denkbar. Deswegen nochmal genauer:

Definition 12.1. Das Maß $\mathbb{P}$ heißt stationär, wenn für alle $A \in \mathcal{F}$ und t als Zeit

$$\mathbb{P}_t(A) = \mathbb{P}(A). \tag{12.1}$$

12.2 Newtonsche Mechanik

Das T der Newtonschen Mechanik ist durch die Newtonschen Gesetze gegeben: T beschreibt die Bewegung von Punktteilchen. Newtonsche Mechanik ist eine Theorie zweiter Ordnung, das heißt, die dynamischen Grundgleichungen für die Teilchenorte $q_i \in \mathbb{R}^3$ als Funktionen der Zeit sind Differentialgleichungen zweiter Ordnung:

$$m_i \frac{\mathrm{d}^2 q_i}{\mathrm{d}t^2} = K_i(q_1, \ldots, q_N), \quad i = 1, \ldots, N, \tag{12.2}$$

mit den Parameter m_i, Massen genannt, und K als Gravitationskraft in der fundamentalen Formulierung

$$K_i(q_1, \ldots, q_N) = \sum_{i \neq j} G m_i m_j \frac{q_j - q_i}{|q_j - q_i|^3}$$

und der Gravitationskonstanten G. Der Zustandsraum der Newtonschen Mechanik eines N-Teilchensystems ist $\mathbb{R}^{6N}$, denn zur Angabe des Zustandes (die notwendigen Anfangsdaten zur eindeutigen Bestimmung der zeitlichen Entwicklung T) benötigt man die Orte und Geschwindigkeiten aller Teilchen. Man kann die Differentialgleichung zweiter Ordnung auf dem Zustandsraum $\mathbb{R}^{6N}$ zu einer Differentialgleichung erster Ordnung reduzieren, und aus Bequemlichkeit führt man

$$(q, p) := (q_1, \ldots, q_N, p_1, \ldots, p_N), \quad p_i = m_i \dot{q}_i \left(:= m_i \frac{\mathrm{d}q_i}{\mathrm{d}t} \right)$$

ein und nennt $\Gamma = \mathbb{R}^{3N} \times \mathbb{R}^{3N}$ den *Phasenraum* der Punkte (q, p). Aus (12.2) wird

$$\begin{aligned} \dot{q} &= m^{-1} p \\ \dot{p} &= K(q) = (K_1(q_1, \ldots, q_N), K_2(q_1, \ldots, q_N), \ldots), \end{aligned} \tag{12.3}$$

wobei m die Massenmatrix (eine Diagonalmatrix mit den m_i als Diagonalelementen) ist.

12.3 Hamiltonsche Formulierung

Im Fall der Gravitation – und in vielen anderen Fällen – ist $K = -\nabla V$, also ein Gradient eines Potentials. Damit wird (12.3) schreibbar als

$$\dot{q} = \frac{\partial H}{\partial p}(q, p)$$
$$\dot{p} = -\frac{\partial H}{\partial q}(q, p) \qquad (12.4)$$

mit der sogenannten Hamilton-Funktion[1]

$$H(q, p) = \frac{1}{2}\langle p, m^{-1}p\rangle + V(q) = \frac{1}{2}\sum_{i=1}^{N}\frac{p_i^2}{m_i} + V(q_1, \ldots, q_N). \qquad (12.5)$$

Wir sollten die zur Newtonschen Mechanik äquivalente Hamiltonschen Formulierung (12.4) und (12.5) als eigenständige Formulierung der Mechanik, nämlich als *Hamiltonsche Mechanik* annehmen.

Bemerkung 12.1. Hamiltonsche Mechanik ist in einem handfesten Sinne unromantischer als Newtonsche Mechanik, denn gegeben die Hamilton-Funktion (die man als a priori gegeben ansehen kann), sieht die Mechanik nun so aus: Die Hamilton-Funktion eines N-Teilchen-Systems $H(q, p)$ erzeugt auf dem Phasenraum Γ ein Vektorfeld

$$v^H(q, p) = \begin{pmatrix} \frac{\partial H}{\partial p}(q, p) \\ -\frac{\partial H}{\partial q}(q, p) \end{pmatrix} = \begin{pmatrix} \frac{\partial H}{\partial p_1}(q, p) \\ \frac{\partial H}{\partial p_2}(q, p) \\ \vdots \\ \frac{\partial H}{\partial p_N}(q, p) \\ -\frac{\partial H}{\partial q_1}(q, p) \\ -\frac{\partial H}{\partial q_2}(q, p) \\ \vdots \\ -\frac{\partial H}{\partial q_N}(q, p) \end{pmatrix}.$$

Im rechten Vektor bedeutet $\frac{\partial H}{\partial q_k}(q, p)$ die Bildung des Gradienten nach Vektor q_k, also eine Ableitung nach drei Koordinaten. Analoges gilt für die Ableitung nach p_k. Die Gleichungen aus (12.4) besagen nun: Die Integralkurven an dieses Vektorfeld (das Vektorfeld definiert die Tangenten von den Integralkurven) ergeben die zeitliche Entwicklung der möglichen Zustände

---

[1]Diese wurde von William Rowan Hamilton (1805–1865) eingeführt und zu Ehren von Christiaan Huygens (1629–1695) mit dem Symbol H notiert.

$$(Q(t), P(t)) = (Q_1(t), \ldots, Q_N(t), P_1(t), \ldots, P_N(t)), t \in \mathbb{R}$$

des Systems, wobei das Tupel $(Q_k(t), P_k(t))$ den Ort und die Geschwindigkeit (eigentlich den Impuls) des k-ten Teilchens zur Zeit t darstellt. Wir haben also ein ziemlich unanschauliches Bild von Kurven (Systembahnen) in einem hochdimensionalen Raum. Wenn man bei den Teilchen an Gasmoleküle denkt, dann hat der Raum in etwa 10^{24} Dimensionen. Warum nannten wir das Bild unromantisch? In der Newtonschen Mechanik spricht man von Anziehung von Massen und davon, dass Massen mit Kräften aufeinander einwirken. Die Teilchen tragen also recht menschliche Züge. All das ist im Hamiltonschen Bild verschwunden. Da ist nur noch die Hamilton-Funktion, die ein Vektorfeld erzeugt.

Als *Hamiltonschen Fluss* $\left(T_t^H\right)_{t \in \mathbb{R}}$ auf Γ bezeichnen wir die Abbildungen von „Anfangswerten" (q, p) auf die Werte zur Zeit t entlang der Bahnen:

$$T_t^H : \Gamma \to \Gamma, \quad (q, p) \mapsto (q(t, (q, p)), p(t, (q, p))), t \in \mathbb{R}$$

mit $q(0, (q, p)) = q, p(0, (q, p)) = p$ und

$$\frac{\mathrm{d}T_t^H(\omega)}{\mathrm{d}t} = v^H\left(T_t^H(\omega)\right), \quad \omega = (q, p). \tag{12.6}$$

Bemerkung 12.2. Hier haben wir also eine kontinuierlich laufende Zeit im Gegensatz zur diskreten Version T^n von oben. Man kann natürlich leicht von der kontinuierlichen Zeit zur diskreten Zeit kommen, indem man nur $t \in \mathbb{Z}$ anschaut. Man nennt die damit verbundene Reduktion des Flusses auf diskrete Zeit oft *time one map*.

Um Hamiltonsche Mechanik als dynamisches System zu sehen, fehlt uns nur noch ein stationäres Maß $\mathbb{P}$, denn wir haben ja bereits $\Omega = \Gamma$, $\mathcal{F} = \mathcal{B}(\Gamma)$ und T_t^H.

12.4   Kontinuitätsgleichung und Typizitätsmaß

Wir unterdrücken den Index H an T_t und betrachten die Stationaritätsforderung (12.1) in der Form

$$\int f(T_t(\omega))\, \mathrm{d}\mathbb{P}(\omega) = \int f(\omega)\mathrm{d}\mathbb{P}(\omega). \tag{12.7}$$

Die ist mit $f = \mathbb{1}_A$

$$\mathbb{P}_t(A) := \mathbb{P}(T_{-t}(A)) = \mathbb{P}(A).$$

Nebenbei bemerke man, dass der Hamiltonsche Fluss invertierbar ist:

$$T_{-t} T_t = \text{id}$$

Wie kann man (12.7) zur Findung von $\mathbb{P}$ verwerten? Mit dem Trick, dass man (12.7) in eine Differentialgleichung umschreibt. Dazu müssen wir allerdings annehmen, dass $\mathbb{P}$ eine Dichte hat, also $\mathbb{P}(d\omega) = \rho(\omega)d\omega$. Das ist eine plausible Annahme, immerhin ist $\Omega = \Gamma$ ein Kontinuum. Aus (12.7) wird dann zunächst

$$\int f(\omega)\rho(\omega,t)d\omega := \int f\left(T_t(\omega)\right)\rho(\omega)d\omega = \int f(\omega)\rho(\omega)d\omega. \qquad (12.8)$$

Links haben wir die *zeitabhängige Dichte* $\rho(\omega,t)$ definiert. Sie ergibt sich einfach durch Substitution $\omega \rightarrow T_t(\omega)$. Es ist die Dichte des durch T_t transportierten Maßes $\mathbb{P}_t$.

Bemerkung 12.3. Wenn wir uns davon ein Bild machen wollen, dann denke man daran, dass jede Flussline des Hamiltonschen Flusses auf Ω eine Systembahn ist, also die zeitliche Entwicklung des N-Teilchen-Systems. Das Maß können wir als *kontinuierliche* Gewichtung der Systembahnen sehen, und der Fluss transportiert diese Gewichtung. Dadurch, dass die Bahnen auseinandergehen oder enger zusammenrücken (sie können sich nie schneiden, weil die Bahnen durch ein Vektorfeld definiert werden), wird die kontinuierliche Gewichtung in ihrer Form verändert. Diese Form wird durch $\rho(\omega,t)$ ausgedrückt.

Die Dichte $\rho(\omega,t)$ erfüllt eine Differentialgleichung, die man auch Transportgleichung, genauer *Kontinuitätsgleichung* nennt. Um zu der zu kommen, differenzieren wir die linke Seite und die Mitte von (12.8) nach t und erhalten mit der Kettenregel

$$\int f(\omega) \frac{\partial \rho(\omega,t)}{\partial t} d\omega = \int \frac{dT_t(\omega)}{dt} \cdot \nabla f\left(T_t(\omega)\right) \rho(\omega)d\omega, \qquad (12.9)$$

wobei der Punkt für das Skalarprodukt in $\mathbb{R}^{6N}$ steht. Da gemäß (12.6)

$$\frac{dT_t(\omega)}{dt} = v\left(T_t(\omega)\right),$$

steht in (12.9) rechts

$$\int \rho(\omega)v\left(T_t(\omega)\right) \cdot \nabla f\left(T_t(\omega)\right) d\omega,$$

was gemäß der Definition von $\rho(\omega, t)$ in (12.8)

$$= \int \rho(\omega, t) v(\omega) \cdot \nabla f(\omega) \mathrm{d}\omega,$$

und partielle Integration liefert (wir können annehmen, dass f schnell abfallend gegen null bei unendlich ist)

$$= - \int f(\omega) \mathrm{div}(v(\omega)\rho(\omega, t)) \mathrm{d}\omega.$$

Also wird (12.9) zu

$$\int f(\omega) \frac{\partial \rho(\omega, t)}{\partial t} \mathrm{d}\omega = - \int f(\omega) \mathrm{div}(v(\omega)\rho(\omega, t)) \mathrm{d}\omega.$$

Da f beliebig ist, lesen wir die Kontinuitätsgleichung ab:

$$\frac{\partial \rho(\omega, t)}{\partial t} = -\mathrm{div}(v(\omega)\rho(\omega, t)). \qquad (12.10)$$

Bemerkung 12.4. Die Gleichung besagt, dass „keine Masse" (Masse im Sinn von Gewichtung) verloren geht: Integration von (12.10) über ein Volumen V im Phasenraum Γ bringt mit dem Gaußschen Satz

$$\frac{\partial}{\partial t} \int_V \rho(\omega, t) \mathrm{d}\omega = - \int_{\partial V} \rho(\omega, t) v(\omega) \cdot \mathrm{d}\sigma,$$

wobei rechts das Oberflächenintegral steht. Die Änderung der „Masse" im Phasenraumvolumen V kann also nur durch Aus- oder Einströmen durch den Rand ∂V von V geschehen. Die Gleichung (12.10) lautet kurz

$$\frac{\partial \rho}{\partial t} + \mathrm{div} J = 0,$$

wobei $J := \rho v$ der „Strom" im Phasenraum ist.

Jetzt weiter mit der Stationaritätsforderung (12.8). Wir suchen eine stationäre (zeitunabhängige) Lösung $\rho(\omega, t) = \rho(\omega)$ der Kontinuitätsgleichung (12.10) für das Hamiltonsche Vektorfeld v^H. Mit der Produktregel kommt

$$\frac{\partial \rho(\omega, t)}{\partial t} = -\mathrm{div}(v^H(\omega)\rho(\omega, t)) = -\rho(\omega, t)\mathrm{div}(v^H(\omega)) - \mathrm{grad}\rho(\omega, t)v^H(\omega).$$

Was aber ist $\mathrm{div}(v^H(\omega))$?

$$\operatorname{div} v^H = \left(\frac{\partial}{\partial q}, \frac{\partial}{\partial p} \right) v^H = \begin{pmatrix} \frac{\partial}{\partial q} \\ \frac{\partial}{\partial p} \end{pmatrix} \cdot \begin{pmatrix} \frac{\partial H}{\partial p} \\ -\frac{\partial H}{\partial q} \end{pmatrix}$$

$$= \begin{pmatrix} \frac{\partial}{\partial q_1} \\ \vdots \\ \frac{\partial}{\partial q_N} \\ \frac{\partial}{\partial p_1} \\ \vdots \\ \frac{\partial}{\partial p_N} \end{pmatrix} \cdot \begin{pmatrix} \frac{\partial H}{\partial p_1} \\ \vdots \\ \frac{\partial H}{\partial p_N} \\ -\frac{\partial H}{\partial q_1} \\ \vdots \\ -\frac{\partial H}{\partial q_N} \end{pmatrix} = \frac{\partial^2 H}{\partial q \partial p} - \frac{\partial^2 H}{\partial p \partial q} = 0$$

Diese Tatsache ist bekannt als *Liouvillescher Satz*.

Satz 12.1. *Liouvillescher Satz*

$$\operatorname{div} v^H = 0.$$

Damit haben wir sofort eine stationäre Lösung der Kontinuitätsgleichung für den Hamiltonschen Fluss, denn die verbleibende Gleichung

$$\frac{\partial \rho(\omega, t)}{\partial t} = -\operatorname{grad} \rho(\omega, t) v^H(\omega) = -\nabla \rho(\omega, t) \cdot v^H(\omega) \tag{12.11}$$

wird durch $\rho = $ konstant gelöst! Das bedeutet, dass das Lebesgue-Maß $d\omega = d^{3N} q d^{3N} p$ auf dem N-Teilchenphasenraum ein stationäres Maß ist. Nun, das sollte uns freuen. Gleich das erste physikalische Beispiel liefert das natürlichste Maß überhaupt – das Volumen! Der Hamiltonsche Fluss auf dem Phasenraum ist also, ganz handfest ausgedrückt, *volumenerhaltend*.

Bevor wir das weiter diskutieren, stellen wir die Frage, ob es noch mehr offenbare stationäre Maße gibt. Rechts in (12.11) steht:

$$v^H \cdot \nabla \rho = \left(\frac{\partial H}{\partial p} \cdot \frac{\partial}{\partial q} - \frac{\partial H}{\partial q} \cdot \frac{\partial}{\partial p} \right) \rho$$

$$= \left(\dot{q} \cdot \frac{\partial}{\partial q} - \dot{p} \cdot \frac{\partial}{\partial p} \right) \rho(q, p)$$

$$= \frac{d}{dt} \rho(q(t), p(t)).$$

Und das ist die Veränderung der Funktion ρ entlang der Systembahnen. Wir suchen also Funktionen, die entlang der Bahnen konstant sind. Eine solche Funktion ist $H(q, p)$ selbst – das ist die Energieerhaltung (und die ist offenbar, wenn man sie einmal zur Übung gezeigt hat). Damit bleibt auch jede Funktion $f(H(q, p))$ erhalten.

Beispiel 12.1. Eine in der statistischen Physik oft benutzte Wahl für das Maß ist die kanonische Verteilung, die wir bereits mehrere Male benannt haben, nämlich

$$\rho = f(H) = \frac{e^{-\beta H}}{N(\beta)}, \tag{12.12}$$

wobei β thermodynamisch als $\beta = \frac{1}{k_B T}$ interpretiert wird. $N(\beta)$ ist die Normierung. Warum diese Funktion eine ausgezeichnete Rolle spielt, haben wir schon in Abschn. 10.2.2 für das ideale Gas (also $V = 0$) vorgeführt. Wir sagen nachher noch mehr dazu.

Zurück zum Volumenmaß. Die Energieerhaltung zerlegt den Phasenraum Ω in Schalen konstanter Energie Ω_E:

$$\Omega_E = \{(q, p) : H(q, p) = E\} \quad \text{und} \quad \Omega = \bigcup_E \Omega_E.$$

Wenn wir also ein isoliertes System im Kopf haben, also eines, das mit seiner Umgebung keinen Austausch irgendeiner Art hat, dann bewegt sich das System immer auf einem der Ω_E. Damit ist auch das folgende Maß $\mathbb{P}_E$ erhalten, welches formal durch die „Dichte"

$$\rho_E = \frac{1}{N} \delta(H(q, p) - E), \quad N = \text{Normierung}, \tag{12.13}$$

gegeben ist. Dies ergibt mit dem Volumenelement $d^{3N}q \, d^{3N}p$ ein Inhaltsmaß auf der Energiefläche Ω_E, das allerdings im Allgemeinen nicht einfach durch das natürliche Oberflächenmaß gegeben ist, wie es z. B. beim idealen Gas der Fall ist (vgl. Abschn. 10.2.2). Da war die Oberfläche die einer Kugel, was nicht immer der Fall sein wird. Man kann aber leicht mit den Rechenformeln der δ-Funktion ausrechnen, dass das Oberflächenmaß die Gestalt (12.14) (s. u.) hat. Statt die Formeln zu benutzen, berechnen wir es jetzt auf anschauliche Weise.

Das Volumenelement $d^{3N}q \, d^{3N}p$ wird in Ω zerlegt in das Oberflächenelement $d\sigma_E$ auf Ω_E und den dazu senkrechten Koordinatenabstand l, gegeben durch

$$\|\text{grad} H\| dl = dH = dE,$$

beachtend, dass $\text{grad} H$ ebenfalls senkrecht auf den Energieflächen steht und dE den Abstand zweier Energieschalen Ω_E und Ω_{E+dE} darstellt (siehe Abb. 12.1). Zudem ist

$$\|\text{grad} H\|^2 = \sum_{i=1}^{N} \left(\frac{\partial^2}{\partial q_i^2} H + \frac{\partial^2}{\partial p_i^2} h \right).$$

Abb. 12.1 Transport von
Phasenraumvolumen
zwischen zwei
Energieschalen

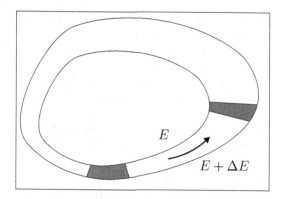

Nun ist

$$d^{3N}q\, d^{3N}p = d\sigma_E\, dl$$

erhalten, aber ebenso dH, und deswegen schreiben wir die rechte Seite als

$$d\sigma_E\, \frac{dH}{\|\operatorname{grad} H\|},$$

sodass nun auch

$$\frac{d\sigma_E}{\|\operatorname{grad} H\|} \tag{12.14}$$

erhalten ist, und das nehmen wir als erhaltenes Oberflächenmaß. Gleichung (12.13) definiert also die Dichte des Maßes $\mathbb{P}_E$ auf der Energiefläche als

$$\mathbb{P}_E(B) = \frac{1}{\int_{\Omega_E} \frac{d\sigma_E}{\|\operatorname{grad} H\|}} \int_B \frac{d\sigma_E}{\|\operatorname{grad} H\|}, \, B \subset \Omega_E. \tag{12.15}$$

12.5   Statistische Hypothese und ihre Begründung

Das Hamiltonsche dynamische System (oder Newtonsche Mechanik) können wir also als Quadrupel $(\Omega_E, \mathcal{F}(\Omega_E), \mathbb{P}_E, T_t^H)$ schreiben. Dabei ist das *Typizitätsmaß* $\mathbb{P}_E$ durch Stationarität ausgezeichnet. Was bedeutet das nun? Wir haben in den Mathematik-Kapiteln die Bedeutung ausführlich besprochen, die wir jetzt im Rahmen einer wirklich physikalischen Theorie noch einmal formulieren wollen.

Wir haben die Newtonsche mechanik eines N-Teilchensystems beschrieben. Dabei kann das System Teilsystem eines anderen Systems sein, entweder in Wechselwirkung mit seiner Umgebung (zum Beispiel durch ein effektives Potential, im Allgemeinen dargestellt durch ein äußeres Potential) oder isoliert von seiner Umgebung. Und gleichgültig, wie groß das System ist, wie viele Teilchen das System umfasst, es ist immer die gleiche Form des physikalischen Gesetzes, die angewandt wird: die Hamiltonsche Mechanik mit einer passenden Hamilton-Funktion. Die Hamiltonsche Formulierung der Mechanik (oder äquivalent die Newtonsche Formulierung) enthält weder eine Limitierung der Teilchenzahl, noch der räumlichen oder zeitlichen Größe der Systeme. Das ist eine Eigenschaft aller bisher bekannten fundamentalen physikalischen Theorien. Sie enthalten weder ein Verfallsdatum noch Größenangaben, ab der die Theorie keine Gültigkeit mehr hat.

Bemerkung 12.5. Das heißt aber nicht, dass eine als fundamental angesehene Theorie nicht durch eine andere ersetzt werden kann. Beispielsweise geht die klassische Physik in der Quantenphysik auf. Man sieht dann an der umfassenden neuen Theorie den Gültigkeitsbereich der alten. In der Relativitätstheorie verliert die alte Galileische Theorie (Newtonsche Mechanik) ihre Gültigkeit, wenn die Geschwindigkeiten sich der Lichtgeschwindigkeit nähern, in der Quantenmechanik wird die alte Theorie untauglich, wenn z. B. die klassische Wirkung in die Größenordnung des Planckschen Wirkungsquantums $\hbar$ kommt.

Was aber ist mit dem Maß $\mathbb{P}$? Kann man das auf das größtdenkbare System anwenden, nämlich auf das Universum selbst? Wenn wir statistische Physik betreiben, dann meinen wir damit die statistische Beschreibung eines *Ensembles* von gleichartigen Teilsystemen unseres Universums. Ein solches Ensemble wird auch *Gesamtheit* genannt und wir können eine *statistische Hypothese* über dieses Ensemble aufstellen – eine Hypothese darüber, wie sich zum Beispiel die relativen Häufigkeiten von relevanten Systemwerten darstellen. Die Hypothese beschreibt ein sogenanntes Gleichgewichtsverhalten. Dieser Begriff kommt aus der Thermodynamik und beschreibt thermodynamische Systeme, die sich zeitlich nicht verändern.

Bemerkung 12.6. Viele, für die Wahrscheinlichkeit etwas mit Ensembles und empirischen Häufigkeiten zu tun hat, sind geneigt, an Ensembles von Universen und an empirische relative Häufigkeiten darin zu denken, um überhaupt Wahrscheinlichkeit anwenden zu können. Aber das ist blanker Unsinn. Wofür und für wen sollte das gut sein? Wir erleben nur ein einziges Universum! Es macht also keinen Sinn, eine *statistische Hypothese* über ein Ensemble von „parallel existierenden" Universen auszusprechen.

Man formuliert eine statistische Hypothese üblicherweise für ein Teilsystem, aber man hat immer ein Ensemble von solchen gleichartigen Teilsystemen im Kopf. Das kann ein Ensemble von gleichartigen, räumlich getrennten Systemen sein oder ein zeitliches Ensemble dieses Systems, so wie wir es bei einem Münzwurfexperiment denken können: viele Münzen auf einmal oder eine Münze viele Male hintereinander geworfen. Was wäre eine vernünftige statistische Hypothese für ein N-Teilchensystem (als Teilsystem des Universums) mit Hamilton-Funktion H? Als natürliche Wahl erscheint die, die durch das stationäre Maß gegeben ist. Und da haben wir mehrere Möglichkeiten. Wir können einfach das Lebesgue-Maß auf dem Phasenraum $\Gamma = \mathbb{R}^{3N} \times \mathbb{R}^{3N}$ nehmen, aber wenn es sich um ein isoliertes System handelt, liegen (12.13) und (12.15) näher. Diese Wahl als statistische Hypothese heißt auch *mikrokanonische Gesamtheit*.

Definition 12.2. Wenn die Koordinaten (q, p) eines isolierten Teilsystems mit Hamilton-Funktion H und Gesamtenergie E gemäß $\mathbb{P}_E$ verteilt sind, spricht man von einer *mikrokanonischen Gesamtheit*.

Die Hypothese lautet also: „In einem Ensemble von gleichartigen isolierten Teilsystemen, alle mit Energie E, ist die empirische Verteilung der Koordinaten (q, p) typischerweise durch $\mathbb{P}_E$ gegeben." Wenn sich nun das Teilsystem in schwacher Wechselwirkung mit einer größeren Umgebung befindet und Energie (Wärme) ausgetauscht werden kann, und für die größere Umgebung das mikrokanonische Typizitätsmaß gültig ist, dann kann man (wie in Abschn. 10.2.2 vorgeführt) die *kanonische Gesamtheit* (12.12) als statistische Hypothese nehmen. Im speziellen Fall des idealen Gases ist die Hamilton-Funktion $H = \frac{1}{2} \sum_i \frac{p_i^2}{m}$ und (12.12) ist dann die Maxwell-Verteilung. Man kann auch die Möglichkeit betrachten, dass nicht nur Energie, sondern auch Teilchen von der Umgebung in das Teilsystem gehen und umgekehrt, sodass auch die Teilchenzahlen fluktuieren, wobei die Teilchendichte konstant bleibt. Das Typizitätsmaß heißt dann die *großkanonische Gesamtheit*. Beim idealen Gas war das die Poisson-Verteilung mit einer Dichte ρ.

Die statistische Hypothese ist also ein mehr oder weniger natürlich erscheinender Ansatz, um statistische Aussagen in der Physik machen zu können. Aber eine Hypothese ist eine Hypothese und aller Natürlichkeit zum Trotz: Man muss die Hypothese begründen – am besten beweisen. Wie kann ein solcher Beweis überhaupt aussehen? Eigentlich wissen wir das schon. Denn wir können zum Beispiel unsere Münzwurfmaschine aus Abschn. 4.2 oder die Galton-Brett-Maschine aus Abschn. 4.6 selbst als Universum ansehen und schließen: Es muss gezeigt werden, dass in einem *typischen Universum*, d.h. in den allermeisten Universen gilt, dass die empirische Verteilung der Koordinaten (q, p) für ein Ensemble von (kleinen) Subsystemen ungefähr gleich der Verteilung der statistischen Hypothese ist. Und das wird über ein Gesetz der großen Zahlen auszudrücken sein. Und nun ist die Frage, typisch bezüglich welchen Maßes? Hier greift nun statt eines Hinweises auf Natürlichkeit eine viel tiefere Einsicht. *Das Typizitätsmaß für das Universum wird von dem physikalischen Gesetz bestimmt*, alles andere würde weitere Erklärungsnot erzeugen und weitere Begründungen nach sich ziehen. Jetzt erscheint die Forderung der Stationarität des Maßes in einem ganz neuen Licht. Der Fluss vertritt das physikalische Gesetz und die Forderung der Stationarität bestimmt ein besonderes Maß. Wir haben zwar verstanden, dass das stationäre Maß nicht eindeutig ist, aber das liegt eher an der Art des Gesetzes als an der Grundidee, denn wir werden z. B. im Kapitel zur Quantenmechanik (eine ganz neue Mechanik) ein eindeutiges Maß bekommen.

Bemerkung 12.7. Wir wollen Folgendes nochmals bemerken: Man muss das Maß $\mathbb{P}_{H_U}$ auf dem Phasenraum des größtmöglichen Systems überhaupt – dem Universum –, wo es ein reines Typizitätsmaß ist, von dem Begriff der Wahrscheinlichkeit trennen, ein Begriff, der etwas diffus ist und mit relativen Häufigkeiten oder Glaubensstärken verbunden werden kann. Man kann ihn aber gefahrlos mit der statistischen Hypothese $\mathbb{P}_{H_T}$ für ein Teilsystem benutzen. (H_U steht hier für die Hamilton-Funktion des Universums und H_T für diejenige des Teilsystems.)

Um die statistische Hypothese zu begründen, müssen wir also das Teilsystem – besser, das Ensemble von Teilsystemen – als Teil des Universums ernst nehmen. Wenn ω die Phasenkonfiguration des Universums darstellt, dann enthält dieses ω die Konfigurationen der Teilsysteme, die das Ensemble bilden, also $\omega = (\omega_E, \omega_R)$, mit ω_E als Konfigurationen aller Ensemble-Systeme und ω_R als Konfiguration des Restes. Das N-Teilchensystem (d. h. jedes der M gleichartigen Ensemblemitglieder) hat eine Konfiguration $\omega_{S_i}, i = 1, \ldots, M$, die in ω_E enthalten ist. Jedes Teilsystem im Ensemble wird durch die Hamilton-Funktion H_T beschrieben. Sei $f_{\text{emp}}^M(\omega)$ ein empirisches Mittel für eine physikalische Größe f des Teilsystems, also

$$f_{\text{emp}}^M(\omega) = \frac{1}{M} \sum_{i=1}^{M} f(\omega_{S_i}).$$

Zum Beispiel kann

$$f(\omega_{S_i}) = \sum_{k=1}^{N} \frac{p_{S_i,k}^2}{2m_k}$$

die kinetische Energie des Systems i sein. Die Begründung der statistischen Hypothese (z. B. für die mikrokanonische Gesamtheit) würde man dann als Gesetz der großen Zahlen formulieren:

Satz 12.2. *Beispiel einer Begründung für das mikrokanonische Ensemble*
Für alle $\varepsilon > 0$ und $\delta > 0$ existiert eine Zahl M, sodass für alle $n \geq M$ gilt:

$$\mathbb{P}_{H_U}\left(\left\{\omega : \left| f_{\text{emp}}^n(\omega) - \int_{\Omega_E^S} f(\omega_S) \mathrm{d}\mathbb{P}_E(\omega_S) \right| > \varepsilon\right\}\right) < \delta$$

Bemerkung 12.8. Es mag etwas sophistisch klingen, aber wir müssen anmerken, dass die Formulierung der Aussage nicht ganz zielgerichtet ist. Der Grund ist ziemlich hinterlistig: Es könnte sein, dass in typischen Universen gar keine interessanten Subsysteme existieren und keine Ensembles, an denen relative Häufigkeiten gemessen werden können. Wenn typische Universen derart sind, dann hat deren Menge großes Maß, wohingegen die Universen, in denen Subsysteme der interessanten Art existieren, eine Menge mit kleinem Typizitätsmaß bilden, also untypisch sind. Aber da in Satz 12.2 nur solche Universen betrachtet werden, in denen die empirischen Häufigkeiten abgefragt werden, müssten wir das Typizitätsmaß auf die Menge einschränken, d. h. bedingen. Erst das bedingte Typizitätsmaß liefert eine starke Aussage.

Es ist bemerkenswert, dass dieses Theorem oder ein ähnliches nicht in den Physikbüchern steht. Es ist klar, dass es i.A. sehr schwer ist, einen Beweis zu führen (schon die analoge Aussage für das Galton-Brett ist extrem schwer zu beweisen). Aber das ist gar nicht der Hauptgrund, dass es nirgendwo steht. Der Hauptgrund ist, dass es gar nicht zu unseren Erfahrungen zu passen scheint. Wir erleben tagtäglich Verletzungen der statistischen Hypothese: Wir bringen Kaffeewasser zum Kochen, kühlen Wasser zu Eis, wir füllen Gas unter hohem Druck in Gasflaschen, ja wir Menschen selbst stellen eine Ansammlung von Molekülen dar, die untypisch ist. Im Großen und Ganzen erscheint fast alles untypisch. So untypisch sogar, dass man davon ausgehen könnte, dass unser Universum untypisch ist. Dieses Problem wollen wir im nächsten Kapitel näher ausführen.

Irreversibilität und Entropie 13

Bevor wir auf die schweren Gedanken vom Ende des vorigen Kapitels eingehen, wollen wir etwas weiter ausholen:

Gas dehnt sich aus, Wärme geht vom wärmeren zum kälteren Körper über und es passiert nicht, dass Gas von sich aus zurück in die Gasflasche strömt oder Wärme vom kälteren zum wärmeren Körper. Die Phänomenologie von thermodynamischen Systemen mit sehr vielen Materieteilchen, wie eben das Gas oder eine Flüssigkeit oder ein Festkörper, scheint dem Charakter der zugrunde liegenden mechanischen Theorie von Materieteilchen zu widersprechen. Denn die grundlegenden physikalischen Gesetze enthalten *keine* Auszeichnung einer Zeitrichtung. Sie sind, so sagt man, *zeitumkehrinvariant.* (Wir definieren gleich noch genau, was das bedeutet.) Gemäß den fundamentalen physikalischen Gesetzen könnten also genauso gut die umgekehrten Prozesse stattfinden, d. h., der kältere könnte genauso gut den wärmeren Körper noch weiter erwärmen oder das Gas könnte in die Flasche zurückkehren. Aber das passiert eben nicht. Diese Prozesse definieren damit in diesem Sinne einen Zeitpfeil. Wie kann dann z. B. Hamiltonsche Mechanik ein solches Gasverhalten erklären? Die Erklärung geht auf Ludwig Boltzmann zurück und hat etwas mit dem Untypischen zu tun, eigentlich genau mit dem, was uns nichts angehen sollte. Und mit der Erklärung stoßen wir am Ende auf eine der ganz schweren Fragen der Physik.

13.1 Irreversible Phänomene

Wir haben gesagt, die zugrunde liegenden physikalischen Gesetze sind zeitumkehrinvariant. *Zeitumkehrinvarianz* bedeutet, dass jede Bewegung von Materie, die wir in der Regel als Funktion der Zeit durch eine Phasenraumkurve beschreiben, auch in der umgekehrten Zeitrichtung durchlaufen werden kann. Der umgekehrte Durchlauf ist ebenfalls mit den Gesetzen vereinbar. Man filme zum Beispiel ein

© Springer-Verlag Berlin Heidelberg 2017
D. Dürr et al., *Einführung in die Wahrscheinlichkeitstheorie als Theorie der Typizität*, DOI 10.1007/978-3-662-52961-4_13

Pendel und lasse den Film rückwärts abspielen. Das merkt niemand. Wir diskutieren hier die Invarianz der Newtonschen Mechanik als Beispiel. Sie gilt aber allgemein. Zeitumkehrinvarianz bedeutet für Newtonsche Mechanik: Wenn $t \to -t$ geht, und damit die Bahn $q(t) \mapsto q(-t) =: q^*(t)$, und $q(t)$ die Newtonschen Gleichungen (12.2) löst, dann ist $q^*(t)$ ebenfalls eine Lösung der Newtonschen Gleichungen. Dies liegt daran, dass nur zweite Ableitungen $\ddot{q} = \ldots$ in der Newtonschen Bewegungsleichung vorkommen, t tritt darin quadratisch auf, d. h. $(-t)^2 = t^2$, und alles bleibt beim Alten. Im Phasenraum (12.4) sieht das so aus:

$$\dot{q} = \frac{p}{m} \to \dot{q}^* = -\frac{p^*}{m}$$

$$\dot{p} = F \to \dot{p}^* = -F.$$

Das heißt, Zeitumkehrinvarianz folgt erst, wenn mit $t \to -t$ auch $(q, p) \to (q, -p)$ einhergeht, und das ist klar, denn Geschwindigkeiten kehren sich um! Wir können also statt Zeitumkehr einfach alle Geschwindigkeiten umkehren, das gibt das gleiche Bild. Das bedeutet aber Folgendes: Wenn man das Gas aus einer Gasflasche unter vollständiger Isolation von der Umgebung in ein Vakuum strömen lässt, verteilt es sich nach einiger Zeit homogen, und wenn es uns dann gelänge, alle Geschwindigkeiten von allen Gasmolekülen umzudrehen, dann würde das Gas wieder in die Flasche zurückkehren. Das sagt das mikroskopische Gesetz. Aber von allein passiert das nicht! Warum? Wie ist die Richtung, in der thermodynamische Prozesse ablaufen, vereinbar mit unseren zeitumkehrinvarianten physikalischen Gesetzen?

Der Begriff „thermodynamisch" ist hier von äußerster Wichtigkeit. Er bedeutet, dass das System aus sehr vielen Teilchen besteht, wie ein Gassystem, wie die Luft im Hörsaal, wie Wasser, wie Erde. Die Kollektion der Orte und Impulse aller Gasteilchen nennen wir *Mikrozustand* des Systems, und der entspricht einem Punkt im Phasenraum. Thermodynamische Systeme können durch wenige Vergröberungen und Parameter charakterisiert werden, z. B. durch Dichte, Energie, Entropie, Temperatur, Viskosität usw. Diese Vergröberungen sind im thermodynamischen System typischerweise durch ihre Erwartungswerte ersetzbar. Die definieren dann den *Makrozustand* des Systems, und die Mikrozustände, nämlich die Phasenraumpunkte selbst, stehen nicht mehr im Fokus. Der *Makrozustand* ist der für unsere groben Sinne zugängliche Zustand des Systems, beim Gas z. B. gekennzeichnet durch die homogene Dichte oder die inhomogene Dichte, wenn das Gas nur die eine Hälfte des Behälters einnimmt. Für ein System, das aus wenigen Teilchen besteht, machen die Begriffe keinen Sinn. Das bedeutet, dass zwischen einem System mit wenigen Teilchen, die sich gemäß Newtonscher (oder Hamiltonscher) Mechanik bewegen, und einem System mit sehr vielen Teilchen, die sich ebenfalls gemäß Newtonscher (oder Hamiltonscher) Mechanik bewegen, ein großer Unterschied in der Phänomenologie bestehen kann. Dieser Unterschied basiert auf Typizität und dem Gesetz der großen Zahlen. Und die einfache Antwort Boltzmanns, warum das Gas ausströmt und sich homogen im Raum verteilt, kennen wir seit Anfang des Buches und lautet: Das ist typisches Verhalten, alles andere wäre untypisch!

Denn wie groß war noch einmal die Anzahl der Realisierungen, bei denen alle Gasmoleküle nur in einer Hälfte des Volumens sind? Lächerlich klein im Vergleich zur typischen Gleichverteilung. Bei 10^{24} Molekülen ist die Schwankung 10^{12}, alles andere ist untypisch. Das ist zwar nur in Anzahlen argumentiert, aber das Bild ist intuitiv klar. Diese mikroskopische Erklärung ist in Abb. 13.1 dargestellt.

Es geht also allein um die Größe von Phasenraummengen. Die Anzahl der Mikrozustände aus unserem Argument kann einfach durch das Maß der Phasenraummenge ersetzt werden, die alle Mikrozustände enthält, die den gewünschten Makrozustand realisieren. Die Phasenraummenge, die dem thermischen *Gleichgewicht* (homogenes Ausfüllen des Behälters) entspricht, hat enorm viel größeres Volumen (ist also typisch) als die Menge, die den in einem Teilbereich des Behälters versammelten Gasmolekülen entspricht (untypisch). Der Übergang von Ma1 zu Ma1(t), welcher mikroskopisch durch den Übergang von typischen (im Untypischen) Konfigurationen Mi1 zu Mi1(t) begründet wird, ist Inhalt der berühmten Boltzmann-Gleichung.

Beispiel 13.1. Wir können das an den Rademacher-Funktionen verdeutlichen. Man betrachte

$$\rho_n(x) = \frac{1}{n} \sum_{k=1}^{n} r_k(x).$$

Das ist eine Vergröberung von $[0, 1)$ und der Wert ist für großes n typischerweise $1/2$ (gemäß dem Gesetz der großen Zahlen (Satz 4.1)), und das besagt, dass die Menge der x, für die $\rho_n(x) \approx 1/2$ ist, Inhalt nahe 1 hat. Wir können diesen Wert des Makrozustandes „Gleichgewicht" nennen. Dagegen hat der Makrozustand zum Wert $\rho_n(x) \approx 1/4$ exponentiell kleines Maß, und zwar exponentiell klein mit der Anzahl n. Das wäre dann analog zu einem „Nichtgleichgewicht".

Eine weitere Eingebung Boltzmanns war es, diese mikroskopische Sichtweise auch für die Erklärung des zeitlich monotonen Verhaltens der Entropie, das wesentlich für die Erklärung der Zeitrichtung von thermischen Prozessen ist, zu nutzen. *Entropie* ist eine thermodynamische Größe, die von Rudolf Clausius (1822–1888) zu Beginn der Theorie der thermischen Prozesse (*Thermodynamik*) als wichtige Zustandsgröße eingeführt wurde:

$$S = \frac{U}{T} - \frac{F}{T} \tag{13.1}$$

Die Entropie S ist mit der sogenannten freien Energie F und mit der Energie U verknüpft, wobei T die Temperatur ist. Über diese thermodynamische Größe ist der zweite Hauptsatz (auch von Clausius formuliert): *Die zeitliche Entwicklung eines isolierten thermodynamischen Systems geschieht nie mit Entropieabnahme.*

Bemerkung 13.1. Der Zustand maximaler Entropie wird *Gleichgewicht* genannt. Die zeitliche Entwicklung ist dann abgeschlossen.

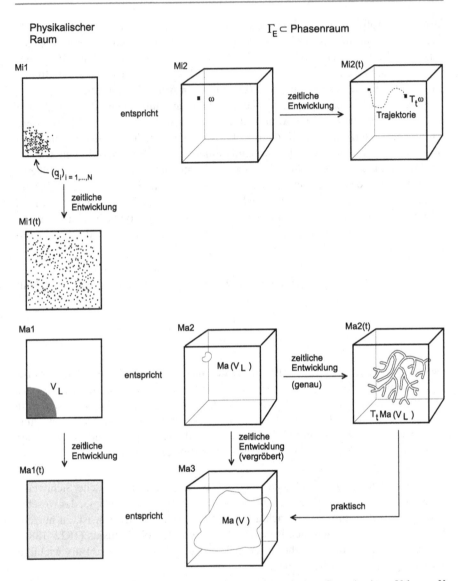

Abb. 13.1 Mikroskopische und makroskopische Entwicklung eines Gases in einem Volumen V hin zum Gleichgewicht. Mi1 ist der Mikrozustand im physikalischen Raum: Alle Gasmoleküle sitzen in einer Ecke des zur Verfügung stehenden Behälters. Mi2 ist der Mikrozustand als Punkt im Phasenraum. Ma1 ist, wie wir mit unseren groben Sinnen Mi1 wahrnehmen, nämlich als Makrozustand mit einer hohen Dichte in der Ecke links unten und sonst Dichte 0. Die filigrane Aufspaltung Ma2(t) ist Konsequenz der Volumenerhaltung des chaotischen Hamiltonschen Flusses

Der Name „Hauptsatz" scheint zu sagen, dass es sich nicht nur um einen wichtigen Satz handelt (das ist sicher wahr), sondern eben auch, dass es sich um einen Satz der Theorie der thermischen Prozesse handelt, also darin bewiesen wurde. Das ist unwahr. Der Hauptsatz ist in der Thermodynamik ein *Prinzip*, das innerhalb *dieser* Theorie nicht weiter erklärbar ist! Aber durch die Reduktion der Thermodynamik auf die Newtonsche Physik, also durch Betrachtung der mikroskopischen Ebene, gelang es Boltzmann, diesem Prinzip eine grundlegende Begründung zu geben.

Bemerkung 13.2. „Es sei betont, dass der zweite Hauptsatz nicht nur eine Erfassung des sinnlich Gegebenen darstellt, sondern hinter ihm steht ein wesentliches Prinzip, dem wir wohl alle intuitiv zustimmen können: Es ist die Unmöglichkeit eines Perpetuum Mobile (zweiter Art). Das besagt grob, dass es keine Maschine gibt, die Arbeit ohne Kosten verrichten kann."

Um den zweiten Hauptsatz mikroskopisch zu erklären, muss man zuerst einmal herausfinden, welche Funktion oder besser Vergröberung auf dem Phasenraum die Entropie darstellt. Die muss dann natürlich die Eigenschaft, die der zweite Hauptsatz aussagt, widerspiegeln. Das ist keine ganz einfache Sache, denn Entropie ist eine bona fide thermodynamische Größe. Wir meinen damit Folgendes: Gewisse thermodynamische Größen sind als Vergröberungen direkt gegeben, z. B. ist die thermodynamische Dichte offenbar die Vergröberung: „empirische Dichte von Teilchen" (im Sinne der Poisson-Verteilung, mit $Q_k(\omega)$ als Ort bzw. $P_k(\omega)$ als Impuls des k-ten Teilchens in der Anfangsbedingung ω)

$$\rho_N^{\text{emp}}(\omega, x)\mathrm{d}^3 x = \frac{1}{N} \sum_{k=1}^{N} \delta(Q_k(\omega) - x)\mathrm{d}^3 x.$$

Energie ist die Vergröberung, die direkt durch die Energieformel

$$E(\omega) = \sum_{k=1}^{N} \frac{P_k(\omega)^2}{2m_k} + V(Q_1(\omega)), \ldots, Q_N(\omega))$$

gegeben ist. Entropie ist anders. Boltzmann identifizierte die Clausius-Entropie eines Systems, das im Makrozustand Ma ist, mit dem zugehörigen Phasenraumvolumen $W(\text{Ma})$, d. h. mit der „Anzahl" der Mikrozustände Mi (die wir auch als „Elementarereignisse ω" schreiben können), die Ma realisieren.[1] Als Formel:

$$S(\omega) = k_B \ln W(\text{Ma}), \tag{13.2}$$

---

[1]Die Redeweise ist hier etwas locker, weil ein Phasenraumvolumen ja eine dimensionsbehaftete Größe ist, d. h., eigentlich steht $W(\text{Ma})$ nicht für das Volumen, sondern für die Maßzahl bezogen auf eine Normierungseinheit. Es lohnt nicht, dies weiter auszuführen.

wobei k_B die Boltzmann-Konstante ist, ein Parameter, der die physikalische Dimension der Entropie fixiert.

Bemerkung 13.3. Diese Definition ist subtil! Warum steht ω nur links und nicht rechts? Weil es rechts in W(Ma) versteckt ist. Ganz genau:

$$W(\text{Ma}) = \lambda(\{\omega : \text{die } \omega \text{ sehen makroskopisch wie Ma aus}\}).$$

Man geht also in der Boltzmannschen Entropie-Definition vom Makrozustand aus, also einer Vergröberung. Das ist gut, denn der Makrozustand ist der thermodynamische Zustand, dessen Clausius-Entropie wir ja bekommen wollen. Der muss in der Definition vorkommen. Dann macht man nur noch eines: Man zählt die Anzahl der Mikrozustände ab, die diesen Makrozustand repräsentieren. Was gewinnen wir damit? Wie im einfachen Beispiel angeführt, eine Erklärung der Entropiezunahme: Man betrachte dazu wieder Abb. 13.1. Der anfängliche Makrozustand Ma1 hat irgendeine Entropie, entsprechend dem Phasenraumvolumen der Menge Ma(V_L). Die Phasenraumpunkte in Ma2 breiten sich aus, wobei die Ausbreitung in Filamenten geschieht, die den gesamten zur Verfügung stehenden Phasenraum durchsetzen (das Gas dehnt sich typischerweise in einer *chaotischen* Manier aus), aber das Volumen der Filamente ist gleich dem vom Ma(V_L) (das Phasenraumvolumen ist erhalten (*Liouvillescher Satz*)). Nun aber: Mit unseren groben Sinnen, d. h. makroskopisch, sehen wir nun den Gleichgewichtszustand Ma1(t), und zu dem gehört ein viel größeres Phasenraumvolumen Ma(V) – die Entropie ist angewachsen.

Nun muss man natürlich erst einmal argumentieren, dass die rechte Seite von (13.2) in der Tat die thermodynamische Entropie ist. Im Hinblick auf (13.1) müssen wir die Verbindung zur Energie herstellen. Eine einfache Argumentation ist folgende: Wir nehmen ein sehr großes System mit Gesamtenergie $E = U$, bestehend aus N Teilchen (N sehr groß). Wir fokussieren jetzt nur auf die Energien, die die Teilchen annehmen können, ohne uns über die Wechselwirkung der Teilchen untereinander Gedanken zu machen. Man denke zum Beispiel an eine Stoßwechselwirkung wie beim Brownschen Teilchen. Man teile dann die Ein-Teilchen-Energie in „Zellen" $E_i, i = 1, \ldots, m$ auf und verteile – rein kombinatorisch – die N Teilchen auf die m Energiezellen. Dann ist $\binom{N}{N_1,\ldots,N_m}$ die Anzahl der Möglichkeiten, bei denen N_1 Teilchen E_1 bevölkern, N_2 Teilchen E_2 und so weiter. Es gibt also $\binom{N}{N_1,\ldots,N_m}$ Mikrozustände, die diesen Makrozustand repräsentieren. Wir suchen nun den Makrozustand, der durch die meisten Mikrozustände realisiert wird. Sei das für $\tilde{N}_1, \tilde{N}_2, \ldots \tilde{N}_m$ erfüllt. Dann käme für (13.2)

$$S = k_B \ln \binom{N}{\tilde{N}_1, \ldots, \tilde{N}_m}.$$

Man muss also den Ausdruck

$$\ln \binom{N}{N_1, \ldots, N_m}$$

unter den Nebenbedingungen

$$\sum_{k=1}^{m} N_k = N; \quad \sum_{k=1}^{m} N_k E_k = U$$

maximieren. Das ist eine einfache Lagrange-Multiplikator-Aufgabe, wobei man die Stirling-Formel verwenden sollte (sonst wird es schwer):

$$\ln \binom{N}{N_1, \ldots, N_m} = \ln \frac{N!}{N_1! \ldots N_m!}$$

$$\approx \left(N \ln N - \sum_{i=1}^{m} N_i \ln N_i \right). \tag{13.3}$$

Man führe nun die Aufgabe aus. Als Ergebnis erhält man

$$\tilde{N}_k = N \frac{e^{\mu E_k}}{Z(\mu)}; \quad Z(\mu) = \sum_{k=1}^{m} e^{\mu E_k},$$

wobei μ der Lagrange-Multiplikator für die Energie-Nebenbedingung ist. Setzt man das in (13.3) ein, bekommt man, wenn man μ mit $-\frac{1}{k_B T}$ identifiziert,

$$S = \frac{U}{T} + \frac{k_b T N \ln Z}{T}.$$

Den zweiten Summanden identifiziert man mit der negativen freien Energie $-F$.

Bemerkung 13.4. Es gibt eine weit verbreitete „mikroskopische" Definition der Entropie von Willard Gibbs, die sogenannte Gibbs-Entropie. Die ist $S_G = -k_B \int \rho \ln \rho d^n p d^n q$, wobei ρ eine Verteilung auf dem Phasenraum ist (also z. B. (12.12)). Die Gibbs-Entropie S_G ist also keine Vergröberung (keine Funktion) auf dem Phasenraum, sie ist ein Funktional von Dichten auf dem Phasenraum. Es ist eine einfache Übung zu sehen, dass sich S_G unter dem Hamiltonschen Fluss nicht ändert. Das hat einige Leute verwirrt, denn damit kann sie niemals anwachsen, wie es der zweite Hauptsatz bei gewissen Prozessen vorsieht. Die Gibbs-Entropie ist eben nicht die Clausius-Entropie oder die Boltzmann-Entropie, sondern der Wert der Gibbs-Entropie gleicht dem Wert der Boltzmann-Entropie für z. B. Gleichgewichtsverteilungen. Viel verwirrender als das ist, dass die Gibbs-Entropie formelmäßig gleich der Informationsentropie von Shannon ist. Und schnell ist man bei der Idee angekommen, dass (12.12) ein Ignoranzmaß ist, und dann gefriert Eis oder bewegt sich ein Brownsches Teilchen nicht mehr, weil es typisch für die Physik ist, sondern typisch für unsere Ignoranz. Aber würde sich das Brownsche Teilchen anders bewegen oder sich das Gas aus der Flasche nicht im Behälter ausbreiten, wenn wir mehr wüssten?

13.2 Die Kritik an der reinen Vernunft

So weit die Boltzmannsche Sicht der makroskopischen Physik und die Erklärung des zweiten Hauptsatzes. Nun zu den Anfeindungen, die Boltzmann erleiden musste und die man auch heute noch ab und zu hören oder lesen kann. Ein Einwand gegen Boltzmanns Einsichten ist der *Umkehreinwand*, der besonders von dem reinen Mathematiker Ernst Zermelo (1871–1953) aufgegriffen wurde. Der geht so: Wir betrachten wieder Abb. 13.1. Das Gas breitet sich von V_L auf ganz V aus.

Bemerkung 13.5. Boltzmann hat diesen Übergang mit seiner berühmten Boltzmann-Gleichung beschrieben, die wie die Wärmeleitungsgleichung (wir denken an die Herleitung aus einem mikroskopischen Modell wie im Kapitel über Brownsche Bewegung) einen irreversiblen Prozess beschreibt – immer im Einklang mit dem zweiten Hauptsatz. Die Boltzmann-Gleichung liefert wie die Wärmeleitungsgleichung eine phänomenologische Beschreibung auf einer makroskopischen Skala.

Nun betrachten wir Mi1 und Ma1 in Abb. 13.1. Wir können Ma1 als für das Gas untypischen Anfangsmakrozustand sehen (da Volumen von Ma2 klein ist) – aber gegeben diesen untypischen Zustand, also unter dem bedingten Typizitätsmaß, entwickeln sich die allermeisten ω, die Ma1 realisieren, effektiv richtig, d. h., sie sehen nach einer gewissen Zeit aus wie Ma1(t). Diese ω sind also speziell, aber nicht zu speziell. Das ist das *Typische im Untypischen*. Aus diesen ω kann man nun überaus spezielle ω' konstruieren, und die sind die Basis des *Umkehreinwandes*. Lässt man nämlich einen typischen (im Untypischen) Anfangszustand eine gewisse Zeit T entwickeln, sodass Ma1(t) realisiert wird, und kehrt dann alle Geschwindigkeiten um, dann bekommt man einen neuen „Anfangszustand", dessen Entwicklung genau falsch verläuft: Das Gas kehrt in der Zeit T in die Ecke zurück. Das ist ein Fakt und widerspricht scheinbar der Boltzmannschen Einsicht. Aber: Der so gewonnene, oder besser, so konstruierte Anfangszustand ist keiner von denen, für die die Herleitung der Boltzmann-Gleichung oder der Brownschen Bewegung gilt! Die Herleitung macht „nur" Aussagen über *typische* Anfangszustände. Typische Mikrozustände, die Ma1(t) realisieren, bleiben im Gleichgewicht. Aber unser konstruierter Zustand ist ein untypischer in Ma1(t), denn Mikrozustände, die sich aus speziellen Makrozuständen entwickeln, *bleiben speziell* (immer unter der Voraussetzung: Isolation von der Umgebung), auch wenn der von ihnen nach einer gewissen Zeit realisierte Makrozustand ein Gleichgewichtszustand ist. Im Gleichgewichtszustand ist die

Spezialität natürlich nicht erkennbar. Erst wenn die Geschwindigkeiten umgedreht werden (oder äquivalent: die Zeit umgekehrt wird), wird das Spezielle sichtbar: Das Gas kehrt in die Ecke zurück. Der Umkehreinwand ist also nur der Hinweis darauf, dass nicht alle Anfangsbedingungen im Untypischen zu einer irreversiblen Entwicklung führen, sondern „nur" die meisten, die typischen. Man kann vielleicht verstehen, dass ein Satz über Typizität einen reinen Mathematiker aus der Bahn werfen kann.

Beispiel 13.2. Wir können das auch an unserer Herleitung der Brownschen Bewegung sehen. Es gibt Anfangskonfigurationen (betrachte Abb. 11.2), für die das typisch diffusive Verhalten des Brownschen Teilchens nicht gilt. Zur Übung gebe man Beispiele. Aber es gibt noch andere sehr spezielle, die man dem Bild nicht sofort entnehmen kann. Was ist das Besondere an den typischen Anfangsbedingungen? In jeder Konfiguration von Gasteilchen startet das Brownsche Teilchen bei null. Das ist hier das Besondere. Und natürlich kommen von links oder rechts im Mittel gleich viele Gasteilchen und jedes neue Gasteilchen, das den Weg des Brownschen Teilchens kreuzt, ist neu, unabhängig von allem, was vor der Begegnung mit dem Brownschen Teilchen geschah. Nun kehre man zu einer großen Zeit T in dem dann vorliegenden Mikrozustand alle Geschwindigkeiten, inklusive die des Brownschen Teilchens, um. Was passiert? Das Brownsche Teilchen wird zur Zeit $2T$ bei null sein, ganz sicher. Keine Verbreiterung, kein diffusives Verhalten. Die typischen Mikrozustände, die sich bis zur Zeit T entwickelt haben, werden unter Zeitumkehr, also Geschwindigkeitsumkehr untypisch! Worin unterscheiden sie sich von den Anfangszuständen, aus denen wir die Brownsche Bewegung abgeleitet haben? Nun, in jedem der ω ist das Brownsche Teilchen zur Zeit T bei $X(T, \omega)$, d. h., bei Geschwindigkeitsumkehr haben wir nun Konfigurationen ω und Orte $X(T, \omega)$, d. h., wir haben eine Korrelation des Brownschen Ortes zur Zeit T mit der Gas-Konfiguration. Auf eine ganz perfide Art sind die so korreliert, dass das Brownsche Teilchen immer zur null läuft. Für solche speziellen Anfangsbedingungen haben wir die Brownsche Bewegung nicht abgeleitet, denn wir hatten dort *immer* zu Anfang das Brownsche Teilchen bei Null und die Konfigurationen der Gasteilchen *unabhängig* von der Setzung dieses Brownschen Teilchens.

Die makroskopische Beschreibung durch *irreversible* Gleichungen, also Gleichungen, die nicht unter Umkehr der Zeit gleich bleiben, beruht also auf *speziellen* Anfangszuständen – die allerdings nicht überspeziell sind. Nun hat Boltzmann bei der Herleitung der Boltzmann-Gleichung, die den makroskopischen Übergang von Gasen ins Gleichgewicht beschreibt, die Anfangsbedingungen nicht als Bedingungen in einem passenden mathematischen Satz formuliert, sondern er hat das Wesen der Typizität durch den sogenannten *Stoßzahlen-Ansatz* ausgedrückt. Heute ist der auch unter dem Namen *molekulares Chaos* bekannt. Im Boltzmannschen Modell hat man kein ausgezeichnetes Brownsches Teilchen, sondern es geht vielmehr um die empirische Dichte der Gasteilchen auf dem Phasenraum. Die empirische Dichte ist bei sehr vielen Gasteilchen nah an der mittleren Dichte (immer wieder das Gesetz der großen Zahlen) und die mittlere Dichte bewegt sich gemäß der Boltzmann-Gleichung. Nun zur Bedingung: Sie besagt grob, dass Teilchen, die aufeinandertreffen und sich stoßen, sich zum ersten Mal treffen oder, genauer gesagt, dass die stoßenden Teilchen stochastisch unabhängig aufeinandertreffen (wie die Gasteilchen aus unserem Beispiel, die das Brownsche Teilchen stoßen). Natürlich sind die Teilchen nach dem Stoß miteinander korreliert. Unter Geschwindigkeitsumkehr kommen dann Konfigurationen heraus, die so speziell sind, dass für sie die Ableitung der Boltzmann-Gleichung nicht gilt.

Bemerkung 13.6. Weil Boltzmann den Stoßzahl-Ansatz verwendet hat, denken viele, dass irgendetwas Geheimnisvolles dahinter verborgen ist. Ist es aber nicht, es ist nur eine Art, die Typizität der Anfangsbedingungen auszudrücken, unter denen dann ein mathematisches Theorem zur Herleitung der Boltzmann-Gleichung bewiesen werden kann, wie es Oscar Lanford (1940–2013) gemacht hat.[2]

Es gab einen zweiten Einwand gegen Boltzmann s „Reduktionismus" und mechanistische Weltsicht. Dieser Einwand ist berühmt als Poincarés *Wiederkehreinwand* und beruht auf einer einfachen Eigenschaft endlicher dynamischer Systeme $(\Omega, \mathcal{B}(\Omega), T, \mathbb{P})$. „Endlich" bedeutet $\mathbb{P}(\Omega) < \infty$, denn $\mathbb{P}$ braucht weder ein normiertes noch ein normierbares Maß zu sein, wenn es uns nur um Stationarität geht. Die Grundeinsicht ist einfach. Man betrachte die zeitliche Entwicklung einer Menge A: $(T^n(A))_{n \in \mathbb{N}}$ und die Vereinigung

$$\bigcup_{n \geq 0} T^n(A).$$

Das ist der ganze „Schlauch", den A im Laufe der Zeit durchfährt. Wegen der Stationarität ist

$$\mathbb{P}\Big(T\Big(\bigcup_{n \geq 0} T^n(A)\Big)\Big) = \mathbb{P}\Big(\bigcup_{n \geq 0} T^n(A)\Big), \quad \text{also}$$

$$\mathbb{P}\Big(\bigcup_{n \geq 1} T^n(A)\Big) = \mathbb{P}\Big(T^0(A) \cup \bigcup_{n \geq 1} T^n(A)\Big) = \mathbb{P}\Big(A \cup \bigcup_{n \geq 1} T^n(A)\Big)$$

mit $T^0 = $ Identität. Also muss A auch bis auf Nullmengen in $\bigcup_{n \geq 1} T^n(A)$ liegen, oder umgekehrt: Der Schlauch $\bigcup_{n \geq 1} T^n(A)$ muss A überdecken. Das gilt für jede Menge A. Das bedeutet doch, dass eine Menge, die von ihrem Schlauch nie mehr überdeckt wird, eine Nullmenge sein muss. Nun denke man bei A an das kleine anfängliche Phasenraumgebiet, aus dem heraus die irreversible Entwicklung

---

[2]Lanford, III, Oscar E. *Time evolution of large classical systems.* In: Dynamical systems, theory and applications. Lecture Notes in Physics, Nr. 38, S. 1–111, Springer, Berlin, 1975.

stattfindet. Dann besagt dieses Argument, dass sich jeder Mikrozustand in A zeitlich so entwickelt, dass er zu A zurückkehrt. Für unser Gas aus Abb. 13.1 heißt das, dass irgendwann das Gas auf jeden Fall wieder ganz in V_L sein wird, da alle Mikrozustände den Zustand „V_L besetzt und $V - V_L$ leer" anfangs realisierten. Die genaue Aussage halten wir in folgendem Satz fest.

Satz 13.1. *Poincaréscher Wiederkehrsatz*
Sei $(\Omega, \mathcal{B}(\Omega), T, \mathbb{P})$ ein dynamisches System und $\mathbb{P}(\Omega) < \infty$. Sei $M \subset \Omega$. Dann gilt für fast alle $\omega \in M$ (ausgenommen ist also nur eine Menge von Punkten vom $\mathbb{P}$-Maß null), dass der Orbit $(T^n(\omega))_{n \in \mathbb{N}}$ (d. h. die Menge von Punkten $(T^n(\omega))_{n \in \mathbb{N}}$) unendlich oft in M ist.

Den strikten Beweis können wir uns sparen, das Argument ist ja klar. Die Wiederkehr in das anfängliche Phasenraumgebiet nennt man auch *Poincaré-Zyklen*. An denen kommt man nicht vorbei. Was war nun Boltzmanns Antwort auf die Kritik, dass seine Einsicht über die Erklärung des irreversiblen Ablaufs offenbar falsch ist, indem dieser spezielle Anfangszustand immer wieder, und zwar unendlich oft wiederkehrt? „So lange müssten Sie erst mal leben!" Denn die Zeit, die vergeht, bis dieser spezielle Anfangszustand wiederkehrt, ist so enorm lang, so unglaublich lang, dass die Wiederkehr praktisch nicht stattfindet – sie findet statt, aber dieses Ereignis liegt außerhalb des Erlebnishorizontes unseres Universums. Aber wie immer ist auch hier eine Subtilität verborgen, von der Boltzmann natürlich wusste. Die Kritik Poincarés war gegen das Boltzmannsche *Theorem* gerichtet, das die Gültigkeit der Boltzmann-Gleichung beinhaltet. Und in diesem Theorem kommt keine Zeitskala vor, die sagt: „Nur bis zu der und der Zeit ist das Theorem gültig." Genau darauf hob Poincaré ab und dennoch ist die Antwort Boltzmanns zielgerichtet. In der Herleitung der Boltzmann-Gleichung wird nämlich das betrachtete System unendlich groß, genau wie in unserer Herleitung der Brownschen Bewegung, und damit werden die Wiederkehrzeiten typischerweise unendlich, oder wie man auch sagen kann: Die Poincaré-Zyklen werden aufgebrochen. Die Brownsche Bewegung und die Boltzmann-Gleichung sind eben nur approximativ, jedoch für sehr lange Zeiten gültig.

Bemerkung 13.7. Um seiner Antwort etwas mehr Fundament zu verleihen, führte Boltzmann eine weitere Eigenschaft dynamischer Systeme ein, aus der sich ein fruchtbares mathematisches Gebiet entwickelt hat: *Ergodizität*. Die mathematische Ergodentheorie hat große Bedeutung erlangt, und in manchen Lehren zur statistischen Physik wird die Ergodizität sogar als Begründung für die statistische Hypothese beschrieben. Wir müssen uns aber klar darüber sein, dass die Ergodiziät lediglich ein heuristisches Argument dafür ist, warum die Zeitskalen für Nichtgleichgewicht und Gleichgewicht so ungeheuer verschieden sind. Sie ist also ein reines Plausibilitätsargument. Um das klarzumachen, gehen wir im Anhang dieses Kapitels auf Ergodizität ein. Wie wir wissen, ist es allein die Typizität, die die Begründung der statistischen Hypothese liefert.

13.3   Das Problem der Irreversibilität

Wir haben im vorhergehenden Abschnitt Boltzmanns Sichtweise dargestellt und
daraus erklärt, wie irreversible Phänomene mit den reversiblen Grundgleichungen der Physik vereinbar sind. Das ist technisch aufwändig, aber der Grundge-
danke ist klar. Nichtgleichgewichtszustände entwickeln sich typischerweise („typisch im Untypischen") ins Gleichgewicht. Wenn wir eingangs von einem der
schwersten Probleme der Physik sprachen, meinten wir aber nicht diese, am
Ende nur technische Frage. Das wirkliche Problem ist dieses: Wieso gibt es die
Nichtgleichgewichtszustände überhaupt, wenn das ganze Universum im Gleichgewichtszustand ist? Wieso sind die statistischen Hypothesen des Gleichgewichts
für Teilsysteme des Universums nur manchmal gültig, und sogar ganz häufig
nach Belieben nicht? Wir können Gasatome manipulieren und lokalisieren, die
Poisson-Verteilung zunichtemachen. Zum Beispiel nehme man einen Behälter mit
einer verschiebbaren Trennwand, darin ein Gas. Durch Verschieben der Trennwand
bringen wir das Gas auf eine Hälfte des Behälters, dann ziehen wir die Trennwand
heraus. Das Gas nimmt in dem Moment nur die Hälfte des ihm zur Verfügung
stehenden Volumens ein. Das ist ein Nichtgleichgewicht. Verantwortlich dafür sind
wir Menschen, selber Nichtgleichgewichtswesen. Unser ganzes Dasein beruht auf
einer Maschinerie, die ständig die Entropie von Systemen verringert. Und Erwin
Schrödinger erklärt in seinem Büchlein „Was ist Leben",[3] warum das Leben auf
der Erde überhaupt möglich ist: Die Sonne versorgt die Erde mit blauem Licht
(besser: UV-Licht), sehr energiereichem, aber auch sehr geordnetem Licht, also
Licht von sehr niedriger Entropie (wir müssen das an dieser Stelle einfach so
stehen lassen, ohne in Details gehen zu können, was aber machbar ist). Dieses
Licht benötigen die Pflanzen, um Photosynthese zu betreiben, also um die zum
Leben wichtigen Kohlenhydrate aus armseligen Stoffen wie CO_2 zu produzieren.
Wir nehmen als Lebewesen diese niederentropische Nahrung auf, um uns selbst
im Nichtgleichgewicht zu halten, produzieren aber in der Verarbeitung Wärme –
infrarotes Licht, das hohe Entropie hat und ins All ausgestrahlt wird. Insgesamt
erhöht sich die Entropie also. Der zweite Hauptsatz gilt, ganz egal, wie groß
das System ist. Wir verringern also „lokal" die Entropie, aber immer nur so,
dass die Gesamtentropie des allumfassenden Systems zunimmt. Darum stellt sich
folgende Frage: Wieso existiert dieses Nichtgleichgewicht im Universum, das das
Sonnensystem mit der Erde und ihren Lebewesen hervorbringt, die selber wieder
extreme Nichtgleichgewichte erzeugen können? Bedenkt man, dass nur das Typische, d. h. das Gleichgewicht Erklärungswert hat, wäre die naheliegende Antwort:
Wir erleben oder sind nur Teil einer Fluktuation, einer Gleichgewichtsfluktuation
des Universums. In der Tat hat Boltzmann daran gedacht, wenn auch nur kurz. Das
Nichtgleichgewicht wäre dann einfach nur zufällig so, eine Fluktuation eben, eine
sehr große Fluktuation vielleicht, aber die kann ja vorkommen. Das Verschieben
der Trennwand in dem Gasbehälter *erschiene dann nur als gewollt und geplant*, in

---

[3]Schrödinger, E. *Was ist Leben?* Francke Verlag, 1946.

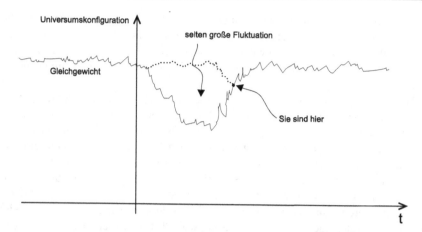

Abb. 13.2 Fluktuationshypothese: Unsere Welt befindet sich auf der Rückkehr aus einer tiefen Fluktuation. Die gepunktete Linie ist die Konsequenz der Fluktuationshypothese unter Berücksichtigung der Invarianz der Mechanik unter Zeitumkehr. Man sollte die Kurve als Entropiekurve ansehen. Das Minimum der Kurve ist die minimale Entropie des Universums und gleichzeitig die maximale Ausdehnung der Fluktuation

Wahrheit aber, verursacht durch eine Fluktuation, eine Laune der Natur, die unseren Arm, der die Trennwand bewegt, gerade mal so und mal so verschiebt, und andere Arme und Hände zufällig dazu gebracht hat, einen Behälter mit Trennwand zu bauen. Boltzmanns Bild der Fluktuation unseres Universums kann man sich in etwa wie Abb. 13.2 vorstellen.

Richard Feynman (1918–1988) nannte die Fluktuationshypothese lächerlich. Eine harte Kritik, aber sie hat einen Grund: weil das Wesen einer Fluktuation so ist, dass man sie nicht nachträglich korrigieren kann. Wir erklären das: Wenn es uns gelingen sollte, über unseren jetzigen Horizont hinauszuschauen, und wir kein Gleichgewicht im Neuentdeckten sehen, sondern Nichtgleichgewicht , das noch spezieller, noch untypischer ist, als es unser jetziger Horizont erwarten lassen würde, sollten wir dann sagen: Ach, die Fluktuation in der wir uns befinden, ist doch ausschweifender als bisher gedacht? Nein, sollten wir nicht, denn das entspräche nicht dem Wesen einer Fluktuation. Und wahrhaftig verhalten wir uns auch überhaupt nicht so: Immer wenn uns etwas Spezielles zufällt, vermuten wir einen tiefer liegenden Grund, der das Spezielle erklärt. Wenn wir irgendwo in einer Wüste einen Riesenknochen finden, den niemand zuvor zur Kenntnis genommen hat, dann verfolgen wir verbissen die Möglichkeit , in der Nähe noch mehr solcher Knochen zu finden und damit vielleicht eine neue Saurierart zu entdecken und werden damit sogar noch berühmt, weil fündig. Gemäß der Fluktuationshypothese müssten wir aber davon ausgehen, dass dieser Knochen das Resultat der Fluktuation ist. Dann würde es aber keinen Sinn machen, in der Nähe des Fundortes nach weiteren Riesenknochen zu suchen und zu hoffen, dass man ein ganzes Skelett findet. Aber so denken und handeln wir eben nicht! Was ist die Moral? Die Moral ist, dass wir die Fluktuationshypothese nicht ernst nehmen. Wenn wir jetzt sagen würden: „Nein, nein, wir nehmen sie ernst, nur es kann ja sein, dass die Fluktuation doch tiefer war als bisher angenommen", dann meinen wir in Wahrheit keine Fluktuation, dann meinen wir, dass in Wahrheit ein spezieller Anfangszustand vorlag, dessen Eigenheiten wir durch Bohren in der Vergangenheit immer näher kennenlernen.

Wir können Fluktuationen noch detaillierter beschreiben und werden sehen, dass man Fluktuationen eben nicht beliebig erweitern kann. Dazu benutzen wir die *Zeitumkehrinvarianz* der physikalischen Gesetze und stellen nochmals die Frage: Warum bewegen wir uns, wenn wir im Nichtgleichgewicht sind, auf das Gleichgewicht zu, wie es Abb. 13.2 darstellt? Die Antwort ist uns bekannt: Weil die Anzahl der Mikrozustände, die einem Gleichgewicht entsprechen, so unglaublich viel größer ist als die Anzahl der Mikrozustände, die einen anderen Makrozustand realisieren. Und jetzt fragen wir: Woher kommen diese Mikrozustände, die im Nichtgleichgewicht sind, typischerweise? Das ist einfach: Wir fragen nach Vergangenem, müssen also die Zeit umkehren, und das ist äquivalent zur Umkehr von Geschwindigkeiten. Mit dem gleichen Argument von eben und der Zeitumkehrinvarianz der mikroskopischen Gesetze wissen wir, dass sich auch die Mikrozustände mit inversen Geschwindigkeiten zum Gleichgewicht bewegen. Wo kommen die Mikrozustände im Nichtgleichgewicht also typischerweise her? Aus *dem großen* Phasenraumgebiet. Das bedeutet, dass wir Abb. 13.2 korrigieren müssen. Am Punkt „Sie sind hier" geht es, wenn es sich um eine Fluktuation handelt, auch links davon gleich wieder nach oben. Das ist die gepunktete Linie in Abb. 13.2. Typischerweise sind wir immer – nach dieser Argumentation – im Maximum der Fluktuation, wobei das dem Minimum der Entropie entspricht. Das hatte Feynman wohl im Kopf, als er die Fluktuationshypothese als lächerlich bezeichnete.

Wenn die Fluktuationshypothese aber nicht greift, was bleibt dann an Möglichkeiten der Erklärung? Nichts weiter als die Erkenntnis, oder besser das Anerkennen der Tatsache, dass wir in einem untypischen Universum leben, welches sich aus einem *sehr speziellen* Anfangszustand entwickelt haben muss. Aber ganz so einfach ist das alles nicht zu schlucken, denn damit erzeugen wir ein Dilemma, das unseren Wunschsatz 12.2 irrelevant werden lässt. Denn was man nun begründen muss, ist dieses: Für viele (kleine) Systeme (und auch teilweise große) haben wir *Gleichgewicht*, das heißt die statistische Hypothese ist richtig (man denke an die Luft in einem Hörsaal, die ist immer gleichverteilt), aber global liegt ein Nichtgleichgewicht vor, ein untypisches ω. Und es ist diese spezielle Anfangsbedingung unseres Universums, auf die sich die Erklärung der Phänomenologie samt dem zweiten Hauptsatz stützt und die das Problem der Irreversibilität darstellt. Denn wie kann man überhaupt hoffen, etwas für ein *untypisches* ω zeigen zu können? Das ganze Verständnis der Gesetzmäßigkeit der Regellosigkeit ist ja im *typischen* ω verankert – für ein *untypisches* ω kann man eigentlich gar nichts sagen. Da kann *alles* möglich sein. Was für eine Erklärung ist das schon: Die Dinge laufen so ab, wie sie es tun, weil wir ein untypisches Universum erleben. Man könnte es so formulieren: Die „Anfangsbedingungen" des Universums sind nicht irgendwelche, sondern genau justierte, sodass eben nicht typisches Verhalten an der Tagesordnung ist, sondern untypisches. Und das ist ein Verhalten, das unsere physikalischen Gesetze, zumindest nach unserem jetzigen Kenntnisstand, nicht vorhersagen würden. Es ist überaus unbefriedigend, physikalische Gesetze akzeptieren zu müssen, nach denen unser Universum untypisch ist. Das ist ganz analog zu einem Münzwurfexperiment, in dem ständig nur Kopf kommt, aber man insistiert aus tiefster Überzeugung, dass die Münze eine faire Münze ist. Man habe eben nur eine fantastisch untypische Fluktuation erwischt. Das glaubt einem niemand. Und das zu Recht. Deswegen: Wie begründet man, gegeben das physikalische Gesetz, diese speziellen ω, wenn die typischen ω ganz andere Universen als das unsrige ergeben? Nun denke man nicht, dass wir oder andere eine befriedigende oder anderweitig überzeugende Antwort parat hätten. Und weil manchmal schnelle Antworten gegeben werden: sicher nicht das Faktum, dass wir Menschen da sind. Und auch nicht die bisher bekannten physikalischen Gesetze: Wie nämlich Gleichgewicht von wechselwirkender Materie letztendlich aussieht, können wir zur Zeit nicht sagen. Und das „letztendlich" bezieht sich auf die *letztendliche physikalische Theorie*, die es vielleicht gar nicht gibt oder in einer Theorie mündet, nach der der Anfangszustand gar nicht mehr so speziell ist. In einer solchen (noch zu entwickelnden Theorie) könnte etwa die Bildung von Galaxien eine typische Erscheinung von Materie sein. Vielleicht gibt es überhaupt keinen Gleichgewichtszustand für das Universum. Denn wir denken an Gleichgewicht, weil wir uns immer einen Kasten gefüllt mit Gas vorstellen, in dem es natürlich einen Gleichgewichtszustand gibt. Aber wenn sich das Universum ohne Grenzen ausdehnen kann oder ausgedehnt ist, dann strebt es möglicherweise ewig zu einem (nicht existenten) Gleichgewicht.[4]

13.4 Anhang

Über die Begriffe *Ergodizität* und *mischend*

Als „Ergoden" hatte Boltzmann ursprünglich die mikrokanonische Gesamtheit bezeichnet. Nun sollte man sich – das war Boltzmanns Gedanke – vorstellen, dass ein System im Laufe der Zeit im Prinzip alle möglichen Phasenraumgebiete durchläuft. Dabei ist die relative Zeit, die das System in kleinen Phasenraumzellen verbringt, klein und die Zeit, die es in großen Phasenraumzellen verbringt, groß. Und da die Phasenraumvolumina von Nichtgleichgewicht und Gleichgewicht extrem verschieden sind, sind diese Zeiten extrem – um viele Größenordnungen – verschieden. Um einen Eindruck von diesen Größenordnungen zu erhalten, können wir auf die Abschätzung aus Abschn. 3.1.1 zurückgreifen. Man vergleiche

$$\frac{1}{2^n} \binom{n}{\frac{n}{2}} \quad \text{mit} \quad \frac{1}{2^n} \binom{n}{\frac{n}{2}(1-\varepsilon)}.$$

---

[4]Vgl. Carroll, S. *From eternity to here: the quest for the ultimate theory of time.* Penguin, 2010.

Das sind die relativen Anzahlen von Realisierungen, n Teilchen in einem Volumen, sagen wir, auf die beiden Hälften des Volumens aufzuteilen. Dabei ist $\binom{n}{n/2}$ die Anzahl der Möglichkeiten für die Gleichverteilung (Gleichgewicht) und $\binom{n}{n/2(1-\varepsilon)}$ entspricht der Anzahl der Möglichkeiten einer Aufteilung, bei der, sagen wir, rechts um den Bruchteil ε weniger Teilchen sind (Fluktuation). Das Verhältnis dieser Zahlen ist $1 : e^{-2n\varepsilon^2}$ und für $n \approx 10^{24}$ (was eine realistische Anzahl von Gasteilchen ist) etwa $1 : e^{-10^{24}\varepsilon^2}$. Das kann uns eine Vorstellung von den möglichen Größenordnungen der Zeitunterschiede vermitteln: einmal die Zeit, in der Gleichverteilung herrscht, und auf der anderen Seite die Zeit, die ein Gas in Mikrozuständen verbringt, in denen ein „deutliches" Teilchenungleichgewicht besteht. Boltzmann sah also einen Zusammenhang zwischen der relativen Zeitdauer, die das System in einem Phasenraumgebiet verbringt, und der Größe des Phasenraumvolumens. Das in Formeln für den Hamilton schen Fluss ausgedrückt, ist:

$$\lim_{t \to \infty} \frac{1}{t} \int_0^t \mathbb{1}_A \left(T_s^H (\omega) \right) \mathrm{d}s = \int_A \rho_E (\omega) \mathrm{d}\omega.$$

Es war ein mathematisches Problem, die Existenz des $\lim_{t \to \infty}$ auf der linken Seite zu zeigen. Sie wurde dann von George David Birkhoff (1884–1944) ganz allgemein für abstrakte dynamische Systeme $(\Omega, \mathcal{B}(\Omega), T, \mathbb{P})$ sichergestellt. Und zwar existiert der Limes für alle ω bis auf eine Ausnahmemenge vom Maß null, d. h., der Limes existiert $\mathbb{P}$-fast sicher. Das ist der Inhalt des *Birkhoffschen Ergodensatzes*, dessen Beweis nicht schwer, aber umfangreich ist. Er ist für uns nicht so wichtig, als dass wir ihn beweisen müssten. Nun fehlt aber noch die Identifizierung des Limes mit der rechten Seite, dem Erwartungswert . Dazu müssen wir etwas in der Art, wie Boltzmann es für notwendig erachtete, formulieren:

Definition 13.1. Ein dynamisches System $(\Omega, \mathcal{B}(\Omega), T, \mathbb{P})$ mit $\mathbb{P}(\Omega) = 1$ heißt *ergodisch*, wenn für jede invariante Menge $A \in \mathcal{F}$, d. h. $T^{-1}(A) = A$, folgt, dass $\mathbb{P}(A) = 0$ oder $\mathbb{P}(A) = 1$ ist.

Bemerkung 13.8. Beachte, dass die Invarianz als $T^{-1}(A) = A$ formuliert ist. Das ist konform mit der Forderung der Stationarität. Wenn T invertierbar ist, können wir äquivalent $T(A) = A$ fordern.

Es ist nun eine einfache Konsequenz des Birkhoffschen Ergodensatzes, dass für ein ergodisches System

$$\lim_{n \to \infty} \frac{1}{n} \sum_{k=1}^n f \left(T^k (\omega) \right) = \int f(\omega) \mathrm{d}\mathbb{P}(\omega) \quad \mathbb{P}\text{-fast sicher} \tag{13.4}$$

gilt. Denn: Sei A die Menge, für die nach Birkhoff

$$\lim_{n \to \infty} \frac{1}{n} \sum_{k=1}^{n} f\left(T^k(\omega)\right)$$

existiert, und die ist offenbar invariant. Für ein ergodisches System hat diese dann Maß 1 und damit

$$\lim_{n \to \infty} \frac{1}{n} \sum_{k=1}^{n} f\left(T^k(\omega)\right) = C$$

fast sicher. Nun können wir leicht durch Erwartungswertbildung auf beiden Seiten (man muss links Limes und Erwartungswert vertauschen, was ohne Probleme geht) die Konstante $C = \mathbb{E}(f)$ bestimmen.

Wichtiger Hinweis: Man beachte, dass es sich hier um das Gesetz der großen Zahlen handelt: Wir haben ja (13.4) im Abschn. 5.2.2 für die Dualzahlen, das heißt für $T(\omega) = 2\omega \bmod 1$ mit dem Lebesgue-Maß, gezeigt. Formel (13.4) stellt also auch die Beziehung zwischen empirischer Verteilung und theoretischem Erwartungswert her – also ganz abstrakt gesehen ist Ergodizität eine ungeheure Abschwächung von Unabhängigkeit einer Folge von identisch verteilten Zufallsgrößen.

Bemerkung 13.9. Falls man auf die Idee verfallen sollte, dass Ergodizität etwas mit Unabhängigkeit zu tun hat, dann verweisen wir darauf, dass zum Beispiel die irrationale Drehung auf dem Kreis ergodisch ist, aber bei der Drehung des Kreises in der Tat nichts Großartiges passiert: kein Zerfasern, kein Auseinanderlaufen beim Durchmischen des ursprünglichen Phasenraumgebietes mit dem ganzen, zur Verfügung stehenden Gebiet, was ja charakteristisch für Unabhängigkeit wäre. Die Abbildung ist hier $T(\omega) = (\omega + \alpha) \bmod 2\pi$ mit irrationalem $\alpha/2\pi$. Dann ist das dynamische System

$$\left([0, 2\pi], \mathcal{B}\left([0, 2\pi]\right), T(\omega) = (\omega + \alpha) \bmod 2\pi, \mathrm{d}\mathbb{P}(\omega) = \mathrm{d}\omega\right).$$

Völlig analog zum folgenden Beweis in Beispiel 13.3 kann bewiesen werden, dass das ergodisch ist.

Beispiel 13.3. Kann man leicht verstehen, dass unsere Münzwurfmaschine mit $T(\omega) = 2\omega \bmod 1$ auf $[0, 1)$ mit dem Lebesgue-Maß $\mathbb{P}(\mathrm{d}\omega) = \mathrm{d}\omega$ ergodisch ist? Ja, denn sei A eine invariante Menge, das heißt $T^{-1}(A) = A$, und A enthalte ein noch so kleines binäres Intervall, dann wird unter T^{-n}, $n \to \infty$ dieses Intervall auf ganz $[0, 1]$ zerfasert. Also muss A schon ganz $[0, 1]$ sein oder von vornherein eine Nullmenge. Um das rigoros zu machen, muss man etwas mehr sagen. Man benutzt oft äquivalente Formulierungen für die Ergodizität wie z. B. folgende:

Lemma 13.1. $(\Omega, \mathcal{B}(\Omega), T, \mathbb{P})$ *ist genau dann ergodisch, wenn für beschränkte f gilt:*

$$f \circ T = f \Rightarrow f = konstant \quad \mathbb{P}\text{-fast überall}$$

Beweis.

„$\Rightarrow$": Für f mit $f \circ T = f$ ist die Menge

$$A_x = \{\omega : f(\omega) < x\}$$

unter T invariant, also $T^{-1}(A_x) = A_x$. Daher ist $\mathbb{P}(A_x) = 1$ oder 0. Aber $\mathbb{P}(A_\infty) = 1$, also betrachte $x_0 = \inf\{x : \mathbb{P}(A_x) = 1\}$, und für alle $\varepsilon > 0$ gilt

$$\mathbb{P}(A_{x_0+\varepsilon}) = 1 \quad \text{und} \quad \mathbb{P}(A_{x_0-\varepsilon}) = 0, \quad \text{das heißt}$$

$$x_0 - \varepsilon \leq f(\omega) \leq x_0 + \varepsilon \quad \text{für fast alle } \omega.$$

„$\Leftarrow$": Es sei $T^{-1}(A) = A$. Dann ist $f := \mathbb{1}_A$ invariant, also konstant $\mathbb{P}$-fast überall $\Rightarrow \mathbb{P}(A) = 0$ oder 1.

Damit wollen wir nun zeigen, dass das dynamische System

$$([0,1], \mathcal{B}([0,1)), T(\omega) = 2\omega \bmod 1, d\mathbb{P}(\omega) = d\omega)$$

ergodisch ist. Dazu sei $f : [0,1) \to \mathbb{R}$ (messbar und) beschränkt. Dann ist f quadratisch integrierbar, also $f \in L^2([0,1))$, und f kann in eine Fourier-Reihe entwickelt werden. Das ist der Trick!

$$f(\omega) = \sum_{n=-\infty}^{\infty} c_n e^{in\omega 2\pi} \quad \text{und} \quad f(T(\omega)) = \sum_{n=-\infty}^{\infty} c_n e^{in2\pi 2\omega \bmod 1}.$$

Die Invarianzforderung lautet $f(T(\omega)) = f(\omega)$, also

$$\sum_{n=-\infty}^{\infty} c_n e^{in2\pi 2\omega \bmod 1} = \sum_{n=-\infty}^{\infty} c_n e^{in\omega 2\pi}.$$

Für $\omega < 1/2$ ist $2\omega \bmod 1 = 2\omega$ und für $\omega \geq 1/2$ ist $2\omega \bmod 1 = 2\omega - 1$, und da $e^{-in2\pi} = 1$, ergibt sich

$$\sum_{n=-\infty}^{\infty} c_n e^{i2n2\pi\omega} = \sum_{n=-\infty}^{\infty} c_n e^{in2\pi\omega}.$$

Also folgt wegen der linearen Unabhängigkeit der $e^{in2\pi\omega}$, dass $c_{2n+1} = 0$ und $c_n = c_{2n}$, und damit $c_n = 0$ für alle $n \neq 0$. Also gilt $f(\omega) = c_0$.

Ein anderes häufiges Argument für den Übergang ins Gleichgewicht ist ein von Gibbs entwickeltes Bild: Es ist das Bild eines Tropfens Tinte in Wasser und das Umrühren der Tinte mit dem Wasser. Aus einem lokalisierten, tiefblauen Fleck wird bald ein hellblaues Ganzes: Am Ende des Mischens ist der Anteil von Tinte in jedem Volumenelement proportional zum Volumenelement. Unabhängigkeit wird erreicht! Das kann man nun in eine Definition fassen:

Definition 13.2. Das dynamische System $(\Omega, \mathcal{B}(\Omega), T, \mathbb{P})$ heißt *mischend*, wenn

$$\mathbb{P}\left((T^{-n}(A)) \cap B\right) \to \mathbb{P}(A)\mathbb{P}(B) \quad \text{für } n \to \infty,$$

oder äquivalent mit Erwartungswerten von Funktionen: wenn

$$\int f\left(T^n(\omega)\right) g(\omega)\mathrm{d}\mathbb{P}(\omega) \to \int f(\omega)\mathrm{d}\mathbb{P}(\omega) \int g(\omega)\mathrm{d}\mathbb{P}(\omega) \quad \text{für } n \to \infty.$$

Nun sei B das Gebiet, das der Tintentropfen zur Zeit 0 einnimmt, also wenn die Tinte gerade ins Wasser getropft ist, mit $g = \mathbb{1}_B$ als „Dichtefunktion". Die Punkte ω in B müssen in der Zeit n umherwandern und in A eintreten, damit $\mathbb{1}_B$ und $f = \mathbb{1}_A$ unabhängig werden. Wenn n groß wird, sind die Punkte von B „homogen" verteilt: Der Anteil in A ist proportional zum Volumen $\mathbb{P}(A)$ (mit Dichte $\mathbb{P}(B)$).

Ein mischendes dynamisches System ist ergodisch, denn sei A invariant, dann ist (da $T^{-n}(A) = A$)

$$\lim_{n \to \infty} \mathbb{P}\left((T^{-n}(A)) \cap A\right) = \mathbb{P}(A) \quad \text{und andererseits}$$

$$= \mathbb{P}(A)^2.$$

Also kann $\mathbb{P}(A)$ nur 0 oder 1 sein.

Beispiel 13.4. Auch hier zur Übung unser Standardbeispiel

$$([0,1), \mathcal{B}\left([0,1)\right), 2\omega \bmod 1, \mathrm{d}\omega).$$

Das ist mischend: Wir müssen die Unabhängigkeit der Rademacher-Funktionen r_k ausnützen. Dazu seien f und g glatt, dann sind f und g beliebig gut approximierbar durch f_N, g_N, definiert durch

$$f_N(\omega) := f\left(\sum_{k=1}^{N} \frac{r_k(\omega)}{2^k}\right),$$

das heißt, f_N achtet nur auf die ersten N Dualstellen von ω. Also weiter mit f_N, g_N:

$$f_N(T^n(\omega)) = f\left(\sum_{k=1}^{N} \frac{r_k(T^n(\omega))}{2^k}\right) = f\left(\sum_{k=1}^{N} \frac{r_{k+n}(\omega)}{2^k}\right),$$

und für $n > N$ ist

$$\mathbb{E}\left((f_N \circ T^n)g_N\right) = \mathbb{E}\left(f\left(\sum_{k=1}^{N} \frac{r_{k+n}}{2^k}\right) g\left(\sum_{k=1}^{N} \frac{r_k}{2^k}\right)\right)$$

$$= \mathbb{E}\left(f\left(\sum_{k=1}^{N} \frac{r_{k+n}}{2^k}\right)\right) \mathbb{E}\left(g\left(\sum_{k=1}^{N} \frac{r_k}{2^k}\right)\right), \qquad (13.5)$$

wegen der Unabhängigkeit der r_k. Und da

$$\mathcal{L}(r_{k+n}) = \mathcal{L}(r_k), \quad \text{ist}$$

$$(13.5) = \mathbb{E}(f_N)\,\mathbb{E}(g_N),$$

also mischend.

Auch das Gibbssche Bild des Verrührens des Tintentropfens, was den Übergang ins Gleichgewicht darstellen soll, ist nicht zielgerichtet, im Gegensatz zur Boltzmannschen Typizität. Warum? Weil in dem Gassystem in Abb. 13.1 niemand und nichts rührt. Das dynamische System verrührt sich bestenfalls selbst, nämlich durch Poincaré-Zyklen, also auch nicht „bald", sondern ewig nicht. Darauf können wir nicht warten! Dagegen reicht es aus, wenn ein Mikrozustand das große Gleichgewichtsgebiet des Phasenraumes betritt, denn dann sieht er schon so aus wie der Gleichgewichtszustand, und das geschieht typischerweise schnell!

Quantenmechanik und Typizität

14

In diesem Kapitel gehen wir auf den Zufall der Quantentheorie ein, der berühmt-berüchtigt als intrinsischer oder nicht wegzudiskutierender Zufall beschworen wird. Wir werden aber sehen, dass auch der quantenmechanische Zufall aus Typizität folgt, also nur scheinbar ist.[1]

Boltzmanns Typizitätsgedanke, der zur Mathematisierung der Wahrscheinlichkeit geführt hat (vgl. Hilberts 6. Problem in den Leitlinien), fußt auf dem Atomismus, darauf, dass die Phänomene auf Elementarereignisse rückführbar sind, die durch Ort und Geschwindigkeit der elementaren Punktteilchen gegeben sind, mathematisch also durch Punkte im Phasenraum. Wie tragfähig ist dieser Gedanke? Es ist eine seltsame Begebenheit des Schicksals, dass genau dieser Atomismus kurz nach Boltzmanns Tod sich in nichts aufzulösen schien, als die Quantenmechanik mit philosophischer Unterstützung Orte und Geschwindigkeiten der atomaren Teilchen als prinzipielle Hirngespinste deklarierte, für die es keine mathematische Beschreibung geben kann. (In der Quantenmechanik tauchen Ort und Impuls nur abstrakt als sogenannte Operator-Observable auf. Wie die zustande kommen, beleuchten wir kurz in Abschn. 14.4.) Oft wird die Unmöglichkeit einer solchen detaillierten Beschreibung auf die Heisenbergsche Unschärferelation (vgl. Abschn. 14.4) zurückgeführt. Die positivistische Philosophie, die die Quantenmechanik begleitete, dogmatisierte, dass nichts außer Messungen und Messergebnissen für die Physik relevant ist. Außerdem ist in dieser neuen Naturbeschreibung der Zufall, dem wir in den bisherigen Kapiteln zugunsten Typizität und Elementarereignissen den Laufpass gegeben haben, nicht mehr scheinbar, sondern der Zufall ist als elementare Größe zu denken, er ist *intrinsisch*, er IST. Und in der Tat wurde eine lange Zeitspanne nach der Erfindung der Quantenmechanik eine Typizitätserklärung im Sinne Boltzmanns als völlig

---

[1]Für Interessierte werden sich Fragen über die Physik anschließen, auf die wir hier nicht eingehen können. Viele der Fragen werden in Dürr, D., Teufel, S. *Bohmian mechanics.* Springer, Berlin Heidelberg, 2009, beantwortet.

© Springer-Verlag Berlin Heidelberg 2017
D. Dürr et al., *Einführung in die Wahrscheinlichkeitstheorie als Theorie der Typizität*, DOI 10.1007/978-3-662-52961-4_14

unmöglich erklärt. Es war quasi verboten, den intrinsischen Zufall infrage zu stellen. Seltsamerweise ist aber in der Quantenmechanik noch immer von *Teilchen* die Rede, von einem System von *Teilchen*, von der Wahrscheinlichkeit, *Teilchen* hier oder da zu finden, sodass man durchaus der Meinung sein könnte, dass so viel Schlimmes beim Übergang zur Quantenmechanik gar nicht passiert sein kann.

14.1   Orthodoxe Quantentheorie

Orthodoxe Quantenmechanik ist keine durch Gleichungen beschriebene Theorie, sondern eine Ansammlung von Rezepten, die sagen, was in dieser oder jener physikalischen Situation zu tun ist, und diese Rezepte können, falls notwendig, neuen Situationen angepasst werden. Der quantenmechanische Zufall ist Teil der Rezeptur und deswegen intrinsisch. Ein ganz wichtiges Element in dieser ortho-doxen Quantentheorie der alten Zeit ist der „Beobachter", ein außerphysikalisches Objekt, das für Fakten sorgt, aber auch Messungen durchführt und Messergebnisse durch Ablesen ins Leben ruft. Und es gibt den Begriff des Welle-Teilchen-Dualismus, nach dem ein Quantenobjekt einem Chamäleon gleich sein Aussehen ändert: Mal ist es Teilchen, mal ist es Welle, und wann und wie es sein Aussehen ändert, bestimmt nicht die Physik, sondern auch der Beobachter. Was genau einen Beobachter qualifiziert (ein Experimentator sollte zumindest einer sein), ist zu einer Kabarettposse geworden und es ist klar, dass das alles nur Sprechweisen sind, die auf keinen Fall das bedeuten, was sie zu bedeuten vorgeben. So sagt Richard Feynman in seinen *Feynman Lectures on Gravitation*[2] zum Beispiel:

> *Does this mean that my observations become real, only when I observe an observer observing something as it happens? This is a horrible viewpoint. Do you seriously entertain the thought that without observer there is no reality? Which observer? Any observer? Is a fly an observer? Is a star an observer? Was there no reality before 10^9 B.C. before life began? Or are you the observer? Then there is no reality to the world after you are dead? I know a number of otherwise respectable physicists who have bought life insurance. By what philosophy will the universe without man be understood?*[3]

Die berühmt-berüchtigte Geschichte von Schrödingers Katze, die lange vor Feyn-mans Zitat entstanden ist, stellt die ironisch gemeinte Frage, ob eine Katze auch ein Beobachter sein kann. Schrödinger war da seiner Zeit offenbar weit voraus.

---

[2]Feynman, R., Morinigo, F., Wagner, W., Hatfield, B., Westview Press, 2002.

[3]„Bedeutet das, dass meine Beobachtung erst dann real wird, wenn ich einen Beobachter beobachte, der etwas beobachtet? Das ist eine schreckliche Sichtweise. Glauben Sie wirklich, dass es ohne Beobachter keine Realität gibt? Welcher Beobachter? Irgendein Beobachter? Ist eine Fliege ein Beobachter? Ist ein Stern ein Beobachter? ... Oder sind Sie der Beobachter? Dann ist die Welt ohne Realität, nachdem Sie gestorben sind? Ich kenne eine Reihe eigentlich respektabler Physiker, die eine Lebensversicherung abgeschlossen haben. Mit welcher Philosophie wird das menschenleere Universum verständlich sein?". [Übersetzung der Autoren]

Wir zitieren den berühmt gewordenen Abschnitt aus Schrödingers Artikel *Die gegenwärtige Situation in der Quantenmechanik*[4]:

Man kann auch ganz burleske Fälle konstruieren. Eine Katze wird in eine Stahlkammer gesperrt, zusammen mit folgender Höllenmaschine (die man gegen den direkten Zugriff der Katze sichern muss): In einem Geigerschen Zählrohr befindet sich eine winzige Menge radioaktiver Substanz, so wenig, dass im Laufe einer Stunde vielleicht eines von den Atomen zerfällt, ebenso wahrscheinlich aber auch keines; geschieht es, so spricht das Zählrohr an und betätigt über ein Relais ein Hämmerchen, das ein Kölbchen mit Blausäure zertrümmert. Hat man dieses ganze System eine Stunde lang sich selbst überlassen, so wird man sich sagen, dass die Katze noch lebt, wenn inzwischen kein Atom zerfallen ist. Der erste Atomzerfall würde sie vergiftet haben. Die Psi-Funktion des ganzen Systems würde das so zum Ausdruck bringen, dass in ihr die lebende und die tote Katze (s. v. v.[5]) zu gleichen Teilen gemischt oder verschmiert sind. Das Typische an solchen Fällen ist, dass eine ursprünglich auf den Atombereich beschränkte Unbestimmtheit sich in grobsinnliche Unbestimmtheit umsetzt, die sich dann durch direkte Beobachtung entscheiden lässt. Das hindert uns, in so naiver Weise ein „verwaschenes Modell" als Abbild der Wirklichkeit gelten zu lassen. An sich enthielte es nichts Unklares oder Widerspruchsvolles. Es ist ein Unterschied zwischen einer verwackelten oder unscharf eingestellten Photographie und einer Aufnahme von Wolken und Nebelschwaden.

Die Frage, was genau einen Beobachter definiert – und einzig und allein darum geht es in der obigen Passage –, wandelte sich in den letzten Jahrzehnten zum *Messproblem* der orthodoxen Quantentheorie.

Bemerkung 14.1. Das Messproblem
Angenommen, ein System sei durch eine Linearkombination von Wellenfunktionen φ_1 und φ_2 beschrieben und ein Apparat so beschaffen, dass er durch Wechselwirkung mit dem System („Messung") entweder „φ_1" oder „φ_2" anzeigen kann. Dieser Apparat muss sich nun prinzipiell ebenfalls quantenmechanisch beschreiben lassen.[6] Das heißt, der Apparat hat Zustände Ψ_1 und Ψ_2 (Zeigerstellung „1" und „2"), das sind also Wellenfunktionen, die im Konfigurationsraum disjunkte Träger haben, also keinen Überlapp und eine Nullstellung Ψ_0, sodass

$$\varphi_i \Psi_0 \overset{\text{Schrödinger-Entwicklung}}{\longrightarrow} \varphi_i \Psi_i. \qquad (14.1)$$

Die zeitliche Entwicklung ist linear, sodass (14.1) für die Systemwellenfunktion

$$\varphi = c_1 \varphi_1 + c_2 \varphi_2, \qquad c_1, c_2 \in \mathbb{C}, \qquad |c_1|^2 + |c_2|^2 = 1,$$

---

[4]*Die Naturwissenschaften*, Heft 48, 1935.

[5]Sit venia verbo, zu Deutsch: Man verzeihe diese Ausdrucksweise. [Unsere Anmerkung]

[6]Dass eine solche Beschreibung außerhalb unserer praktischen Möglichkeiten liegt, ist hier belanglos. Wir begreifen den Messapparat als aus Atomen und Molekülen bestehend, und wenn der Zustand all dieser Atome und Moleküle vollständig durch eine quantenmechanische Wellenfunktion beschrieben ist, dann liefert diese Wellenfunktion auch eine vollständige Beschreibung des Apparates.

Folgendes ergibt:

$$\varphi\Psi_0 = (c_1\varphi_1 + c_2\varphi_2)\Psi_0 \xrightarrow{\text{Schrödinger-Entwicklung}} c_1\varphi_1\Psi_1 + c_2\varphi_2\Psi_2 \, .$$

Dies ist ein irreales Ergebnis. Die Superposition

$$c_1\varphi_1\Psi_1 + c_2\varphi_2\Psi_2 \tag{14.2}$$

beschreibt eine Verschränkung der Wellenfunktionen des Apparates, so als ob die Zeigerstellungen „1" und „2" zugleich da wären. In Schrödingers Katzen-Experiment würde φ_1 etwa das bereits zerfallene Atom beschreiben und φ_2 das noch nicht zerfallene Atom. Gleichung (14.2) beschreibt dann einen Zustand mit einer toten Katze *und* einer lebendigen Katze.

Diese Kulturepoche wird recht drastisch, aber doch treffend von Imre Lakatos (1922–1974) beschrieben:

> In the new, post-1925 quantum theory the „anarchist" position became dominant and modern quantum physics, in its „Copenhagen interpretation", became one of the main standard bearers of philosophical obscurantism. In the new theory Bohr's notorious „complementarity principle" enthroned [weak] inconsistency as a basic ultimate feature of nature, and merged subjectivist positivism and antilogical dialectic and even ordinary language philosophy into one unholy alliance. After 1925 Bohr and his associates introduced a new and unprecedented lowering of critical standards for scientific theories. This led to a defeat of reason within modern physics and to an anarchist cult of incomprehensible chaos.[7]

Die Zeiten haben sich geändert. Es gibt seit etwa Mitte des 20. Jahrhunderts viele neue Quantentheorien ohne Beobachter, und eine, die besonders weit ausgearbeitet ist, wollen wir hier besprechen: *die Bohmsche Mechanik*.

14.2 Bohmsche Mechanik

Gleich vorneweg: Die Empirik der Bohmschen Mechanik entspricht dem, was in der Beobachter-basierten Quantenmechanik als Bornsche statistische Hypothese (auch Bornsche Interpretation der Wellenfunktion genannt) axiomatisch formuliert wird.

---

[7]„In der neuen Quantentheorie nach 1925 dominierte die anarchistische Position und moderne Quantenphysik in ihrer Kopenhagener Deutung und wurde einer der Hauptträger von philosophischem Obskurantismus. In der neuen Theorie krönte Bohrs notorisches Komplementaritätsprinzip (schwache) Inkonsistenz als das grundlegende ultimative Charaktermerkmal der Natur und vereinigte subjektiven Positivismus und unlogische Dialektik und sogar normale Sprachphilosophie in einer unheiligen Allianz. Nach 1925 kam es durch Bohr und seine Mitstreiter zu einer neuen und nie dagewesenen Erniedrigung der kritischen Standards von wissenschaftlichen Theorien. Dies führte zu einer Niederlage der Vernunft in der modernen Physik und zu einem anarchistischem Kult von unverständlichem Chaos." [Übersetzung der Autoren] *Criticism and the Growth of Knowledge*, S. 145, 1965.

Die Empirik der Bohmschen Mechanik kommt allerdings aus einer Boltzmannschen Typizitätsanalyse und kann als das Paradebeispiel für eine solche Analyse gesehen werden. Darin erscheint der Zufall wie in der klassischen Physik als nur *scheinbar*. Aus diesen Gründen haben wir uns entschlossen, dieses Kapitel in das Buch aufzunehmen.

Die Grundidee dieser Theorie wurde bereits von Louis de Broglie (1892–1987) auf der berühmten Solvay-Konferenz 1927 der damals tonangebenden physikalischen Gesellschaft vorgestellt, aber dort abgelehnt. De Broglie schlug vor, dass die Wellenfunktion, die zu der Zeit „irgendwie" Materie beschrieb, eine Führungswelle für Punktteilchen war, die die Bewegung der Teilchen choreografierte. Nur wenige Physiker, wie beispielsweise Hendrik Lorentz (1853–1928), zeigten Sympathie für de Broglies Idee, nämlich von wirklich existierenden Objekten in der Quantentheorie zu reden. Lorentz sagte in der Diskussion zu de Broglies Vortrag:

> I imagine that, in the new theory, one still has electrons. It is of course possible that in the new theory, once it is well-developed, one will have to suppose that the electrons undergo transformations. I happily concede that the electron may dissolve into a cloud. But then I would try to discover on which occasion this transformation occurs. If one wished to forbid me such an enquiry by invoking a principle, that would trouble me very much ... I am ready to accept other theories, on condition that one is able to re-express them in terms of clear and distinct images.[8]

Bemerkung 14.2. Und genau das betrifft die Ursache des Messproblems in der orthodoxen Quantentheorie. Die Teilchen, über die die Theorie Aussagen macht, kommen selbst als Größen nicht in dieser Theorie vor. Teilchen haben Orte – klar –, aber in der Quantentheorie gibt es keine theoretische Größe für den Teilchenort, keine Variable Q. Stattdessen gibt es einen von allem Irdischen befreiten, selbstadjungierten Operator $\hat{Q}$ auf einem Hilbert-Raum, der die Statistik von „Ortsmessungen" erfasst.

Selbst Einstein und Schrödinger standen dem de Broglieschen Entwurf ablehnend gegenüber (was deren Grund für die Ablehnung war, besprechen wir gleich), obwohl beide auch die alte Quantentheorie mit dem irreduziblen Begriff des Beobachters ablehnten. Die Situation änderte sich ab 1950 durch Arbeiten von David Bohm (1917–1992) und John Bell (1928–1990) wie auch durch spätere Arbeiten von GianCarlo Ghirardi und anderen. Wir besprechen nun die von Bohm

---

[8]Ich stelle mir vor, dass man in der neuen Theorie noch Elektronen hat. Es ist natürlich möglich, dass man in der neuen Theorie, wenn sie einmal vollständig ausgearbeitet ist, annehmen muss, dass sich die Elektronen umwandeln können. Ich bin gerne bereit, zuzugestehen, dass das Elektron sich in eine Wolke auflöst. Aber dann würde ich versuchen herauszufinden, unter welchen Bedingungen diese Umwandlung passiert. Wenn man mir eine solche Untersuchung aufgrund eines Prinzips verbieten möchte, würde mich das sehr sorgen ... Ich bin bereit, andere Theorien zu akzeptieren, aber unter der Bedingung, dass man sie in deutlich klaren Bildern ausdrücken kann. [Übersetzung der Autoren]
5. Solvay Konferenz: *Électrons et Photons*.

wiedergefundene Bohmsche Mechanik – „wiedergefunden", weil sie genau dem Vorschlag de Broglies entspricht.

Bohmsche Mechanik ist wie Hamilton sche Mechanik eine Theorie für die Bewegung von Punktteilchen, aber im Gegensatz zur Hamiltonschen Mechanik (vgl. (12.4)) nicht Newton sch. In Bohmscher Mechanik wird das Gesetz für die Bewegung von N Teilchen nicht durch ein Vektorfeld auf dem $6N$-dimensionalen Phasenraum gegeben, sondern durch ein Vektorfeld auf dem $3N$-dimensionalen Konfigurationsraum $Q = \mathbb{R}^{3N} = \{q : q = (q_1, \ldots, q_N), q_k \in \mathbb{R}^3\}$ der N Teilchen, deren tatsächliche Konfiguration wir durch $Q := (Q_1, \ldots, Q_N), Q_k \in \mathbb{R}^3$ aus-drücken. In der Hamilton schen Mechanik erzeugt eine Hamilton-Funktion auf dem Phasenraum das Vektorfeld, in der Bohmschen Mechanik ist es die Schrödingersche Wellenfunktion ψ, die eben nicht auf dem Phasenraum definiert ist, sondern auf dem Konfigurationsraum. Man betrachtet in der klassischen Physik selten den Fall einer zeitabhängigen Hamilton-Funktion, obwohl dies genau die Situationen sind, in denen ein Nichtgleichgewichtszustand, etwa durch Verschieben und dann Entfernen einer Trennwand in einem Gasbehälter, erzeugt wird, oder die wir uns technisch zunutze machen, etwa die Kompression eines Gases, um höheren Druck zu erzeugen. In der Quantenmechanik hat man es ebenfalls mit zeitabhängigen Wellenfunktionen zu tun, deren Zeitabhängigkeit aber deutlich häufiger zutage tritt, und es ist deshalb sinnvoll, die Wellenfunktion ψ mit zur Zustandsbeschreibung des Bohmschen mechanischen Systems zu nehmen. Die definierenden Gleichungen der Bohmschen Mechanik sind folgende:

$$\psi : \mathbb{R}^{3N} \times \mathbb{R} \to \mathbb{C}, \quad \psi(q_1, \ldots, q_N, t)$$

erfülle die Schrödinger-Gleichung

$$i\frac{\partial}{\partial t}\psi(q, t) = -\sum_{k=1}^{N} \frac{\hbar}{2m}\frac{\partial^2}{\partial q_k^2}\psi(q, t) + \frac{1}{\hbar}V(q_1, \ldots, q_N)\psi(q, t). \tag{14.3}$$

Die Wellenfunktion ψ erzeugt ein Vektorfeld v^ψ auf $\mathbb{R}^{3N}$. Man schreibe

$$\psi(q, t) = R(q, t)e^{\frac{i}{\hbar}S(q,t)}, \tag{14.4}$$

wobei R und S reellwertige Funktionen sind. Mit dem $3N$-dimensionalen Gradienten ∇ ist das Vektorfeld

$$v^\psi(q, t) := \frac{1}{m}\nabla S(q, t), \tag{14.5}$$

und die Teilchenbahnen sind die Integralkurven an das Vektorfeld, d. h., für die Bewegung der N Teilchen mit den Orten $(Q_1, \ldots, Q_N) = Q \in \mathbb{R}^{3N}$ gilt

$$\frac{\mathrm{d}}{\mathrm{d}t}Q(t) = v^\psi(Q(t), t). \tag{14.6}$$

Bemerkung 14.3. Dies ist in vollständiger Analogie zu (12.4) zu sehen: dort die Hamilton-Funktion, die ein Vektorfeld auf dem Phasenraum erzeugt, hier die Wellenfunktion, die ein Vektorfeld auf dem Konfigurationsraum erzeugt.

Eine andere Art, das Vektorfeld zu schreiben, ist mit ψ^* als die zu ψ komplex konjugierte Funktion

$$v^\psi(q,t) = \frac{\hbar}{m} \mathrm{Im}\nabla \ln(\psi(q,t)) \tag{14.7}$$

$$= \frac{\hbar}{m}\mathrm{Im}\frac{\nabla\psi(q,t)}{\psi(q,t)} = \frac{\hbar}{m}\mathrm{Im}\frac{\psi^*(q,t)\,\nabla\psi(q,t)}{\psi^*(q,t)\,\psi(q,t)}, \tag{14.8}$$

und für den Ort des k-ten Teilchens erhalten wir aus (14.6) mit $\nabla_k = \frac{\partial}{\partial q_k}$

$$\frac{\mathrm{d}}{\mathrm{d}t}Q_k(t) = \frac{\hbar}{m}\mathrm{Im}\frac{\nabla_k\psi(q,t)}{\psi(q,t)}\Big|_{q=(Q_1(t),\dots,Q_N(t))}. \tag{14.9}$$

Bemerkung 14.4. Die letzte Umschreibung in (14.8) hat ihren Sinn: Wenn die Wellenfunktion ein „Zweier-Spinor"

$$\begin{pmatrix} \psi_1(q,t) \\ \psi_2(q,t) \end{pmatrix}$$

ist, dann kann man

$$\psi^*(q,t)\psi(q,t) = (\psi_1^*(q,t), \psi_2^*(q,t))\begin{pmatrix} \psi_1(q,t) \\ \psi_2(q,t) \end{pmatrix}$$

$$= \psi_1^*(q,t)\psi_1(q,t) + \psi_2^*(q,t)\psi_2(q,t)$$

als Skalarprodukt im Spinor-Raum lesen und hat dann gleich die Bewegung von Teilchen, die durch Spinor-Wellenfunktion geführt werden. Die Schrödinger-Gleichung wird für Zweier-Spinoren durch die Pauli-Gleichung ersetzt. Die ist die nichtrelativistische Näherung der relativistischen Dirac-Gleichung für Vierer-Spinoren. Umgangssprachlich nennt man diese auch „Teilchen mit Spin". Aber man hüte sich davor, an ein sich drehendes Teilchen zu denken. Das Teilchen ist nur ein Punkt. Da dreht sich nichts! Spin ist eine Eigenschaft *der Wellenfunktion*, die ist dann keine komplexwertige Funktion mehr, sondern eine komplexe Vektor-wertige Funktion, *Spinor* genannt.

Bemerkung 14.5. Die Größen $\hbar$ und m, die hier etwas unvermittelt auftauchen, sind eigentlich Dimensionsgrößen, deren Bedeutung erst a posteriori durch die Analyse der Theorie klar wird. Zunächst sollten in den definierenden Gleichungen nur dimensionsbehaftete Parameter auftauchen, damit die bereits vorhandenen

Dimensionen von Ort und Zeit verrechnet werden können. Aber wenn man dann in die neue Theorie die Newtonsche Mechanik einbindet, findet man, dass z. B. der Parameter, der aufgrund von Dimensionsbetrachtung in (14.7) auftauchen würde, als $\frac{\hbar}{m}$ mit m als Newtonsche Masse gesetzt werden sollte. Damit erhält die Dimensionskonstante $\hbar$ ihre Bedeutung als Vermittler zwischen der neuen Bohmschen Mechanik und der in ihr enthaltenen Newtonschen Mechanik.

Die Gleichungen mögen auf den ersten Blick schockieren, aber das sollten sie nicht. In der Tat werden viele verwunderliche Dinge geklärt, weil die Wellenfunktion in der Bohmschen Mechanik eine klare Rolle spielt, nämlich als „Choreografin der Materie". So kann man zum Beispiel die Frage beantworten, warum plötzlich in fundamentalen Gesetzen der Physik komplexe Zahlen auftauchen. Mathematisch sind die ja akzeptabel, aber wie können sie physikalisch etwas bewirken? Man braucht sie, um die Zeitumkehrinvarianz in der Differentialgleichung (14.9), die erster Ordnung ist (Newtonsche Bewegungsgleichungen sind zweiter Ordnung), zu sichern, nämlich indem $t \mapsto -t$ mit der komplexen Konjugation $\psi \mapsto \psi^*$ implementiert wird. Die Notwendigkeit für diese Setzung sieht man sofort an (14.9), denn wenn man das Vorzeichen von t wechselt, wird die linke Seite negativ, und das Gleiche passiert auf der rechten Seite, wenn man ψ^* einsetzt.

Bemerkung 14.6. Ist es schlimm, dass sich ψ so komisch verhält? Nein, denn wenn die Rolle von ψ klar ist (und das ist sie in der Bohmschen Mechanik), dann klärt sich sofort deren Transformationsverhalten. Denn klar ist, dass sich die Teilchenbahnen unter Symmetrietransformation, wie die Zeitumkehr eine ist, nicht verändern. Also müssen sich jene Bestimmungsstücke, die die Teilchenbahnen bestimmen, gegebenenfalls unter Transformationen angepasst transformieren. Im Elektromagnetismus kennen wir ein analoges Verhalten: Aus dem magnetischen Feld B wird aus dem gleichen Grund unter Zeitumkehr $-B$.

Auch unter anderen Symmetrietransformationen, wie z. B. beim Wechsel von einem Koordinatensystem zu einem System, das sich relativ zum erstgenannten mit konstanter Geschwindigkeit bewegt, transformiert sich die Wellenfunktion komplizierter, als man zunächst denken würde.

Nun erfüllt die Wellenfunktion, die hier als Erzeugende des Bohmschen Vektorfeldes in Erscheinung tritt, die Schrödinger-Gleichung (14.3). Im Vergleich dazu sind wir es nicht gewohnt, dass die Hamilton-Funktion selbst eine Gleichung erfüllt, aber es gab schon zur Zeit Hamiltons den Versuch, Mechanik auf dem Konfigurationsraum zu definieren, bekannt unter dem Namen *Hamilton-Jacobi-Theorie*. Darin bestimmt die sogenannte Wirkungsfunktion S, die auf dem Konfigurationsraum definiert ist, das Vektorfeld, und zwar in exakt gleicher Weise wie (14.5):

$$v = \frac{1}{m}\nabla S$$

Die Wirkungsfunktion S erfüllt dabei eine partielle Differentialgleichung, die, wen wird das noch wundern, sehr eng mit der Schrödinger-Gleichung verwandt ist. Wir erklären das, weil wir hier sofort auch die Einbettung der klassischen Mechanik als Grenzfall der Bohmschen Mechanik sehen können:

Setzen wir (14.4) in (14.3) ein, kommt (wir lassen aus Bequemlichkeit alle Argumente weg)

$$\mathrm{i}\frac{\partial R}{\partial t} - \frac{1}{\hbar}R\frac{\partial S}{\partial t} = -\frac{\hbar}{2m}\left(\Delta R + 2\frac{1}{\hbar}\mathrm{i}\nabla R \cdot \nabla S - R\left(\frac{1}{\hbar}\nabla S\right)^2 + \mathrm{i}R\frac{1}{\hbar}\Delta S\right) + \frac{R}{\hbar}V.$$

Der Imaginärteil ist

$$\frac{\partial R}{\partial t} = -\frac{\hbar}{2m}\left(2\frac{1}{\hbar}\nabla R \cdot \nabla S + R\frac{1}{\hbar}\Delta S\right)$$

oder

$$\frac{\partial R^2}{\partial t} = -\frac{1}{m}\nabla \cdot \left(R^2 \nabla S\right) \overset{(14.5)}{=} -\nabla \cdot \left(v^\psi R^2\right). \tag{14.10}$$

Der Realteil liefert

$$\frac{\partial S}{\partial t} - \frac{\hbar^2}{2m}\frac{\Delta R}{R} + \frac{1}{2m}(\nabla S)^2 + V = 0.$$

Letzteres ist die Hamilton-Jacobi-Gleichung für die Wirkung S, die hier noch um einen Extraterm verändert ist, nämlich $-\frac{\hbar^2}{2m}\frac{\Delta R}{R}$ (Bohm nannte diesen Term „Quantenpotential"). Wenn wir die klassische Hamilton-Jacobi-Gleichung (also die ohne Quantenpotential) als synonym für die klassische Physik sehen, dann erhalten wir den klassischen Grenzfall, wenn das Quantenpotential klein gegen die anderen Terme in der Gleichung ist.

Bemerkung 14.7. Man ist geneigt, einfach $\hbar \to 0$ gehen zu lassen, um klassische Physik zu bekommen. Wenn man versteht, was damit gemeint ist, nämlich dass die Wirkungsfunktionsterme in der Gleichung tatsächlich groß gegen den Term $\frac{\hbar^2}{2m}\frac{\Delta R}{R}$ sind, ist das in Ordnung, denn $\hbar$ ist eine feste Dimensionsgröße (analog zur Boltzmann-Konstanten k_B) und ungleich null!

Bemerkung 14.8. Geisterfeld
ψ ist eine Funktion auf dem Konfigurationsraum von N Teilchen, die alle Teilchen gemeinsam führt. Aber was Einstein und auch heute noch viele andere gerne hätten, ist eine Separabilität von Systemen (sagen wir Teilchen), die weit voneinander entfernt sind. Das heißt, jedes Teilchen soll dann durch seine eigene Wellenfunktion geführt werden. Anhand der Bewegungsgleichung (14.7) sieht man aber, dass dies nur passiert, wenn die Wellenfunktion $\psi(x, y)$ der beiden Teilchen in ein Produkt

von Wellenfunktionen $\psi(x, y) = \varphi_1(x)\varphi_2(y)$ zerfällt. Die Produktstruktur ist eine seltsame Eigenschaft, die aus der Schrödinger-Gleichung nicht folgen kann, wenn die Teilchen zu irgendeiner Zeit einmal in Wechselwirkung waren. Es ist i.A. einfach nicht wahr, dass ψ faktorisiert, wenn die Teilchen sich weit voneinander entfernen. Also werden i.A. alle Teilchen von einer gemeinsamen Wellenfunktion geführt. Man nennt die gemeinsame Wellenfunktion, die nicht in ein Produkt zerfällt, nach Schrödinger *verschränkt*. In der Hamiltonschen Mechanik nimmt das Gravitationspotential, was in der Hamilton-Funktion steht, mit der Entfernung der Massen ab. Deren Einfluss aufeinander schwindet also mit großer Entfernung und man kann die weit voneinander entfernten Massen als unabhängige Entitäten ansehen. Eine solche Potentialabnahme bewirkt aber nicht die Entwicklung einer Produktstruktur bei der Wellenfunktion.

Damit ist die Bohmsche Mechanik bzw. de Broglies Vorschlag zu weit weg von klassischer, insbesondere relativistischer Physik. Eine Art Holismus, eine Ganzheitlichkeit, in der alle Teilchen auf immer und ewig miteinander durch die Wellenfunktion verknüpft sind, findet Einzug in die Physik. Das war für Einstein nicht akzeptabel. Er nannte ψ deswegen ein Geisterfeld. Der Einsteinsche Einwand gegen diese Art von Ganzheitlichkeit, in der die Wellenfunktion eine geisterhafte Fernwirkung vermittelt, ist ernst zu nehmen. John Stuart Bell hat 1964 gezeigt, wie ernst man den Einwand nehmen muss: Einstein irrte, die Wellenfunktion agiert in dieser nichtlokalen Art und Weise, genau wie die Natur es verlangt. Wir geben Bells Beweis zum Schluss in Abschn. 14.6 wieder.

14.3   Typizitätsanalyse

Gleichung (14.10) ist seit der Schrödinger-Gleichung bekannt. Sie führte Max Born (1882–1970) (eigentlich erst nach einer Korrektur durch Schrödinger[9]) zur berühmten Interpretation der Wellenfunktion als Wahrscheinlichkeitsamplitude, also

$$\rho = R^2 = |\psi|^2.$$

Allein daraus rührt die Wahrscheinlichkeit in der Quantenmechanik, die dann in ganz verschiedenen Formen zutage tritt. Allerdings findet man (14.10) in den üblichen Lehrbüchern in einer etwas anderen Form, und es war genau genommen diese andere Form, mit der Max Born seine sogenannte statistische Interpretation der Wellenfunktion begründete. Aus (14.8) folgt für die k-te Komponente der Geschwindigkeit

$$v_k(q, t) = \frac{\hbar}{m}\mathrm{Im}\frac{\nabla_k \psi(q, t)}{\psi(q, t)} = \frac{\hbar}{m}\mathrm{Im}\frac{\psi^*(q, t)\,\nabla_k \psi(q, t)}{|\psi(q, t)|^2}.$$

---

[9]Born hatte zunächst als Wahrscheinlichkeitsdichte $|\psi|$ angedacht.

Zudem ist

$$\text{Im}\big(\psi^*(q,t)\,\nabla_k\psi\,(q,t)\big) = \frac{1}{2i}\big(\psi^*(q,t)\nabla_k\psi(q,t) - \psi(q,t)\nabla_k\psi^*(q,t)\big).$$

Damit erhalten wir nun (14.10) mit $R^2 = |\psi^*\psi| = |\psi|^2$ in der Form, wie sie in den üblichen Lehrbüchern steht:

$$\frac{\partial|\psi|^2}{\partial t} = -\sum \frac{\hbar}{2im}\nabla_k \cdot (\psi^*\nabla_k\psi - \psi\nabla_k\psi^*)$$

Und dort wird diese Gleichung hergeleitet, indem man direkt $\frac{\partial|\psi|^2}{\partial t}$ mit der Schrödinger-Gleichung ausrechnet. Man definiert dann den *Quantenfluss* $j^\psi = (j_1^\psi,\ldots,j_N^\psi)$ durch

$$j_k^\psi = \frac{\hbar}{2im}(\psi^*\nabla_k\psi - \psi\nabla_k\psi^*) = \frac{\hbar}{m}\text{Im}\psi^*\nabla_k\psi,$$

sodass

$$\frac{\partial|\psi|^2}{\partial t} = -\nabla \cdot j^\psi \qquad (14.11)$$

herauskommt. Das gängige Argument für die sogenannte *Bornsche statistische Interpretation der Wellenfunktion* $\rho = |\psi|^2$ geht dann wie folgt weiter. Man integriere (14.11) über den gesamten Konfigurationsraum, man forme auf der rechten Seite mit dem Gaußschen Satz das Volumenintegral in ein Oberflächenintegral um, wobei der Quantenfluss über eine unendlich ferne Oberfläche integriert wird, und da ist der Fluss null. Deswegen ist das Integral über $|\psi|^2$ über den gesamten Raum zeitlich erhalten und man kann $|\psi|^2$ als Wahrscheinlichkeitsdichte nehmen, denn die Gesamtwahrscheinlichkeit kann sich ja in der Zeit nicht ändern.

Aber was ist die Bedeutung von (14.11) in der Bohmschen Mechanik? Die Gleichung ist die Kontinuitätsgleichung für den Bohmschen Fluss (vgl. (12.10)): Die Lösungen von (14.6) erzeugen auf dem Konfigurationsraum $Q = \mathbb{R}^{3N}$ den *Bohmschen Fluss* T_t^ψ mit

$$T_t^\psi : Q \to Q. \qquad (14.12)$$

Durch ihn werden die Anfangswerte $(Q_1(0),\ldots,Q_N(0)) \in Q$ auf die Werte

$$(Q_1(t,Q_1(0),\ldots,Q_N(0)),\ldots,Q_N(t,Q_1(0),\ldots,Q_N(0))) \in Q$$

entlang der Bohmschen Bahnen transportiert. In (14.11) wird speziell die Dichte $|\psi|^2$ entlang dem Bohmschen Fluss (14.5) entwickelt. Denn (nochmal zur Verdeutlichung): Gleichung (14.11) ist äquivalent zu

$$\frac{\partial |\psi|^2}{\partial t} = -\nabla \cdot v^\psi |\psi|^2, \qquad (14.13)$$

und die Kontinuitätsgleichung für den Transport entlang der Bohmschen Bahnen für eine beliebige Dichte ist (zur Erinnerung)

$$\frac{\partial \rho}{\partial t} = -\nabla \cdot v^\psi \rho.$$

Bemerkung 14.9. Eine kurze Rückkehr zur Geschichte
Im Wesentlichen haben wir die Idee von de Broglie wiedergegeben. Es gibt also die Teilchen, die sich entlang von Bahnen bewegen, und die Bahnen werden durch die Wellenfunktion bestimmt, und zwar auf eine Weise, die auch gleichzeitig mit der Bornschen Interpretation verträglich ist. Nun gab es aber damals eine zunächst eingängige Kritik, in der aber Boltzmann offenbar komplett vergessen war: $|\psi|^2$ ist eine Wahrscheinlichkeit, Wahrscheinlichkeit ist eine Glaubensstärke, d. h., ψ ist Ausdruck unserer Ignoranz oder Glaubensstärke. Es ergibt also keinen Sinn, dass ein solcher Ausdruck Teilchen bewegt! Denkt man jedoch wieder an Boltzmanns statistische Analyse, ist diese Kritik nicht zielgerichtet.

Gleichung (14.13) drückt also eine spezielle Kontinuität aus, nämlich die *Äquivarianz* der Dichte $\rho = |\psi|^2$ bezüglich des Bohmschen Flusses. Die Gleichung ist das Bohmsche Pendant zum *Liouvilleschen Satz* 12.1 der Hamiltonschen Mechanik! Wir erkennen hier, dass $\rho = |\psi|^2$ eine spezielle Dichte ist, nämlich eine, die sich in der Zeit als Ausdruck in ψ nicht ändert. Das ist die Verallgemeinerung der *Stationarität*. Genau wie in (12.12) die Dichte $e^{-\beta H}$ als Funktional von H zeitlich unverändert bleibt, so ist es auch hier. Aber wie viel einfacher ist der Ausdruck $|\psi|^2$ als Funktionen von ψ! *Jede* andere Dichte $\rho = f(\psi)$ mit positiver Funktion f würde sich unter dem Bohmschen Fluss irgendwie verändern, aber niemals so, dass $\rho(t) = f(\psi(t))$ gilt. $\rho = |\psi|^2$ ist einzigartig.[10]
Wir wollen nun die Äquivarianz für die Bohmsche Mechanik im Sinne eines dynamischen Systems definieren. Dazu betrachten wir ein sehr großes Bohmsches System (ein Universum) als dynamisches System (Dimension des Konfigurationsraumes Q sei n) mit einer großen Wellenfunktion Ψ und dem induzierten Fluss (14.12), also

$$(Q, T_t^\Psi, \mathbb{P}^\Psi),$$

wobei das Typizitätsmaß $\mathbb{P}^\Psi$ die Eigenschaft der Äquivarianz haben soll, welche die Stationarität von Maßen für zeitabhängige Vektorfelder verallgemeinert. Die

---

[10]Dass diese Wahl einzigartig ist, wurde hier gezeigt: Goldstein, S./ Struyve, W. *On the uniqueness of quantum equilibrium in Bohmian mechanics*. Journal of Statistical Physics 128.5 (2007): 1197–1209.

drücken wir allgemein noch einmal über das zeittransportierte Maß aus, damit wir die vollständige Analogie zur Boltzmannschen Typizitätsanalyse vorliegen haben:

$$\mathbb{P}_t^{\Psi}(A) := \mathbb{P}^{\Psi} \circ (T_t^{\Psi})^{-1}(A) = \mathbb{P}^{\Psi}((T_t^{\Psi})^{-1}(A)) = \mathbb{P}^{\Psi_t}(A), \qquad (14.14)$$

oder für Erwartungswerte (f beliebig)

$$\mathbb{E}^{\Psi}(f(Q(t))) = \mathbb{E}^{\Psi_t}(f(Q)).$$

Im Diagramm:

$$
\begin{array}{ccc}
\Psi & \longrightarrow & \mathbb{P}^{\Psi} \\
\downarrow & & \downarrow \\
\Psi_t & \longrightarrow & \mathbb{P}^{\Psi_t}.
\end{array}
$$

Hierin steht der linke Pfeil $\downarrow$ für die Schrödingersche Zeitentwicklung der Wellenfunktion und der Pfeil $\downarrow$ auf der rechten Seite beschreibt die durch die Bohmschen Trajektorien induzierte Zeitentwicklung der Maße. Die jeweils horizontalen Pfeile stehen für die Abbildung der Wellenfunktion auf das Maß, die oben und unten gleich sein soll. Welches $\mathbb{P}^{\Psi}$ erfüllt das? Das haben wir gerade eben gesagt: $\Psi \longrightarrow |\Psi|^2$ oder

$$\mathbb{P}^{\Psi}(A) = \int_A |\Psi(q)|^2 \mathrm{d}^n q \qquad (14.15)$$

mit (wenn man so möchte) der Normierung

$$\int |\Psi(q)|^2 \mathrm{d}^n q = 1. \qquad (14.16)$$

Wir haben jetzt die Bohmsche Mechanik analog zur Hamiltonschen Mechanik als dynamisches System mit dem Typizitätsmaß $\mathbb{P}^{\Psi}$ vorliegen. Nun ist man geneigt, da man es aus der Hamiltonschen Mechanik (zumindest für „kleine Systeme") so kennt, den Fluss für beliebig gewählte Anfangswerte $(Q_1(0), \dots, Q_n(0))$ anzugeben. Zum Beispiel kann man in der Hamiltonschen Mechanik bei einem Pendel Anfangsort und -geschwindigkeit einstellen und die Bahn bestimmen. Wir erinnern daran, dass das Gefühl, Anfangsbedingungen beliebig kontrollieren zu können (und zu müssen, um alle Phänomene der klassischen Physik beschreiben zu können), ein Ausdruck des Nichtgleichgewichts ist, welches wir im Kapitel über Irreversibilität besprochen haben. Die Innovation von Bohmscher Mechanik ist, dass der Ort eines Bohmschen Teilchens, gegeben dessen Wellenfunktion ψ (und wir qualifizieren nachher genauer, was wir mit „dessen Wellenfunktion" meinen), nicht genauer kontrolliert werden kann, als die $|\psi|^2$-Verteilung aussagt: Die Teilchenorte sind im sogenannten Quantengleichgewicht mit der Wellenfunktion. Das reicht aber, um die Theorie mit den Phänomenen in Harmonie zu bringen. Das zu erklären, ist unser Ziel.

Wir suchen also eine Vorhersage über die empirischen Verteilungen von Teilchenorten von Teilsystemen des Universums. Der typische Wert der empirischen Verteilungen im Bohmschen Universum wird durch das Typizitätsmaß (14.15) bestimmt. Wie kommt man zu empirischen Verteilungen? Dazu braucht man ein Ensemble von identischen Teilsystemen. Und es ist auch hier wie in jeder physikalischen Theorie: Die Definition der Theorie enthält keinen Gültigkeitsbereich, der durch die Anzahl an Teilchen oder durch die Systemgröße bestimmt wird, also gelten (14.3) und (14.6) für Systeme beliebiger Größe. Deswegen ist die Frage, wie sich überhaupt Teilsysteme eines gegebenen großen Systems beschreiben lassen. Sie ist in Bohmscher Mechanik anders zu beantworten als in Hamilton scher Mechanik . Den berühmten Grund haben wir oben schon genannt: die Fernwirkung – die einzige Innovation der Quantenmechanik –, nämlich die i. A. verschränkte Wellenfunktion auf dem *Konfigurationsraum*. Falls tatsächlich eine Produkt-Wellenfunktion vorliegen sollte, hat jedes Teilchen seine eigene Welle und bewegt sich unabhängig von allen anderen Teilchen. Das folgt, wie bereits bemerkt, sofort aus (14.7). Es ist also die Verschränkung der Wellenfunktion, die die Beschreibung von Untersystemen kompliziert macht. In Hamiltonscher Mechanik argumentiert man mit „genügend kleiner Wechselwirkung", z. B. bei großen Abständen der Systemteilchen vom „Rest der Welt", oder man findet eine effektive Hamiltonsche Beschreibung für das Untersystem durch ein effektives äußeres Potential V. In Bohmscher Mechanik bietet weder Wechselwirkungspotential noch effektives Potential diese Möglichkeit der Argumentation. Aber wie kann man dann ein Teilsystem eines großen Systems beschreiben? In der Bohmschen Mechanik ganz natürlich, denn wir haben ja die Teilchen, die das Teilsystem definieren. Das große System bestehe aus N Teilchen $(Q_1, \ldots, Q_N)$ und davon betrachten wir ein Untersystem von Teilchen mit Orten $X = (Q_1, \ldots, Q_{N_1})$, sodass die Umgebung aus dem Rest der Teilchen durch die Orte $Y = (Q_{N_1+1}, \ldots, Q_N)$ beschrieben ist. Die Koordinaten q im $\mathbb{R}^{3N}$ werden also aufgespalten in

$$q = (x, y), \ x \in \mathbb{R}^{3N_1}, y \in \mathbb{R}^{3(N-N_1)}.$$

Und nun stellt sich die Frage, ob das X-System eigenen Bohmschen Gleichungen gehorcht. Besitzt es eine Beschreibung durch eine eigene Wellenfunktion ? Zunächst wird nur das große System durch eine Wellenfunktion

$$\Psi(q, t) = \Psi(x, y, t)$$

geführt. Daraus erhalten wir sehr direkt eine Funktion auf $\mathbb{R}^{3N_1}$, nämlich durch die Setzung

$$\varphi^Y(x, t) := \Psi(x, Y(t), t), \tag{14.17}$$

indem wir die Koordinaten der Teilchen der Umgebung $Y(t)$ eingesetzt haben. Die Funktion (14.17) nennen wir *bedingte Wellenfunktion*, eine Namensgebung, die nachher noch deutlicher wird. Und das ist bereits die Wellenfunktion des X-Systems, denn mit Blick auf (14.9) (man prüfe das zur Übung nach) ist

$$\dot{X}(t) = v_x^{\Psi}(X(t), Y(t)) \sim \mathrm{Im} \left. \frac{\nabla_x \Psi(x, Y(t))}{\Psi(x, Y(t))} \right|_{x = X(t)} = \mathrm{Im} \left. \frac{\nabla_x \varphi^Y(x, t)}{\varphi^Y(x, t)} \right|_{x = X(t)}.$$

Wenn man die bedingte Wellenfunktion normieren möchte, dann mit

$$\|\Psi(Y)\| = \left(\int |\Psi(x, Y)|^2 \mathrm{d}^{N_1} x \right)^{\frac{1}{2}}.$$

Die Wellenfunktion eines Teilsystems ist also die bedingte Wellenfunktion. Sie erfüllt i.A. keine Schrödinger-Gleichung, in Messexperimenten „kollabiert" sie. Sie macht automatisch genau das, was in der alten Quantentheorie noch der „Beobachter" machen musste, nämlich den Kollaps herbeizaubern. Wir wollen das hier aber nicht vertiefen und machen mit dem bedingten Typizitätsmaß weiter:

Gegeben eine Umgebung Y eines Teilsystems X, dann gilt für das bedingte Typizitätsmaß im Hinblick auf (14.15)

$$\mathbb{P}^{\Psi}(\{Q = (X, Y) : X \in \mathrm{d}^m x\} \,|\, Y) =: \mathbb{P}^{\Psi}(X \in \mathrm{d}^m x \,|\, Y)$$
$$= |\Psi(x, Y)|^2 \mathrm{d}^m x = |\varphi^Y(x)|^2 \mathrm{d}^m x. \tag{14.18}$$

Wir müssen also nur die Wellenfunktion Ψ durch die bedingte Wellenfunktion in der Dichte des Maßes $\mathbb{P}^{\Psi}$ ersetzen.

Bemerkung 14.10. Das sieht man intuitiv leicht ein. Aber da wir hier auf eine Nullmenge, nämlich $y = Y$ bedingen, benötigt das rigorose Argument das Ausweiten des Differenzierens auf Maße. Es lohnt sich nicht, das hier weiter zu vertiefen.

In (14.18) stecken alle empirischen Aussagen der Bohmschen Mechanik: Die Spezifizierung der (gesamten) Umgebung des X-Systems auf die Konfiguration Y beinhaltet viel zu viele Details (es ist ja die genaue Konfiguration aller Teilchen außerhalb des Systems), die uns gar nicht zugänglich sind. Darum erscheint die Formel zunächst wertlos. Aber die rechte Seite in (14.18) hängt nur von der bedingten Wellenfunktion ab und wir können die Spezifizierung der Umgebung so weit vergröbern, wie das im Einklang mit einer gegebenen bedingten Wellenfunktion ist. Das bedeutet, wir können so weit vergröbern, dass nur noch unter dem Ereignis bedingt wird, das die bedingte Wellenfunktion $\varphi^Y = \varphi$ ist: Sei

$$\mathcal{Y}^{\varphi} := \{Q = (X, Y) : \varphi^Y = \varphi\}$$

die Menge der Q, für die die bedingte Wellenfunktion die Form φ hat. Wir haben dann als Konsequenz der einfachen Formel (14.18) eine noch einfachere und für uns relevante Formel

$$\mathbb{P}^{\Psi}(\{Q = (X, Y) : X \in \mathrm{d}^m x\}| \, \mathcal{Y}^{\varphi}) = |\varphi(x)|^2 \mathrm{d}^m x. \tag{14.19}$$

Beweis. Gleichung (14.19) folgt aus (14.18) durch eine einfache Eigenschaft des bedingten Maßes. Sei $B = \bigcup B_i$ eine paarweise disjunkte Zerlegung und sei $\mathbb{P}(A|B_i) = a$ für alle B_i, dann ist

$$\mathbb{P}(B)a = \sum \mathbb{P}(A|B_i)\mathbb{P}(B_i) = \sum \mathbb{P}(A \cap B_i) = \mathbb{P}(A \cap B),$$

also auch $\mathbb{P}(A|B) = a$.

Wir können nun zum Gesetz der großen Zahlen kommen. Wir betrachten ein Ensemble von gleichartigen Teilsystemen $X_1, \ldots, X_M$, die sich unabhängig voneinander bewegen. Gibt es das? Ja, offenbar gibt es das. Genauso werden Experimente gemacht. Und wir wissen auch, wie in einem solchen Fall die bedingte Wellenfunktion des Ensembles aussieht. Sie muss notwendigerweise ein Produkt aus bedingten Wellenfunktionen φ_i für jedes Teilsystem sein. Man beachte, dass hier nicht gesagt wird, dass die Wellenfunktion des Universums in ein Produkt zerfällt, das wäre eine völlig haltlose Annahme. Hier handelt es sich um die bedingte Wellenfunktion eines Ensembles von Untersystemen des Universums. Dafür muss, wenn unsere Experimente in der Quantenmechanik funktionieren sollen, die Produktstruktur vorliegen, die gleichzeitig eine Unabhängigkeit der Systeme untereinander, aber auch von etwaigen Messapparaten (vor Beginn des Experimentes) beinhaltet. Andernfalls wären die Einzelsysteme nicht unabhängig. Im gerade Gesagten steckt allerdings mehr, als man flüchtig zur Kenntnis nehmen kann. Es basiert in der Tat auf einer Analyse der Präparation von Wellenfunktionen, deren Ausführung uns aber hier zu weit wegführen würde. Deswegen weiter mit der bedingten Wellenfunktion für das Ensemble von Systemen,

$$\varphi^Y(X_1, X_2, \ldots, X_M) = \prod_{i=1}^{M} \varphi_i(X_i).$$

Damit ist das Typizitätsmaß bedingt auf Universen, in denen ein solches Ensemble existiert:

$$\mathbb{P}^{\Psi}(\{Q = (X, Y) : X_1 \in \mathrm{d}x_1, \ldots, X_M \in \mathrm{d}x_N\}|\mathcal{Y}^{\varphi}) = \prod_{i=1}^{M} |\varphi(x_i)|^2 \mathrm{d}x_i \tag{14.20}$$

Man beachte, dass es sich um ein Produktmaß handelt! Angenommen, uns interessiert nun die empirische Verteilung für den Ort eines Teilchens, wenn die bedingte Wellenfunktion φ ist. Dann nehmen wir ein Ensemble von gleichartigen Teilchen, jedes mit Wellenfunktion φ, und (14.20) liefert uns sofort mit dem Gesetz der großen Zahlen folgenden Satz:

Satz 14.1. Für alle $\varepsilon > 0$ gilt:

$$\mathbb{P}^{\Psi}\left(\left\{Q : \left|\frac{1}{M}\sum_{i=1}^{M} f(X_i) - \int f(x)|\varphi(x)|^2\mathrm{d}x\right| < \varepsilon\right\} \mid \mathcal{Y}^{\varphi}\right) = 1 - \delta(\varepsilon, f, M),$$

$$(14.21)$$

wobei $\delta(\varepsilon, f, M)$ beliebig klein mit wachsendem M wird.

Bemerkung 14.11. Hierbei können wir uns f z. B. als Indikatorfunktion $\mathbb{1}_A$ vorstellen, dann bekommen wir als Aussage für eine Familie (f_α) von Indikatorfunktionen $\mathbb{1}_{A_\alpha}$ z. B. die Voraussage für die relativen Häufigkeiten der Orte.

Der Bohmsche Satz 14.1 ist der Prototyp einer Boltzmannschen Typizitätsaussage (wobei wir wie immer die Funktion δ quantifizieren müssen, damit die Aussage praktisch brauchbar wird).

Bemerkung 14.12. Man beachte die Stärke der Aussage: Das *bedingte* Maß $\mathbb{P}^{\Psi}(\{\ldots\}|\mathcal{Y}^{\varphi})$ der Konfigurationen, für die die relativen Häufigkeiten von $|\varphi|^2$ abweichen, ist klein. Das ist wichtig, denn wäre nur die $\mathbb{P}^{\Psi}$-Wahrscheinlichkeit für die Abweichung klein, hätten wir nichts in der Hand, denn allein die Konfigurationen, zu denen die für uns relevante Umgebung Y gehört, können ja bereits kleines Maß besitzen. Das haben wir unter Satz 12.2 auch schon ausgeführt. Für uns ist es wichtig, dass für die *relevanten* Umgebungen, für die ein solches Experiment mit den präparierten Wellenfunktionen existiert, Vorhersagen gemacht werden können.

Die Aussage von Satz 14.1 ist in der alten Quantenmechanik als *Bornsche statistische Interpretation der Wellenfunktion* bekannt, die 1926 von Max Born in einer berühmten Arbeit zur Streutheorie aufgestellt wurde. Sie wurde seitdem in der orthodoxen Quantenmechanik *axiomatisch* verankert. Die Wellenfunktion hat dort keine andere Rolle als die, Wahrscheinlichkeiten zu berechnen. In der Bohmschen Mechanik ist Satz 14.1 eine *Konsequenz* der Typizität, welche als *Quantengleichgewicht* bekannt geworden ist. Die primäre Rolle der Wellenfunktion ist hier nicht, Wahrscheinlichkeiten zu berechnen, sondern die Teilchen zu führen. Und weil die Physik die Typizität bestimmt, legt sie auch das Typizitätsmaß fest. Experimentell wurde bisher keine Verletzung des Quantengleichgewichts festgestellt. Deswegen kann man davon ausgehen, dass in diesem Falle der Bohmschen Mechanik das Quantengleichgewicht ausnahmslos gilt. Ansonsten wäre auch in der alten Quantenmechanik die Axiomatisierung der Bornschen Interpretation nicht zu halten.

Das bedeutet nun aber auch, dass wir eine prinzipielle Unkenntnis des Ortes eines Elektrons haben, wenn dessen (bedingte) Wellenfunktion φ ist. Wir können den Ort eines Elektrons nicht genauer kontrollieren als durch die $|\varphi|^2$-Verteilung gegeben. Darin besteht, bedingt durch Typizität, eine *absolute* Ungewissheit. In der klassischen Mechanik bestimmt die Hamilton-Funktion $H(q, p)$ eines Systems dessen Bewegung. Absolute Ungewissheit würde dann ebenso gelten, wenn die Orte und Impulse *aller* Systemteilchen *grundsätzlich* (mikro-)kanonisch verteilt wären, denn über die Position eines einzelnen Moleküls wüssten wir nichts. Das ist aber eben nicht so, wie wir im Kapitel über Irreversibilität bereits diskutiert haben. Darin besteht also ein großer Unterschied zwischen klassischer und Bohmscher Mechanik.

Nun kann man sich fragen, wie Quantenmechanik dann überhaupt in der Lage ist, die klassischen irreversiblen Phänomene im klassischen Grenzfall zu beschreiben. Die einfachste Antwort ist, dass eben die Wellenfunktion des Universums eine spezielle ist, sie beinhaltet die Irreversibilität. Aber hier sollten wir ähnlich vorsichtig sein wie in Abschn. 13.3: Wir haben noch keine ausreichende Einsicht in die Frage, ob der Anfangszustand des Universums ein ganz spezieller ist oder ob sich möglicherweise Irreversibilität doch als typisches Phänomen in einer neuen, bisher noch unbekannten physikalischen Theorie ergibt. Aber egal wie: Die statistische Hypothese

„Wenn ein System die Wellenfunktion φ hat, sind die Koordinaten der

Systemteilchen gemäß $\rho_{emp} = |\varphi|^2$ verteilt"

$$(14.22)$$

gilt unabwendbar, unbedingt, absolut. Deswegen spricht man oft auch von intrinsischer Wahrscheinlichkeit in der Quantenmechanik.

Bemerkung 14.13. Die Bohmsche Mechanik ist nicht allgemeine Lehrmeinung. Warum? Weil sie dieselben statistischen Vorhersagen wie die alte Quantentheorie beinhaltet. Die Situation ist ähnlich zur Situation, in der sich Boltzmann mit seiner mechanistischen Deutung von Flüssigkeiten und Gasen befand, der kinetischen Gastheorie. Atomismus wurde als Irrglaube, als Hirngespinst angeprangert, denn Boltzmann machte keine neuen Voraussagen, er reduzierte „nur" die Gas- und Flüssigkeitsgesetze auf Hamiltonsche klassische Mechanik von Teilchen. Und hätte Einstein nicht die Brownsche Bewegung mit der atomistischen Theorie erklärt – eine Erklärung, die im Rahmen der Flüssigkeitsgesetze „nicht möglich" ist –, wäre Boltzmanns Sicht vielleicht immer noch die eines idealistischen „Reduktionisten". Denkt man aber an das obige Zitat von Lakatos, dann muss man einsehen, dass die orthodoxe Quantenmechanik in einem unhaltbaren Zustand war und ist, anders als es die Flüssigkeits- und Gastheorie waren und sind, nämlich behaftet mit dem Messproblem (14.2) und damit inkohärent.

14.4 Heisenbergsche Unschärfe

Jede und jeder Studierende der Physik hat von der Heisenbergschen Unschärferelation gehört. Sie besagt, dass man Ort und Geschwindigkeit eines Teilchens nicht gleichzeitig messen kann. Das wäre ja nicht weiter schlimm, aber eine oft zitierte Konsequenz ist, dass es deswegen keinen Sinn macht, von Orten und Geschwindigkeiten von Teilchen überhaupt zu sprechen. Aber es macht Sinn in der Bohmschen Mechanik. Wie passt das mit der Heisenbergschen Unschärferelation zusammen? Weil diese Frage aus der historischen Entwicklung betrachtet berechtigt ist, gehen wir darauf ein.

Eine erste Erklärung, oder besser die adäquate Erklärung ist folgende: Die Wellenfunktion eines Teilchens der Masse m muss man sich aus einer Überlagerung ebener Wellen vorstellen, das ist die Fourier-Zerlegung. Jede ebene Welle mit Wellenzahl $k = \frac{2\pi}{\lambda}$ (λ ist die Wellenlänge) bewegt sich in der Zeit mit Geschwindigkeit $v = \frac{\hbar k}{m}$, was aus der Schrödinger-Gleichung (Potential $V = 0$) folgt.

Bemerkung 14.14. Diese Beziehung wurde schon viel früher durch de Broglie als Verallgemeinerung von Einsteins „T-Shirt-Formel" für Photonen, nämlich $E = h\nu$, auf „Materiewellen" gefunden: $p = \hbar k$ ist die Beziehung zwischen Welle und Impuls des Teilchens.

Je kleiner also die Wellenlänge, desto schneller bewegt sich die Welle. Das ist das eine. Zum Zweiten weiß man aus der Analysis-Vorlesung, dass je konzentrierter eine Funktion ist, desto mehr ebene Wellen mit höheren k-Werten in der Fourier-Zerlegung der Funktion auftreten. Wenn man nun eine Wellenfunktion eines Teilchens betrachtet, welche im Ort sehr gut lokalisiert ist, dann weiß man gemäß der statistischen Hypothese (14.22) sehr gut den Ort des Teilchens. Und je genauer man den Ort wissen möchte, desto besser muss die Wellenfunktion lokalisiert sein. Je besser jedoch die Wellenfunktion lokalisiert ist, desto mehr ebene Wellen mit immer höheren k-Werten setzen sie zusammen. Aber die ebenen Wellen haben alle verschiedene Geschwindigkeiten, d. h., im Laufe der Zeit (wenn die freie Schrödinger-Gleichung ($V = 0$) die Bewegung beherrscht) zerfließt die ursprüngliche Welle in verschieden schnell laufende ebene Wellenteile. Nach langer Zeit T befindet sich das Bohmsche Teilchen natürlich immer noch in einem der Wellenteile, wobei die Wahrscheinlichkeit durch die sehr verbreitete Wellenfunktion $\varphi(T)$ gegeben wird. Der Ort des Teilchens zur Zeit T wird also weit verstreut sein, weil die einzelnen Wellen verschieden weit gekommen sind. Differenz von Endort (unscharf) und Anfangsort (scharf) geteilt durch die Zeit ist die mittlere Geschwindigkeit. Diese mal Masse ist der mittlere Impuls und so ist auch diese Größe stark gestreut. Kurzum, je besser der Ort anfänglich bekannt ist, desto stärker ist der mittlere Impuls gestreut. Diese simple Tatsache liegt hinter der Heisenbergschen Unschärferelation. Und damit auf Worte Taten folgen, hier die mathematische Umsetzung.

Man betrachte ein sich frei bewegendes Teilchen. Das bedeutet in der Bohmschen Mechanik: Die Wellenfunktion φ entwickelt sich gemäß der freien Schrödinger-Gleichung

$$\mathrm{i}\frac{\partial}{\partial t}\varphi = -\frac{\hbar}{2m}\Delta\varphi = -\frac{\hbar}{2m}\frac{\partial^2}{\partial q^2}\varphi \tag{14.23}$$

mit dem dreidimensionalen Laplace-Operator Δ. Wenn man in der Quantenmechanik von einer Impuls- oder Geschwindigkeitsmessung spricht, muss man an ein Experiment denken, welches Geschwindigkeiten in einem klassischen Sinne misst. Der einfachste Weg ist dieser: Man bildet die Differenz des Ortes zur Zeit $t = 0$, also $Q(0)$, und $Q(t, Q(0))$, wobei in der Bohmschen Mechanik $(Q(t, Q(0)))_{t\geq 0}$ die Bohmsche Bahn des Teilchens ist, das bei $Q(0)$ startet. Dann gibt für große t

$$\frac{Q(t, Q(0)) - Q(0)}{t} \approx V_\infty$$

die asymptotische Geschwindigkeit V_∞, und mV_∞ wäre dann der „Impuls".

Bemerkung 14.15. Warum große t? Weil die Bohmsche Mechanik keine klassische Physik ist. Die Bohmschen Bahnen bekommen erst für große t ein klassisches Aussehen, d. h., erst für große t werden die Bahnen geradlinig, was wir in diesem Abschnitt zeigen werden.

Wir wollen ausrechnen, wie V_∞ verteilt ist: Wenn das Teilchen zur Zeit $t = 0$ die Wellenfunktion φ_0 hat, dann ist $Q(0)$ gemäß $|\varphi_0|^2$ verteilt. Um die Verteilung von V_∞ zu bestimmen, brauchen wir zuerst die Verteilung von

$$\frac{1}{t}(Q(t, Q(0)) - Q(0)) \approx \frac{1}{t}Q(t, Q(0)),$$

wobei die Approximation für große t gilt. Die rechte Seite hat nun wegen der Äquivarianz (vgl. (14.14)) die Dichte $|\varphi(q, t)|^2$, wobei $\varphi(q, t)$ Lösung von (14.23) mit Anfangswert φ_0 ist. Die Verteilung $\mathbb{P}^\varphi\left(\frac{Q(t, Q(0))}{t} \in A\right)$ von $Q(t, Q(0))$ wird durch $|\varphi(q, t)|^2 \mathrm{d}^3 q$ gegeben, d. h.

$$\mathbb{P}^\varphi\left(\frac{Q(t, Q(0))}{t} \in A\right) = \int_A |\varphi(q, t)|^2 \mathrm{d}^3 q. \tag{14.24}$$

Wir brauchen also eine Formel für große Zeiten für $\varphi(q, t)$ mit Anfangswellenfunktion φ_0. Aber die kennen wir ja vom Wärmeleitungsproblem her. Wir brauchen nur in (11.19) t durch $\mathrm{i}t$ zu ersetzen und D durch $-\frac{\hbar}{m}$, dann gewinnen wir aus der Wärmeleitungsgleichung die Schrödinger-Gleichung (14.23) und mit entsprechender Ersetzung in (11.16) oder (11.17) (jeweils auf der rechten Seite) erhalten wir wie in (11.20) die Lösung der Schrödinger-Gleichung für beliebige Anfangswellenfunktionen φ_0:

$$\varphi(q,t) = \left(e^{-it\frac{\hbar}{2m}\Delta}\varphi_0 \right)(q)$$

$$= \int d^3y \, \frac{1}{\left(2\pi i\frac{\hbar}{m}t \right)^{3/2}} \exp\left(i\frac{(q-y)^2}{2\frac{\hbar}{m}t} \right) \varphi_0(y).$$

Man mag sich über den Ausdruck $\left(e^{-it\frac{\hbar}{2m}\Delta}\varphi_0 \right)$ wundern, aber das sollte man nicht. Man stelle sich Δ einfach als endlich dimensionale Matrix vor und φ_0 als endlich dimensionalen Vektor, dann erkennt man den Ausdruck als Lösung einer linearen Differentialgleichung wieder.

Indem man das Quadrat im Exponenten ausmultipliziert und

$$\int d^3y \, \frac{1}{(2\pi)^{3/2}} \exp\left(-i\frac{q\cdot y}{\frac{\hbar}{m}t} \right) \varphi_0(y) = \hat{\varphi}_0\left(\frac{qm}{t\hbar} \right)$$

als Fourier-Transformation von φ_0 erkennt, kommt

$$\varphi(q,t) = \int d^3y \, \frac{1}{\left(2\pi i\frac{\hbar}{m}t \right)^{3/2}} \exp\left(i\frac{(q-y)^2}{2\frac{\hbar}{m}t} \right) \varphi_0(y)$$

$$= \frac{1}{\left(it\frac{\hbar}{m} \right)^{3/2}} \exp\left(i\frac{q^2}{2\frac{\hbar}{m}t} \right) \int d^3y \, \frac{1}{(2\pi)^{3/2}} \exp\left(-i\frac{q\cdot y}{\frac{\hbar}{m}t} \right) \exp\left(i\frac{y^2}{2\frac{\hbar}{m}t} \right) \varphi_0(y)$$

$$= \frac{1}{\left(it\frac{\hbar}{m} \right)^{3/2}} \exp\left(i\frac{q^2}{2\frac{\hbar}{m}t} \right) \hat{\varphi}_0\left(\frac{qm}{t\hbar} \right) +$$

$$+ \frac{1}{\left(it\frac{\hbar}{m} \right)^{3/2}} \int d^3y \, \frac{1}{(2\pi)^{3/2}} \left(\exp\left(i\frac{y^2}{2\frac{\hbar}{m}t} \right) - 1 \right) \exp\left(-i\frac{q\cdot y}{\frac{\hbar}{m}t} \right) \varphi_0(y).$$

Nun beachte man zuerst, dass der zweite Summand in (14.25) mit $t \to \infty$ gegen null geht, denn

$$\lim_{t\to\infty} \exp\left(i\frac{y^2}{2\frac{\hbar}{m}t} \right) - 1 = 0.$$

Das bedeutet, dass für große Zeiten die Wellenfunktion etwa

$$\varphi(q,t) \approx \frac{1}{\left(\mathrm{i}t\frac{\hbar}{m}\right)^{3/2}} \exp\left(\mathrm{i}\frac{q^2}{2\frac{\hbar}{m}t}\right) \hat{\varphi}_0\left(\frac{qm}{t\hbar}\right) \tag{14.25}$$

ist. Wie ist das zu lesen? Für große Zeiten t ist die Wellenfunktion an Orten q, sodass $\frac{qm}{t\hbar} \in$ Träger $\hat{\varphi}_0$ ist („Träger $\hat{\varphi}_0$" bezeichnet die Menge der Werte, für die $\hat{\varphi}_0 \neq 0$ ist.) Damit kommen wir zur Eingangsbeschreibung der Geschehnisse. Der Träger $\hat{\varphi}_0$ reguliert, welche ebenen Wellen in φ_0 enthalten sind, die dann gemäß der de-Broglie-Beziehung $vm = \hbar k$ verschieden schnell auseinanderlaufen. Das Bohmsche Teilchen wird in einer der Wellen sein. Mit welcher Wahrscheinlichkeit, rechnen wir jetzt aus.

Bemerkung 14.16. Wenn φ_0 genügend gut integrierbar ist, können wir den Satz von der dominierten Konvergenz anwenden, um zu sehen, wie das rigoros zu machen ist.

Zur Bestimmung der Wahrscheinlichkeit (14.24) trägt also nun für große t nur das Betragsquadrat von (14.25) bei. Um die Asymptotik für große t besser zu sehen, führen wir in folgender Rechnung die Integrationsvariable $\frac{q}{t\frac{\hbar}{m}}$ ein, dann verschwinden nämlich die Faktoren $\frac{1}{\left(\mathrm{i}t\frac{\hbar}{m}\right)^{3/2}}$. Das sieht dann so aus:

$$\lim_{t\to\infty} \mathbb{P}^{\varphi}\left(\frac{Q(t,Q(0))}{t} \in A\right) = \lim_{t\to\infty} \int |\varphi(q,t)|^2 \mathbb{1}_A\left(\frac{q}{t}\right) \mathrm{d}^3q$$

$$= \lim_{t\to\infty} \int \frac{1}{\left(\frac{\hbar}{m}t\right)^3} \left|\hat{\varphi}_0\left(\frac{q}{t\frac{\hbar}{m}}\right)\right|^2 \mathbb{1}_A\left(\frac{q}{t}\right) \mathrm{d}^3q$$

$$\overset{k:=qm/t\hbar}{=} \int \mathrm{d}^3k \, |\hat{\varphi}_0(k)|^2 \mathbb{1}_A\left(\frac{\hbar}{m}k\right).$$

Wir erkennen daran, dass $V_\infty = \frac{\hbar}{m}k =: \frac{p}{m}$ ist, und es ist natürlich, den Ausdruck $\hbar k = mV_\infty$ als „Impuls" zu interpretieren. Dessen Verteilung ist durch $|\hat{\varphi}_0|^2$ gegeben, d.h., wenn wir den Erwartungswert des Impulses berechnen wollen, müssen wir

$$\mathbb{E}^{\varphi}(p) = \int_{\mathbb{R}^3} \hbar k \, |\hat{\varphi}_0(k)|^2 \, \mathrm{d}^3k$$

berechnen. Das können wir auch als

$$\mathbb{E}^{\varphi}(p) = \int_{\mathbb{R}^3} \hat{\varphi}_0^*(k) \hbar k \, \hat{\varphi}_0(k) \mathrm{d}^3 k \qquad (14.26)$$

schreiben.

Bemerkung 14.17. Wenn wir Kontakt zu den Operator-Observablen der orthodoxen Quantenmechanik herstellen wollen, berechnen wir zunächst

$$\hbar k \hat{\varphi}_0(k) = \hbar k \int \varphi_0(q) \mathrm{e}^{-ik \cdot q} \mathrm{d}^3 q$$

$$= \hbar \int \varphi_0(q) \mathrm{i} \frac{\partial}{\partial q} \mathrm{e}^{-ik \cdot q} \mathrm{d}^3 q \qquad \text{mit partieller Integration kommt}$$

$$= \hbar \int \left(-\mathrm{i} \frac{\partial}{\partial q} \varphi_0(q) \right) \mathrm{e}^{-ik \cdot q} \mathrm{d}^3 q \qquad \text{und mit Fourier-Transformation}$$

$$= \left(\widehat{\frac{\hbar}{\mathrm{i}} \frac{\partial}{\partial q} \varphi_0(q)} \right).$$

Dann bekommen wir mit der Plancherel-Identität für (14.26)

$$\mathbb{E}^{\varphi}(p) = \int_{\mathbb{R}^3} \varphi_0^*(q) \frac{\hbar}{\mathrm{i}} \frac{\partial}{\partial q} \varphi_0(q) \mathrm{d}^3 q.$$

Und so kommt man dazu, den *Impuls-Operator* $\mathbf{p} = \frac{\hbar}{\mathrm{i}} \frac{\partial}{\partial q}$ einzuführen. Im „Ortsraum" ist er ein Gradient und im „Impulsraum" ein Multiplikationsoperator. Anders als in der Quantentheorie üblich, wo der Impuls-Operator axiomatisch eingeführt wird, entsteht er hier automatisch als Buchhalter für die Statistik in der Analyse der „Impuls-Messsituation".

Nun zur Unschärfe. Wenn ein Teilchen die Wellenfunktion φ hat, dann hat der Ort die Varianz

$$\Delta^{\varphi} q := \mathbb{E}^{\varphi}(q^2) - (\mathbb{E}^{\varphi}(q))^2.$$

Der „Impuls" erbt, wie wir gerade gesehen haben, von φ die Varianz

$$\Delta^{\varphi} p := \mathbb{E}^{\varphi}(p^2) - (\mathbb{E}^{\varphi}(p))^2$$

$$= \int \hbar^2 k^2 \, |\hat{\varphi}(k)|^2 \, \mathrm{d}^3 k - \left(\int \hbar k \, |\hat{\varphi}(k)|^2 \, \mathrm{d}^3 k \right)^2.$$

Wenn wir nun insbesondere an eine Gaußsche Wellenfunktion denken, dann ist $|\varphi|^2$ Gaußsch und $|\hat{\varphi}|^2$ ebenfalls, aber letztere mit inverser Breite. Das heißt, wenn die Ortsverteilung kleine Breite hat, dann hat die Impulsverteilung die invers dazu große Breite. Dies gilt so exakt nur für Gaußsche Wellenfunktionen und i.A. kommt die Heisenbergsche Unschärferelation mit etwas mehr Analysis in der Form

$$\Delta^{\varphi} q \, \Delta^{\varphi} p \geq \frac{\hbar}{2}.$$

Sie ist also eine recht einfache Konsequenz von der Existenz von Bohmschen Bahnen.

14.5   Exponentieller Zerfall

Im Abschn. 10.2.1 haben wir die seltsame exponentielle Wartezeit besprochen. „Seltsam", weil die Wartezeit, die bisher ohne Eintreffen des Ereignisses vergangen ist, bedeutungslos für die zukünftige, noch zu wartende Zeit ist. Wenn also ein Größe, sagen wir zum Parameter $\lambda^{-1} = 1$ Tag, exponentialverteilt ist und wir bereits zehn Tage vergeblich gewartet haben, dann bringt das Bedingen der Exponentialverteilung unter den zehn Tagen nichts. Es bleibt dieselbe Verteilung. Diese Eigenschaft findet man auch bei der Binomialverteilung für das Warten auf den nächsten Treffer und wir erkennen daran, dass der wahre Grund für diese Seltsamkeit die Unabhängigkeit ist. Die haben wir eingehend diskutiert und deren Wahrheit in der Natur hinterfragt. Und die gleiche Frage stellt sich nun für exponentialverteilte Wartezeiten: Gibt es die wirklich?

Als Modell ist sie leicht hinzuschreiben, gerade so einfach wie die Unabhängigkeit, aber das Hinschreiben ist eine Sache, das wahre Vorkommen in der Natur eine andere. Das Paradebeispiel für exponentielle Wartezeit ist die Zeit bis zum Zerfall eines Atoms. Man „weiß" experimentell, dass Atome, wenn überhaupt, exponentiell zerfallen. Zum Beispiel ist Uran U^{235} ein α-Strahler, d. h., Uran entlässt (nach gängiger Meinung) zu einer exponentialverteilten Wartezeit einen Heliumkern, das α-Teilchen. Uran hat eine gemessene Zerfallsrate $\lambda \approx 10^{-13}$ Sekunden^{-1}. Nun ist Atomzerfall sicher ein quantenmechanisches Phänomen und da Quantenmechanik so ideal zufällig wie möglich ist, stellt sich die Frage: Kann man dieses exponentielle Warteverhalten tatsächlich mit der Quantenmechanik begründen? Gleich nach Erscheinen der Schrödinger-Gleichung hat sich George Gamov (1904–1968) in seiner Arbeit *Zur Quantentheorie des Atomkernes*[11] dieser Frage angenommen und ein Modell für den α-Zerfall vorgestellt. Dabei wird der Urankern als Doppelwall-Potential dargestellt (siehe Abb. 14.1), worin das α-Teilchen zunächst gefangen ist. Ein klassisches Teilchen, etwa ein Tennisball, würde bei genügend geringer

---

[11]Gamow, G. *Zur Quantentheorie des Atomkernes.* Zeitschrift für Physik 51.3–4, 1928, S. 204–212.

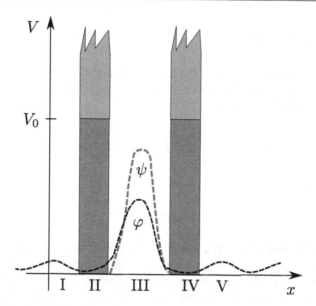

Abb. 14.1 Doppelwall-Potential: Hellgrau zeigt den Fall unendlich großen Potentials mit dem gebundenen Zustand ψ. Die wahre Wellenfunktion (die Resonanz) bei endlich hohem Potentialwall der Höhe V_0 ist φ

kinetischer Energie ewig in diesem Doppelwall verharren und zwischen den Wällen hin und her fliegen. In der Quantenmechanik wird jedoch die Dynamik durch die Wellenfunktion bestimmt, und die Lösung der entsprechenden Schrödinger-Gleichung für die Wellenfunktion des α-Teilchens lässt das Heraustreten des Teilchens aus dem Potential immer zu. Man nennt dies den *Tunneleffekt*, eine Sprachschöpfung, die auf einem Beharren von klassisch mechanischen Bildern beruht. So wie ein Zug einen Berg mithilfe eines Tunnels unterfährt, so kann auch die Welle und mit ihr das Teilchen durch den Potentialberg tunneln. Im Grunde ist es ein einfaches Wellenphänomen und ganz und gar nichts Sonderbares. Es ist eben nur eine andere Mechanik als die Newtonsche.

Das α-Teilchen hat also anfänglich eine Wellenfunktion φ, die im Bereich III in Abb. 14.1 „lokalisiert" ist. Wenn der rechte und linke Potentialhügel genügend hoch ist, dann kann man sich φ näherungsweise wie einen gebundenen Zustand vorstellen, also wie einen stationären Zustand eines Elektrons in einem Atom. Aber nur näherungsweise. In Wahrheit ist die Wellenfunktion nicht stationär, sondern verändert sich mit der Zeit, indem ein Teil von ihr fortwährend nach außen fließt, und zwar approximativ immer proportional zu dem, was noch an Wellenfunktion im Potentialbereich III vorhanden ist. Deswegen erhält man ein Absinken der Welle wie $e^{-\lambda t}$.

Die wahre zeitliche Entwicklung dieser anfänglich lokalisierten Wellenfunktion geschieht gemäß der Schrödinger-Gleichung (wobei wir der Einfachheit halber die physikalischen Größen $\hbar = 2m = 1$ gesetzt haben, denn es geht uns hier nur um das Prinzip):

$$i\frac{\partial}{\partial t}\varphi(t,x) = \left(-\frac{d^2}{dx^2} + V(x)\right)\varphi(t,x) =: H\varphi(t,x).\qquad(14.27)$$

Die müssten wir lösen und dann in der Lösung den exponentiellen Abfall ablesen.[12]
   Dazu kann man den Überlapp von $\varphi(t)$ mit $\varphi(0)$ betrachten, also etwa die „Überlebenswahrscheinlichkeit"

$$|\langle\varphi(0),\varphi(t)\rangle|^2 := \left|\int \varphi^*(x,0)\varphi(x,t)dx\right|^2,$$

und zeigen, dass

$$|\langle\varphi(0),\varphi(t)\rangle|^2 \sim e^{-\lambda t}$$

mit einer Zerfallsrate $\lambda > 0$. Wir wollen das hier nicht weiter ausarbeiten, sondern stattdessen eine Denkhilfe geben. Man überzeugt sich zuerst davon, dass in der Idealisierung, in der V_0 gegen unendlich geht, eine gebundene Wellenfunktionen ψ existiert (wir nehmen der Einfachheit halber an, dass es nur eine gebundene gibt), also eine Wellenfunktion, die im Potentialbereich III konzentriert ist und sich zeitlich nicht verändert (bis auf einen Phasenfaktor, der hier nichts zur Sache beiträgt). Um zu dieser Einsicht zu kommen, beachte man, dass mit zunehmender Höhe des Potentialwalls das Eindringen der Wellenfunktion in die Bereiche II, IV verringert wird. Bei unendlicher Höhe kann kein Teil der Welle mehr die äußeren Bereiche I, V überdecken. Für die stationäre Wellenfunktion gilt die stationäre Schrödinger-Gleichung (eine Eigenwert-Gleichung)

$$H\psi = E\psi\qquad(14.28)$$

mit E als Eigenwert. Der ist reell. Man stelle sich nun vor, dass der Potentialwall auf eine sehr große, aber endliche Höhe zurückschrumpft. Dann wird ψ keine gebundene Wellenfunktion mehr sein: Sie wird im Laufe der Zeit aus dem Potentialbereich austreten. Aber sie ist fast noch eine gebundene Wellenfunktion, also fast eine Eigenfunktion, die Eigenwertgleichung ist noch fast erfüllt. Wie kann man diese „Fast"-Eigenschaften greifen? Wie sollte die Gleichung (14.28) verändert werden, damit noch eine Nähe zum gebundenen Zustand erkennbar ist und zugleich eine zeitliche Veränderung erfolgt? Gamovs Idee war es, die Energie komplex werden zu lassen, d. h., zu E tritt ein kleiner Imaginärteil $-i\lambda$ mit $\lambda > 0$ und statt (14.28) soll nun gelten:

$$i\frac{\partial}{\partial t}\psi(x,t) = \left(-\frac{d^2}{dx^2} + V(x)\right)\psi(x,t) = (E - i\lambda)\psi(x,t),$$

---

[12]Vgl. z. B. Dürr, D., Grummt, R., Kolb, M. *On the time-dependent analysis of Gamow decay.* European Journal of Physics 32.5, 2011.

und das führt (sehr leicht zu sehen) auf $\psi(x,t) = \psi(x)\mathrm{e}^{-\mathrm{i}Et-\lambda t}$, einen exponentiellen Zerfall. Man nennt dieses Wegwandern des Eigenwertes in die komplexe Ebene eine *Resonanz*. Aus ehemals gebundenen Zuständen werden also Resonanzen. Der Plan ist nun zu zeigen, dass sich die Lösung $\varphi(x,t)$ von (14.27) approximativ im Bereich III des Potentials wie $\psi(x,t)$ verhält, wobei $\varphi(x,0) = \psi(x,0)$ zu denken ist.[13]

Die Approximation gilt aber nicht für alle Zeiten. Anfänglich kann – aufgrund der Natur der Schrödinger-Gleichung – kein exponentieller Zerfall vorliegen, und ebenso wenig für sehr große Zeiten.

Bemerkung 14.18. Das kann man sogar relativ leicht einsehen: Weit weg vom Potential, also für große Zeiten, hat man für alle Wellenfunktionen ein sogenanntes Streuverhalten. Die obige Überlebenswahrscheinlichkeit wird proportional zu $t^{-1/2}$, was einfach durch die „ebenen" Wellen außerhalb des Potentials verursacht wird. Aber auch anfänglich ist kein exponentielles Verhalten möglich, was aus der Selbstadjungiertheit des Operators H folgt. Betrachtet man nämlich die Überlebenswahrscheinlichkeit für kurze Zeiten, kommt

$$|\langle\varphi(0),\varphi(t)\rangle|^2 = \langle\varphi(0),\varphi(t)\rangle\langle\varphi(t),\varphi(0)\rangle$$

$$\approx \langle\varphi(0),(1-\mathrm{i}tH)\varphi(0)\rangle\langle(1+\mathrm{i}tH)\varphi(0),\varphi(0)\rangle$$

$$= |\varphi(0)|^4 - t^2\langle\varphi(0),H\varphi(0)\rangle^2,$$

und das widerspricht exponentiellem Verhalten.

Man kann also bestenfalls einen näherungsweise exponentiellen Zerfall in einem mittleren Zeitintervall erwarten, was jedoch in realen Verhältnissen, wie bei U^{235}, sehr ausgedehnt sein kann.

Die exponentielle Wartezeit ist also selbst beim zelebrierten Atomzerfall alles andere als einfach zu begründen und cum grano salis zu nehmen. Das näherungsweise Verhalten ist natürlich gut genug, um modellmäßig wirken zu können.

14.6 Bellsche Ungleichung

John Stuart Bell veröffentlichte 1964 seine berühmte Arbeit mit der *Bellschen Ungleichung*. Die hatte etwas mit Bohmscher Mechanik zu tun, aber was genau, das entglitt vielen Physikern. Sie meinten, dass die Bellsche Ungleichung endlich bewiesen hätte, dass Bohmsche Mechanik im Widerspruch zu den Quantenphänomenen stünde, und diese Meinung hielt sich über zwei Jahrzehnte. Aber das genaue Gegenteil war der Fall.

---

[13]Z. B. recht zugänglich ausgeführt in Dürr, D., Grummt, R., Kolb, M. ibid.

Um das zu verstehen, betrachten wir zunächst folgendes Experiment (dass wir
das Phänomen mit Begriffen der Quantentheorie beschreiben, tut hier nichts zur
Sache): Man kann zwei auf gewisse Art präparierte Teilchen von einem gemeinsamen Ort auseinanderfliegen lassen, eines nach links und eines nach rechts. Links
und rechts stehen weit voneinander entfernt sogenannte Stern-Gerlach-Magnete,
bestehend jeweils aus einem spitzen und einem flachen Polschuh, siehe Abb. 14.2.
Wann immer die SG-Magnete gleiche Ausrichtung haben – *egal in welche Richtung
sie gemeinsam ausgerichtet sind* –, werden beide Teilchen auf entgegengesetzte
Polschuhe abgelenkt: Wenn sich die Bahn des Teilchen links zum flachen Polschuh
krümmt, dann wird die Bahn des rechten Teilchens zum spitzen Polschuh gekrümmt
oder umgekehrt. Das ist ein Fakt, experimentell nachgewiesen (und auch eine simple
quantenmechanische Rechnung).

Bemerkung 14.19. Die quantenmechanische Beschreibung geht so: Es wird eine
verschränkte Wellenfunktion präpariert, ein sogenannter Singlett-Zustand, der
spezielle Eigenschaften hat. In diesem Singlett-Zustand (quantenmechanisch
durch eine verschränkte zwei-Teilchen-Spinor-Wellenfunktion beschrieben, die
mit Rauf-runter-Pfeilen für den Spinor-Charakter in Abb. 14.2 notiert ist) fliegen

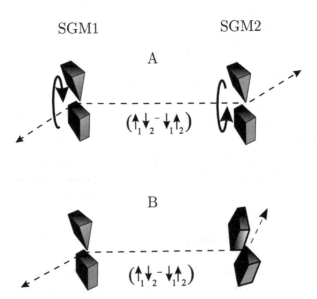

Abb. 14.2 Zwei Teilchen im Singlett-Zustand ($\uparrow_1\downarrow_2 - \downarrow_1\uparrow_2$) fliegen auseinander und auf die
verdrehbaren Stern-Gerlach-Apparaturen SGM1 und SGM2 zu. In A haben die Stern-Gerlach-
Magnete gleiche Ausrichtung und die Bahn des linken Teilchens kann entweder zum spitzen
oder zum flachen Polschuh hingezogen werden. Dann bewegt sich das rechte Teilchen exakt
entgegengesetzt, nämlich biegt zum flachen oder zum spitzen Polschuh ab. In B werden die
Magnete möglichst während der Flugzeit der Teilchen gegeneinander beliebig verdreht, und zwar
so schnell, dass kein Lichtsignal die Einstellungsrichtung der Magnete dem jeweils anderen
Teilchen mitteilen kann. Das ist experimentell etwas aufwändig, aber machbar

die Teilchen – also zwei führende Wellenberge – auseinander, nach links und nach rechts. Der linke Wellenberg spaltet sich im linken SG-Magneten auf, ein Teil wird in Richtung des spitzen Pols abgelenkt, ein Teil in Richtung des flachen. Rechts genauso. Findet man nun links das Teilchen in der vom spitzen Pol abgelenkten Welle, wird das Teilchen rechts in der zum flachen Pol abgelenkten Welle gefunden oder umgekehrt.

Bei Wiederholungen des Experimentes zeigen die Ablenkungen „Münzwurfverhalten": Die Teilchen gehen zum spitzen oder zum flachen Pol mit relativer Häufigkeit von jeweils $1/2$ unabhängig in jedem Lauf (wie es auch die Theorie aussagt). Eine solche Situation hatten nun Einstein, Podolski und Rosen (EPR) in einer zelebrierten Arbeit betrachtet, um zu schließen, dass die alte Quantentheorie *unvollständig* ist, dass nämlich nicht alle physikalisch existenten Größen in der Theorie enthalten seien. Experimente dieser Art heißen deshalb auch EPR-Experimente.

Bemerkung 14.20. EPR hatten eine etwas kompliziertere Situation im Kopf, die später von David Bohm auf die obige Situation vereinfacht wurde.

Das Argument von EPR war wie folgt: Man trenne die beiden Stern-Gerlach-Magnete so weit voneinander, dass kein Lichtsignal während der Flugzeit der Teilchen von einem Magnetort zum anderen Magnetort gesandt werden kann. Da die Magnete nicht gleich weit von der Teilchenquelle entfernt sein müssen, erreicht man das indem, sagen wir, der rechte Magnet deutlich weiter weg steht, sodass das rechte Teilchen länger braucht, um den Magneten zu erreichen. Wir konzentrieren uns nun auf das linke Teilchen. Das werde zum flachen Polschuh abgelenkt. Dann gibt es ein Faktum in der Natur über das rechte Teilchen: Wann immer es zu seinem Magneten kommt, wird es zum spitzen Polschuh abgelenkt.

EPR-Frage: Wurde dieses Faktum über die zukünftige Bahn des rechten Teilchens in dem Moment geschaffen, als das Teilchen den linken Magneten passierte und detektiert wurde?

Man beachte, dass dieses Faktum einen Raumteil betrifft, nämlich den, wo sich das rechte Teilchen gerade befindet, und der weit entfernt ist vom Geschehen des linken Teilchens. Wenn die Frage bejaht würde, müsste eine *Fernwirkung* stattgefunden haben. EPR und die physikalische Gesellschaft, die sich mit der Einsteinschen Relativität abgefunden haben, mochten nicht, dass die Natur so etwas zulässt.[14] Sie sagten, die Natur ist *lokal*. Deswegen muss die Antwort „nein" sein. Aber dann: Was begründet das Faktum über den Verlauf der rechten Teilchenbahn? Das muss dann schon bestanden haben, bevor das linke Teilchen seinen Magneten erreichte, es war also da seit Beginn der Reise, verursacht durch eine physikalische Größe, die eben in

---

[14]Oft wird Einsteinsche Relativität als inkompatibel mit der Existenz von Fernwirkungen empfunden. Die Empfindung ist weder begründet noch unbegründet. Tatsache ist, dass Relativität und die Verschränkung der Wellenfunktion, die hier die wesentliche Rolle spielt, in einer gewissen Spannung miteinander stehen.

der alten Quantentheorie nicht enthalten war. Aus der Antwort „nein", oder besser, aus der *Annahme der Lokalität* folgt: *Es gibt ein physikalische Größe zusätzlich zur Wellenfunktion.* Die ist $X_\alpha^R \in \{0, 1\}$, „0" für Ablenkung zum flachen Polschuh und „1" für die Ablenkung zum spitzen Pol, wobei der Index α den Einstellwinkel der Magneten bezeichnet. Jetzt argumentiere man von der rechten Seite her, also zuerst fliege das rechte Teilchen durch seinen Magneten. Wir schließen aus der *Annahme der Lokalität* völlig analog: *Es gibt eine physikalische Größe* $X_\alpha^L \in \{0, 1\}$ *und das Faktum* $X_\alpha^R = -X_\alpha^L$.

Die EPR-Arbeit hat seitdem die physikalische Gemeinschaft beschäftigt und sie tut es bis heute. Noch heftiger jedoch schlug die Bellsche Arbeit darüber ein. Und hier kommt nun die Bohmsche Mechanik zum Zuge.

Bohmsche Mechanik in ihrer Präzision zeigt eine *offenbare Nichtlokalität*: Die Wellenfunktion auf dem Konfigurationsraum ist i.A. verschränkt und sie agiert als Führungswelle. Sie ist ein nichtlokales Objekt im physikalischen Raum, eine Änderung der Welle hier hat sofortige Wirkung auf die Trajektorien der weit entfernten Teilchen. Man erinnere sich an Einsteins Begriff des Geisterfeldes! In der Bohmschen Mechanik sind also Fernwirkungen möglich und an der Tagungs-ordnung. Das wird offenbar in den Gleichungen. Zum Beispiel ist für zwei Teilchen mit Orten $Q_1(t)$ und $Q_2(t)$ (vergleiche (14.9))

$$\dot{Q}_1(t) = -\frac{\hbar}{m_1}\frac{\partial}{\partial x}\text{Im}\ln\psi(x, Q_2(t))|_{x=Q_1(t)},$$

sodass die Bewegung von Q_2 direkt und sofort Q_1 beeinflusst, wenn die Wellen-funktion $\psi(x, y)$ eine „verschränkte" ist, d. h. keine Produkt-Wellenfunktion wie $\psi(x, y) = \varphi(x)\Phi(y)$.

Bohmsche Mechanik widerspricht also der *Annahme der Lokalität der Natur!* Das hat John Bell 1964 in seiner berühmten Arbeit mit der Bellschen Ungleichung bewegt, denn er fragte sich: Gibt es eine bessere Theorie als Bohmsche Mechanik, nämlich eine, die lokal ist? Um das zu entscheiden, analysierte er die Folgerung aus dem EPR-Argument, das wir hier noch einmal wiederholen:

Natur ist lokal $\Rightarrow$ Existenz von $X_\alpha^{R,L} \in \{0, 1\}$ mit $X_\alpha^R = -X_\alpha^L$ für beliebige α.

Die Bellsche Ungleichung ist von Jedermanns-Wahrscheinlichkeit aus gesehen total trivial. Man betrachte 6 Zufallsgrößen X_1^a, X_2^a, X_3^a und X_1^b, X_2^b, X_3^b auf irgendeiner Menge Ω mit $\mathbb{P}(\Omega) = 1$, die folgende Eigenschaften haben:

1. $X_k^{a,b} \in \{0, 1\}, k = 1, 2, 3$

2. $X_k^a = -X_k^b, k = 1, 2, 3$.

Die Bellsche Ungleichung besagt:

$$\mathbb{P}(X_1^a = -X_2^b) + \mathbb{P}(X_2^a = -X_3^b) + \mathbb{P}(X_3^a = -X_1^b) \geq 1 \qquad (14.29)$$

Der Beweis ist trivial, denn

$$\mathbb{P}(X_1^a = -X_2^b) + \mathbb{P}(X_2^a = -X_3^b) + \mathbb{P}(X_3^a = -X_1^b)$$

$$= \mathbb{P}(X_1^a = X_2^a) + \mathbb{P}(X_2^a = X_3^a) + \mathbb{P}(X_3^a = X_1^a)$$

$$\geq \mathbb{P}((X_1^a = X_2^a) \text{ oder } (X_2^a = X_3^a) \text{ oder } (X_3^a = X_1^a))$$

$$= \mathbb{P}(\text{sicheres Ereignis}) = 1.$$

Genial aber ist, dass Bell diese triviale Ungleichung zu einer Aussage über Natur schlechthin machte, eine Aussage, die über jeder theoretischen Beschreibung der Natur steht, und zwar eine Aussage, die eine Revolution unseres Verständnisses von Natur zur Folge hatte, und zwar folgende: Im EPR-Setup gibt es ebenfalls 6 Zufallsgrößen, denn nichts ist speziell an dem Winkel α, wähle also Winkel β und γ und das Argument von oben liefert: Es gibt Zufallsgrößen $X_\beta^R = -X_\beta^L$ und $X_\gamma^R = -X_\gamma^L$. Wir können also die Bellschen Ungleichungen für $\alpha = 1, \beta = 2$ und $\gamma = 3$ anwenden. Und wäre es nicht so gewesen, dass die Bohmsche (oder äquivalent die quantenmechanische) sehr einfache Rechnung für die linke Seite in (14.29) für die Winkel $0°, 120°, 240°$ den Wert $3/4$ geliefert hätte, dann hätte das niemanden mehr gekümmert oder berührt. Aber nun, da Bohmsche Mechanik die Ungleichung verletzt, muss die Natur selbst gefragt werden, d. h., EPR-Experimente wurden und werden gemacht.[15] Sie alle bestätigen Bohmsche Mechanik, d. h., die gemessenen relativen Häufigkeiten liefern links in (14.29) einen Wert nahe an $3/4$.

Was ist nun genau die Schlussfolgerung? Einfache Logik genügt:

(i) EPR: Natur ist lokal $\Rightarrow$ Existenz von $X_\alpha^{R,L} \in \{0, 1\}$ mit $X_\alpha^R = -X_\alpha^L$ für beliebige α

(ii) BELL und Experimente $\Rightarrow$ $X_\alpha^{R,L} \in \{0, 1\}$ mit $X_\alpha^R = -X_\alpha^L$ für beliebige α existieren nicht

(i) und (ii) $\Rightarrow$ **Natur ist nichtlokal.**

Das bedeutet, dass keine Theorie, die die Natur korrekt beschreibt, es besser als Bohmsche Mechanik machen kann, oder anders gesagt: Jede Theorie, die den

---

[15]Die Experimente sind nicht einfach. Um die relativen Häufigkeiten, die in (14.29) behandelt werden, zu bekommen, muss man die Magnete links und rechts während der Flugzeit der Teilchen gegeneinander zufällig sehr schnell verdrehen, sodass links und rechts verschiedene α, β, γ-Richtungen eingenommen werden. Inzwischen gibt es eine ganze Experimental-Industrie mit immer raffinierteren experimentellen Aufbauten, die jedoch in der Sache nichts Neues ergeben.

Anspruch erheben möchte, die Phänomene korrekt zu beschreiben, muss nichtlokal sein. Noch anders: Lokalität ist ein Coup de grâce für physikalische Theorien.

Bemerkung 14.21. Wie bereits eingangs erwähnt, besteht trotz allem das Missverständnis in einem Teil der physikalischem Gesellschaft, dass mit der Bellschen Ungleichung Bohmsche Mechanik widerlegt worden wäre. Was hat es damit auf sich?

Die von EPR gefolgerten Zufallsgrößen werden landläufig als „verborgene Variable" angesehen. Was es mit diesem Begriff genau auf sich hat, können wir hier nicht ausführen. Gemeint ist im Grunde nur, dass die Größen nicht gleich von Anfang an in der Quantentheorie enthalten waren, also, falls existent, sich bisher im Verborgenen aufgehalten haben. Bohmsche Mechanik wird manchmal ebenso als Theorie verborgener Variablen angesehen, wobei man damit seltsamerweise gerade die sichtbaren Teilchenorte meint. Nun zeigen die Experimente im Hinblick auf die Bellsche Ungleichung, dass es *die von EPR gefolgerten* Zufallsgrößen nicht gibt. Indem man alles in einen Topf wirft und entsprechend durcheinandermischt, kann man fälschlicherweise zur Ansicht kommen, dass Bohmsche Mechanik durch Bell widerlegt worden wäre.

Die Studierenden, die mit der Nichtlokalität zum ersten Mal in Berührung kommen, bekümmert sofort eine Frage: Kann man das EPR-Experiment benutzen, um Signale mit Überlichtgeschwindigkeit zu senden? Die Antwort ist nein. Das sieht man am besten dadurch ein, dass man selber Szenarien durchdenkt und vor allem durchrechnet, in denen man meint, dass Signale gesendet werden können. Am Ende solcher Überlegungen versteht man: Die EPR-Korrelationen sind Quanten-Gleichgewichtskorrelationen, das Gleichgewicht ist mit Signalen unverträglich. Man versteht dann auch, dass der Begriff der Fernwirkung, der in diesem Zusammenhang oft gebraucht wird, nicht zielgerichtet ist, denn er suggeriert, dass es einen kausalen Zusammenhang zwischen meiner Messung hier und deiner Messung dort gibt (meine Messung z. B. *verursacht* das Ergebnis deiner Messung). Aber in Wahrheit gibt es einen solchen kausalen Zusammenhang nicht, es gibt nur eine nichtlokale Korrelation zwischen den Ausgängen. Dies ist in Harmonie mit der relativistischen Sichtweise, dass es keine objektive zeitliche Ordnung der Messungen gibt: In einem Bezugssystem ist meine Messung früher, in einem anderen deine.

Stichwortverzeichnis

A

absolute Ungewissheit, 252
Äquivalenz der Ensembles, 177
Aquivarianz, 246
Äquivarianz, 246, 254
Atom, 2, 3, 5, 181, 182, 185–187, 226, 235,
    252, 258, 259
Atomzerfall, 261
Axiome
    Kolmogorov, v, 6, 7, 107, 111
    Physik, 3
    Zermelo-Fraenkel, 24, 84

B

Bayes, Thomas, 4
Bell
    -Ungleichung, 261, 264–266
    John Stuart, 244, 261
Bernoulli
    -Abbildung, 69, 72
    -Eigenschaft, 118
    -Maß, 115
    -Prozess, 115, 118
Bertrandsches Paradoxon, 19
Bildebene, 57, 59, 73, 96, 108, 109, 112,
    115, 194
Bildmaß, 109, 112–114, 121, 125, 127, 129,
    130, 137, 158, 163, 178
Binomial
    -koeffizient, 18, 20, 22, 23, 39
    -satz, 21
    -verteilung, 157–161, 163, 258
Bohm, David, 239, 263
Boltzmann
    -Gleichung, 223, 225
    -Konstante, 172, 191, 243
    Ludwig, 3, 5, 72, 181, 201, 215, 219,
    222–226, 246, 252
    Stoßzylinder, 185

Borel
    -Algebra, 85, 93, 94, 108
    -Menge, 96, 118
    -messbar, 96
    Émile, 7, 85
Born, Max, 244, 246, 251
Brownsche Bewegung, 160, 181, 183, 191,
    195, 196, 223, 225

C

Cantor
    -Menge, 94
    Georg, 24
Caos, 220
Carathéodory, Constantin, 87
Chaos, 66, 67, 71, 72, 218, 223
charakteristische Funktion, 123, 130–133,
    144–146, 165, 189
Clausius
    -Entropie, 219–221
    Rudolf, 217
Cournot
    -Prinzip, 43, 65
    Augustine, 6

D

de Broglie, Louis, 239, 240,
    244, 246
de Finetti, Bruno, 4
Demokrit, 2, 5
Determinismus, v, 1, 51, 60, 66, 71, 79,
    143, 186
Diffusion, 161, 181, 187, 190, 195–197,
    212, 223
Diffusionsgleichung, 195
dynamisches System, 201, 225, 230,
    233, 246

Printed in the United States
By Bookmasters